贵州省财政厅、贵州省教育厅2024年支持高等教育改革发展省级补助资金资助成果

基础生态学理论与应用研究

孙月华 ◎ 著

中国纺织出版社有限公司

内 容 提 要

本书立足当代生态学前沿，以“生物—环境”关系为核心，展开多层次论述，系统构建了从微观到宏观、从理论到实践的知识体系。作者突破传统学科界限，既保持生态学经典理论框架，又融入多学科交叉视角。通过国际前沿案例，系统演示如何将生态学原理转化为解决土地退化修复、城市热岛效应等实际问题的技术方案，为读者勾勒出数字化技术在生态监测与模拟中的发展蓝图。作为兼具学术深度与实践指导价值的专业著作，本书既可作为高等院校生态学参考图书，也可为政府部门制定环境政策提供理论支撑，更是生态文明建设者的必备参考。

图书在版编目（CIP）数据

基础生态学理论与应用研究 / 孙月华著 . -- 北京 : 中国纺织出版社有限公司，2025. 4. -- ISBN 978-7-5229-2770-1

Ⅰ . Q14

中国国家版本馆 CIP 数据核字第 20254V50Q7 号

责任编辑：向 隽 林双双 责任校对：高 涵
责任印制：储志伟

中国纺织出版社有限公司出版发行
地址：北京市朝阳区百子湾东里 A407 号楼 邮政编码：100124
销售电话：010—67004422 传真：010—87155801
http://www.c-textilep.com
中国纺织出版社天猫旗舰店
官方微博 http://weibo.com/2119887771
三河市宏盛印务有限公司印刷 各地新华书店经销
2025 年 4 月第 1 版第 1 次印刷
开本：787 × 1092 1/16 印张：19.25
字数：335 千字 定价：98.00 元

前言 PREFACE

随着全球经济的快速发展和人口的不断增长，人类对自然资源的开发利用日益加剧，这导致了生态环境遭受前所未有的压力和挑战。气候变化、生物多样性丧失、环境污染等问题日益严重，这些已经对人类的生存和发展构成了严重威胁。在这样的大背景下，生态学作为研究生物与环境关系的科学，其重要性日益凸显。

生态学不仅关注生物个体和种群与环境的相互作用，还涉及生态系统的整体功能和稳定性。近年来，随着分子生物学、遥感技术、大数据分析等先进技术的应用，生态学的研究方法和手段也在不断创新和发展。这些技术进步为深入探究生态学的奥秘提供了有力的支持，也为我们更好地理解和解决当前面临的环境问题提供了科学依据。

本书的编写力求体现生态学的综合性与实践性。从种群到群落，从生态系统到景观，再到全球生态学的视角，逐步展开生态学的各个层面，在总结生物与环境之间基本规律的同时，重点关注生态学理论在解决实际问题中的应用。无论是在农业、林业、渔业等自然资源管理领域，还是在城市规划、生态保护和环境修复等方面，生态学都展现出了强大的生命力和广泛的应用前景。

本书共分 9 章。第 1 章为绪论，从生态学的定义及研究对象入手，回顾生态学的形成与发展历程，论述生物与环境的关系及适应机制。第 2 ～第 5 章逐一剖析了种群生态学、群落生态学、生态系统以及景观生态学的关键概念和理论。这些章节不仅详细介绍了生态学的基本原理，还通过丰富的案例和数据展示了生态学在实践应用中的价值。第 6 章为全球生态学与环境问题，主要对全球气候变化与生态系统响应、全球生物多样性保护与可持续利用、生态学在全球环境治理中的应用等内容进行了详细叙述。第 7 章将生态学理论与实践紧密结合，展示了生态学在生态农业、城市生态学和生态工程等领域的广泛应用。第 8 章主要论述生态学在自然资源管理中的应用。第 9 章探讨了分子生物学技术、3S 技术以及数字化技术在生态学中的应用前景。

在撰写过程中，本书参考了生态学相关著作及研究成果，在此向这些学者致以诚挚的谢意。由于作者的水平和时间所限，书中不足之处在所难免，恳请读者批评指正。

孙月华

2025 年 4 月

目录 CONTENTS

第 1 章　绪论

生态学，作为一门研究生物与环境之间相互关系的科学，其重要性在当今社会日益凸显。随着人类活动对自然环境的影响不断加深，了解生态学的基本原理和规律，对于促进可持续发展、保护生物多样性和维护生态平衡具有至关重要的作用。本章旨在为读者提供一个关于生态学的全面概述，从生态学的定义及研究对象出发，深入探讨其形成与发展的历史脉络，以及生物与环境之间的复杂关系和适应机制。

1.1　生态学的定义及研究对象

1.1.1　生态学的定义

“ecology”一词由希腊文词根“oikos”（“住所”或“栖息地”）和“logos”（“学问”或“研究”）演化而来，从词源上讲，“ecology”寓意为研究生物“住所”的科学，即研究生物与其生存环境之间相互关系的学问。

“生态学”（ecology）这一术语源于海克尔（Ernst Haeckel，1834—1919）是目前被广泛接受的观点。海克尔是德国著名动物学家和哲学家，他在生物学领域有着卓越的贡献，不仅发现和命名了数以千计的新物种，还绘制了所有生命形式的谱系树。同时，他也是一位术语创造者，为生物学领域引入了多个新术语，其中就包括“生态学”（ecology）。1866 年，他在出版的著作中首次使用了“ecology”一词，并将其定义为“研究生物有机体与其无机环境之间相互关系的科学”。

尽管海克尔最早提出“生态学”的观点被广泛接受，但历史上也曾有过其他关于“生态学”一词起源的说法。例如，有人认为美国作家亨利•戴维•梭罗（Henry David Thoreau）在 1858 年的一封信中提到了“ecology”，但这一说法后来被证实为误解，梭罗在那封信中实际上可能写的是“geology”（地质学）；还有说法认为德国科学家汉斯•雷特（Hans Reiter）在 1865 年或稍晚些时候合并了“oikos”和“logos”两个希腊词来构成“ecology”一词，但这一说法在学术界的影响力较小。

生态学家是通过观察和实验的方法，从不同的生命层次、不同的视角和不同的时间和空间尺度研究自然环境和生物的关系的。一方面，生态学研究和了解生物栖息地在时间和空间尺度上的变化规律和特征，注重应用时间尺度和空间尺度的组合；另一方面，生态学研究生物有机体这个生态学上最直接、最基本的客观实体，也是一个最基本的生态学系统。随着世界人口的持续增长，目前人类对自然界的破坏力和影响程度不容忽视，作为生物圈重要成员的人类和自然环境之间关系的研究已经上升为生态学研究的热点和焦点问题。

1.1.2　生态学的研究对象

生态学作为一门综合性学科，研究对象广泛，根据研究性质的差异，可划分为理论生态学与应用生态学两大领域。

1.1.2.1　理论生态学

一般认为，理论生态学研究的是生态学基础理论，主要涉及生态学的过程、生态关系的推理以及生态学模型等。进一步地，理论生态学依据研究对象的层次不同，又可细分为个体生态学、种群生态学、群落生态学和生态系统生态学，这些共同构成了生态学系统的研究范畴。在此框架下，单个生物体、种群、群落以及生态系统被视为不同层级的生命系统，其中，生物有机体作为最基本的研究单位，使得个体生态学成为生态学系统研究的基础。习惯上，宏观层次的生态学系统研究与细胞、分子及其微环境关系的微观层次研究相区分，后者以分子生态学为代表。广义而言，生态学系统涵盖了从分子到全球的多个层次，但严格来说，非独立生命形态如器官、细胞（单细胞生物除外）或生物大分子与其微环境的关系，以及景观和生物圈以上层次的研究，并不属于生态学的核心研究范畴，多归属于地学研究领域。

生态学研究的核心客体是环境与生物。鉴于植物、动物和微生物在生态系统中的独特功能与作用，理论生态学亦可按研究对象分为动物生态学、植物生态学和微生物生态学，这些分支下还可进一步细分，如昆虫生态学、鸟类生态学、鱼类生态学等。根据研究对象的数量，生态学又可分为个体生态学和群体生态学。

动物生态学作为生态学与动物学的交叉学科，专注于探讨动物与其周围环境之间的相互作用，包括动物如何适应环境变化、种群数量动态、种内与种间关系及其对进化的影响、不同生态环境下动物种群和群落的形成与演化，以及人类对动物资源的利用与保护等议题。

植物生态学则致力于研究植物间及其与环境间的相互关系，涵盖植物生理生态学、种群生态学、植物群落学和生态系统生态学四大领域。该学科主要探讨植物对不同环境因子的适应性、环境对植物个体的影响、植物种群和群落的组成与结构变化，以及植物在生态系统中的能量流动与物质循环作用。

微生物生态学关注环境因子对微生物生长、繁殖、代谢与调节的影响机制，探讨微生物之间、微生物种群与群落与环境的关系，以及病原微生物、寄生微生物、共生微生物与宿主间的相互作用。微生物种类繁多，代谢类型复杂，广泛分布于自然界，对人类健康、医药、工农业、环境保护等多个领域具有重要影响。微生物生态学的研究有助于揭示微生物复杂的代谢途径、相互作用机制以及不同微生物种群间的相互依存、共生与拮抗关系。

1.1.2.2 应用生态学

应用生态学与理论生态学相对应，是一门实践性极强的学科，致力于将生态学的基本原理与法则应用于特定的生产领域，或与其他学科相结合，形成具有广阔应用前景的应用学科或交叉学科。其门类丰富多样，依据研究的具体对象、环境特点及研究方法等因素，可细分为诸多分支，包括城市生态学、农业生态学、渔业生态学、森林生态学、环境生态学、恢复生态学、热生态学、污染生态学、海洋生态学、河口生态学、湖泊生态学、草原生态学、沙漠生态学、极地生态学、化学生态学、数学生态学、物理生态学、经济生态学、政治生态学、社会生态学、人类生态学以及可持续发展生态学等。

1.2 生物与环境的关系及适应机制

1.2.1 生物的适应规律

1.2.1.1 谢氏耐受性定律

美国生态学家谢尔福德（V. E. Shelfort）于 1913 年指出，任何一个生态因子在强度和质量上的不足或过多，超过了某种生物的耐受限度时，该种生物就不能生存，甚至绝灭，这叫谢氏耐受性定律（Shelfort’s law of tolerance）。各种生物对各种生态因子的耐受范围是不同的。生物适应环境其实是其适应各种具体的生态因子。任何一个生态因子对某种生物来说，其适合度都存在着最适区、上限耐受区和下限耐受区，这是生态因子作用的三基点。某种生物对某个生态因子的耐受幅度，叫作生态幅（ecological amplitude）或生态价（ecological valence）。

根据生物对生态因子的变化所采取的适应对策，将生物分为内稳态生物和非内稳态生物。前者具有较好的调节能力，当环境条件发生变化时通过自身调节可在一定范围内达到体内环境的稳定；而后者的体内环境是随着外部环境的变化而变化的。无论是内稳态生物还是非内稳态生物，导致生物死亡的是生态幅的两个极端环境，而生物生殖所需的生态幅是较窄的，往往也是最优的环境质量。

1.2.1.2 利比希最小因子定律

利比希于 1840 年发现，作物的产量并非经常受到需要量大的营养物质的限制，而是受到一些微量营养元素的限制。这就是利比希最小因子定律（Liebig's law of minimum）。某一生态因子在数量或质量上不足或过多都会影响生物的生长发育，当其超过或接近某种生物的耐受极限时，会阻止生物的生长、繁殖与分布，这个生态因子便成为限制因子。

1.2.1.3 趋同适应和生活型

不同的生物长期生活在相同或相似环境条件下，会形成相同或相似的适应方式和特征，称趋同适应。趋同适应使得不同的生物在形态、内部结构和生理上表现出一致性，称为生活型。生活型是环境的生态作用在形态上的具体反映。例如，芽是植物度过不良环境时的最敏感部位。根据植物在冬季是如何保护芽的，丹麦植物生态学家劳恩凯尔（Raunkiaer）把高等植物生活型分为高位芽植物、地上芽植物、地面芽植物、地下芽植物、一年生植物 5 大类。某一地区或某个群落中的各种生活型植物所占百分比的组成结构，叫生活型谱，它直接反映了当地的气候特征。

1.2.1.4 趋异适应和生态型

同一种生物，在不同的环境条件下生活，并接受各自环境的独特生态作用，往往会导致同一物种的不同种群展现出多样化的形态结构和生理特性，这一现象被称为趋异适应。趋异适应的结果，是使得同一种生物的不同种群在形态构造和生理功能上发生显著的分化，1921 年，这种分化现象被瑞典的遗传生态学家杜尔松（GW. Turesson）称为“生态型”。根据引发这种分化的主导环境因子的不同类型，生态型可以进一步细分为温度生态型、光照生态型、土壤生态型以及气候生态型等多种类型。以水稻为例，根据其对水分的适应性，可以分为水稻和旱稻两种生态型；根据其对温度的适应性，又可以分为籼稻与粳稻两种生态型；而根据其对光照的适应性，则可以进一步划分为早稻、中稻和晚稻 3 种生态型。值得注意的是，生态型的分化往往是多个环境因素综合作用的结果。例如，在水稻中，不仅存在籼稻与粳稻的分化，在籼稻内部，还可以根据其对光照的适应性进一步区分为早稻、中稻和晚稻等不同的生态型。这种多因素综合作用导致的生态型分化，充分展示了生物对环境变化的复杂适应策略。

1.2.2 生物的生长规律

生物有机体的生长速率一般都经过慢—快—慢的生长过程，其生物量的积累速率，即生物体重与生长时间之间的关系曲线呈“S”形。可把生物个体的整个生长过程分为幼体的缓慢生长期、成体的对数生长期和成体后期的缓慢生长期 3 个时期。为了获得最理想的生物量，我们应该在生物个体完成对数生长期后进行收获。如果大量捕获种群中的幼体，不仅造成资源浪费，而且在经济上也是得不偿失的。

如何科学、合理地利用生物资源实现可持续发展，是很值得研究的。在生产活动中，比如在渔业和林业资源利用方面，曾有许多缺乏科学依据和经济效益的做法。例如，渔民为了短期利益，无视渔业资源的再生能力，采用高强度、大规模的捕捞方式，导致渔业资源迅速减少甚至枯竭。例如，一些地区对小黄鱼、大黄鱼等优质鱼类无节制地捕捞，使这些资源遭到严重破坏，无法形成鱼汛。部分渔民在休渔期非法捕捞或违规使用超细密的渔网，这些做法严重损害了渔业资源。超细密的渔网会捕获大量幼鱼，破坏鱼类的繁殖链。在林业资源开发利用过程中，部分地区存在重采轻育的现象，即只注重木材的采伐利用，而忽视森林的培育和保护。这导致木材的年采伐量大于森林生长量，森林覆盖率不升反降。

另外，在我国江淮地区和北方地区，每到冬季农民们喜欢将鱼塘的水放干，把大鱼和小鱼虾全部捕完，待第二年重新投放鱼苗。根据生物个体的生长规律，每种生物都有自己的生长曲线，渔民应该捕大鱼留小鱼，以获得持续高产。从经济生态学看，人们不应该捕获那些处于产卵或妊娠期的母体动物，也不应该捕获未成年的幼小个体。

1.2.3 植物营养的生态类型

植物的营养主要来自光合作用产物。植物利用光合作用产物，除了用于呼吸作用外，还要兼顾到生殖、防御、休眠等方面。被子植物在如何获得营养和分配营养方面，是根据各自的环境条件进行“权衡的”。植物所选择的营养类型以及在各个生活史组分中的能量分配，都是最经济有效的。

1.2.3.1 光合自养的营养类型

绿色自养的被子植物，在获得了光合作用产物后，在生殖生长和营养生长方面进行合理分配或取舍。主要有以下几种类型。

（1）扩展型

这是一类通过群体快速分裂繁殖的植物，它们的光合作用效率高，碳的积累速率快，放弃了烦琐的有性生殖过程，通过无性生殖增加种群密度。此类型以自养的原植体植物为主，另外还有少数维管束植物，如满江红、浮萍、品藻、水葫芦，以及生于深水中的沉水植物等。

（2）投入型

一年生植物和短命植物通常属于此类，它们在一个相对较短的生长季节通过碳的快速增加完成生活史。为了达到高效的投入，不仅叶片是绿的，茎和托叶也是绿色的，以扩大光合作用面积。

（3）保守积累型

这类植物的生长环境条件差（弱光、低温、湿度大，或干旱、养分贫乏等），植物保持较低的净光合速率，有机物积累很慢，所以，要通过若干年的生长，积累足够养分后，才转向生殖生长。如苔藓植物（产生孢子体）、蕨类植物（产生孢子囊群）、二年生植物、多年生草本植物（具有各种鳞茎、球茎、块茎等，营养生长期较长并与生殖生长相连续）。这类植物能够适应恶劣环境，随着纬度增加或海拔的上升，在地带分布上木本植物总是比草本植物消失得更早，就是这个道理。同样，在热带雨林中没有适合一年生草本植物生长的环境，因为它们属于投入型的植物。

（4）季节分配型

这类植物在利用光合作用和使用光合作用产物时都存在季节性。

木本植物需要经过多年的生长后才能够性成熟，落叶木本植物到了秋季，将叶片中的营养物质转移到茎和根中储存起来，然后再落叶。在春天发芽时，木本植物要动用储存的营养物质供给幼叶生长，直到幼叶展开能正常进行光合作用时为止，这种维持早期的生长活动需要消耗储存营养的1/3。所以，加拿大糖槭的树汁液在春季是甜的，但在夏季是无味的。

有些多年生草本植物将营养生长和生殖生长分离开来，存在明显的季节性分配现象。除了荞麦叶大百合外，还有石蒜的习性比较特殊，它在3～4月开花，到了5～10月进行营养生长，这种花和叶“不见面”即先花后叶的现象，是有其道理的。

在农业生产上，通过人工措施可调控植物营养的季节分配。例如，原产于马来西亚的莲雾（*Eugenia javanica* Lam.），早已引种到我国台湾，它的适宜生长温度在25～30℃，一般在3～4月开花，5～6月果实成熟，当年7～8月第二次开花，9～10月果实成熟；如果营养条件较好，在12月份还可开花结果。近年来，莲雾已引种到海南省并获得成功，但因台风天气对莲雾的花和果影响较大，常常落花落果，损失惨重。为了把台风的影响和损失降到最小程度，科技人员将莲雾的种植区划分为36个区域，通过遮光、修剪、断根、控制水肥和套袋等技术，使36个区域的莲雾依次开花结果，各区的花期相差10天，保证全年都有新鲜的莲雾供应市场。这是人工调控植物营养季节分配的典型案例。

（5）寿命延长型

主要是裸子植物和木本被子植物，它们的寿命长，植物体型大，叶片所占植株的比例随年龄增加而下降。它们在性成熟以后的无限增长过程中，要在营养体生长和生殖力之间进行能量的“权衡”。生殖力与植物体大小直接相关。如果植物在当年用于繁殖的能量过多，就会影响植物体的生长，来年植物就会在营养体生长方面投入更多的能量，而生殖生长就会受影响，这就是平时所说的果树“大小年”问题。由于植物可主动“权衡”能量的分配，我们可采取科学管理，通过修剪与水肥管理，减少大小年所造成的损失。

“千年的铁树开了花”的俗话说明铁树的营养生长期特别长。在我国亚热带地区广泛栽培的苏铁（*Cycas revoluta* Thunb.）和华南苏铁（*Cycas rumphii* Miq.）有鳞形和羽状2种叶形，前者常多于后者。羽状叶轮状着生，其间杂生有鳞形叶，羽状叶衰老后枯萎不脱落，即不产生离层，一般需要通过修剪人工摘除老叶。羽状叶的残基慢慢腐烂萎缩，最后形成一个近似鳞形叶的痕迹。仔细观察可发现鳞形叶的幼叶与羽状叶同源，密生绒毛，只是羽片部分不发育，可能是由羽状叶的幼态成熟所致。鳞形叶的功能可能是保温，以维持顶芽部位的温度。随着其发育成熟，绒毛脱落，鳞叶先端萎缩。鳞形叶和羽状叶呈轮状隔年交替生长。在亚热带地区，水热条件不够丰富，铁树发新叶需要积累营养，所以，隔1～2年才生长一次新叶。即使在发育新叶的当年，由于受到水和热量的限制，不是所有的叶原基都能发育成营养叶，而是一部分发育成鳞叶，如果全部发育成营养叶，密度太大，相互遮光，反而不利于生长。这是地处亚热带的苏铁节约能量的一种策略。

铁树是雌雄异株植物，雌株和雄株的茎干形态明显不同。铁树性成熟后才可以开花，但不是年年开花，在热带一般3年左右开1次花，在亚热带需要好几年才开

1次花。在云南西双版纳，可以见到许多高龄铁树，甚至千年铁树王。由于西双版纳的雨量和热量充足，铁树的叶原基全部发育为羽状的营养叶或生殖叶，没有鳞形叶（鳞形叶缺失），说明热带地区的铁树不需要保温；而羽状叶全部发育，并且产生离层，也说明了热带地区水热条件优越。由于营养叶和生殖叶形态和大小都不同，在茎上留下了清晰的呈轮状分布的营养叶叶痕和大孢子叶叶痕（但雄株的小孢子叶球在花后整体脱落，所以在茎干没有留下叶痕），铁树这种营养生长和生殖生长有规律地交替进行，恰恰说明了植物在能量利用方面的生态策略。

1.2.3.2 异养的营养类型

异养的被子植物多数通过腐生或寄生方式获得营养物质，还有少数是半自养的。异养植物在获得营养后，在生殖生长和营养生长方面也进行了合理分配或“权衡”。异养植物主要有以下几种类型。

（1）腐生植物

腐生是一种光合色素完全退化的植物利用真菌的菌索代替根系，从死后腐朽的植物组织获得营养的方式。腐生植物的生长环境比较特殊，一般光照较弱或枯枝落叶层较厚。如果它们对营养的需求在时间上过于集中，且通过光合作用难以满足，那么腐生植物只能选择异养方式，即利用真菌的分解作用和菌丝的运输作用，直接给自己提供营养以快速生长，并完成有性繁殖过程，例如天麻和珊瑚兰。天麻是一种不含叶绿素的植物，其地上部分为一株肉质独苗，黄红色，无绿叶。天麻依赖与真菌（主要是蜜环菌）共生来获取养分，蜜环菌通过分解木材中的纤维素、木质素获取营养，并向天麻生出分枝的菌丝，天麻则消化这些菌丝作为自己的营养物质。有的腐生植物整个植株晶莹透亮，恰似水晶，例如，被称为“幽灵之花”的珍稀植物水晶兰（鹿蹄草科）。水晶兰（*Monotropa uniflora* Linn.）为多年生腐生肉质草本，整株没有叶绿素，因此活体植株通体白色透明，干后变黑；其叶子已经退化成鳞片状贴于茎侧，茎白色且无分支；花期在春季到夏季，花朵为白色长钟形，生于植株顶端，分布于海拔1500～2500m的山区，常见于冷凉潮湿的针阔叶混合林间。在中国，水晶兰产于云南、山西、陕西、甘肃、青海、浙江、安徽、台湾、湖北、江西、四川、贵州、西藏等省（区）。俄罗斯、日本、印度、东南亚、北美等地也有分布。

（2）寄生植物

这类植物因其光合色素退化营寄生生活，用特有的吸器插入宿主的根或茎中的组织来获取营养，以完成生活史。寄生植物是在群落内部竞争激烈环境下的产物，寄生植物的叶片退化、根系退化（但须有可靠固定的宿主植物），如列当（*Orobanche coerulescens* Steph.）和菟丝子（*Cuscuta chinensis* Lam.）。有的寄生植物形态奇特，植物体退化，仅靠吸器插入宿主的根或茎内吸收营养，整株就像是一个较大的花蕾，开放后色彩艳丽，如苏门答腊岛上热带雨林中的大花草（*Rafflesia arnoldi* R. Br.，大花草科），最大种类的直径约为 1.4m。

在野外，生长在地面上的寄生植物和腐生植物有时难以区分，必须根据它们的根区别。如果根为吸器并插入其他植物组织上，则为寄生植物；如果没有真正的根，仅依靠菌索吸收营养，则为腐生植物。

（3）半寄生植物

半寄生是一种相当安全的营养方式。半寄生植物自身保留了光合色素和完整的叶片，可以自养，但同时又把根或吸器插入宿主的体内，从中获取水分和无机盐。常见的半寄生植物有桑寄生科和檀香科植物，如桑寄生可以寄生在落叶乔木或常绿树木上。因在野外观察发现藓类植物的孢子体是绿色自养的，因此，通常认为藓类植物的孢子体是半寄生在配子体上的。

寄生植物和半寄生植物除了要适应环境外，还须适应宿主的生物学特性，甚至是对宿主树皮特征适应等。两者在长期的共同生活中形成了复杂的协同进化机制。此外，有些寄生植物还需要对帮助传播种子的动物进行酬谢，如槲寄生通过其果肉的黏性吸引鸟类，让鸟在享用其果实的同时，也将种子黏在身上或食入后经粪便中排出，从而帮助槲寄生传播种子。

1.2.3.3 食虫植物的营养环境

生长在沼泽地里、森林群落下的苔藓丛中或流水边的植物，由于土壤温度低，土中缺氧，其根系活动弱，植物生长环境不能提供足够的氮素，所以长期生长在这种环境下的植物往往发育出各种各样结构精巧的捕虫器官，它们通过捕食昆虫（不一定都是昆虫）来获得氮素营养，如瓶子草科、茅膏菜科、狸藻科和猪笼草科的植物。食虫植物都是绿色自养的，捕食器官是叶片结构中的一部分或是叶片上的腺毛，一般整个叶片都是绿色的。

1.2.3.4 植物对环境胁迫的适应

环境胁迫是指不利的但又不导致死亡的超强度生态因子影响植物的生理代谢，最终迫使植物适应新环境的过程。

对植物来说，胁迫因子很多，而胁迫作用过程是缓慢的，即由胁迫环境发生作用→植物进行保护性抵抗→胁迫反应在细胞原生质中发生→形成新的代谢途径→缓解环境矛盾，最终适应。或者说，胁迫过程是细胞原生质中存在着潜在致死和积极适应两个代谢过程的竞争。

通过较长时期的胁迫反应，可以培育出新的具有稳定遗传特征的植物品种，如抗盐的、耐旱的、抗低温的等。植物适应的过程：重复的环境胁迫→个体反应→基因改变→合成新的蛋白质→出现新的表型。由胁迫、对抗和适应紧密相联系的动态过程，组成了一个完整的胁迫反应。其实，胁迫是植物的一种被动感受环境压力而在生理上进行主动适应的过程。

第 2 章　种群生态学基本理论及其应用

种群生态学是研究生物种群数量动态、结构特征及其与环境相互关系的科学。本章将深入探讨种群的基本特征、调节机制、生态对策以及性别选择与适应等方面的基础理论及其在农业、林业和渔业中的实际应用。

2.1　种群及其基本特征

2.1.1　种群的概念

种群（population）是由同种生物个体组成的集合，这些个体成员之间能够进行基因交流，从而维持种群的遗传多样性。种群不是个体的简单集合，而是一个具有内在结构和动态变化的复杂系统。种群内的个体之间通过繁殖、竞争、合作等相互作用，共同维系着种群的生存和发展。这个概念涉及三个核心要素：同种生物，种群是由同一种类的生物个体组成，这意味着这些个体之间在生物学上具有高度的相似性，能够进行基因交流；特定时间和空间，种群是定义在特定的地理区域和时间段内的（时间和空间的范围可以根据研究的具体需要进行界定）；潜在同种杂交能力，对于有性繁殖的生物而言，种群内的个体之间必须具有潜在的同种杂交能力，以确保基因的流动和种群的遗传多样性。

种群是生物学研究中的一个重要单位，它不仅是生物进化的基本单位，也是生态系统结构和功能的重要组成部分。种群内的个体通过繁殖、竞争、合作等行为相互影响，共同维系种群的生存和发展。

在实际研究中，种群的空间界限通常根据研究者的需要而定。例如，可以将所有中国人看作一个种群，或者将一片池塘里的全部鲢鱼看作一个种群。在某些情况下，种群的空间界限可能相对清晰，如湖泊、水库或岛屿上的生物种群。

种群是一个遗传和进化单位。种群内的个体会随着时间的推移不断死亡，而种群是否能够生存下去，关键要看其能否不断地产生新个体并适应环境的变化。个体生存状况的优劣取决于其是否能很好地适应环境以及是否能随着环境的变化而不断进化。因此，研究种群的规律不仅有助于我们理解生物多样性和生态系统的功能，还能为我们提供关于生物进化和适应环境的重要信息。

2.1.2　种群的基本特征

种群的基本特征往往是对某个种群大样本统计结果的概括，主要包括种群的数量特征、空间占有的方式和遗传上的特征等。

2.1.2.1　种群的数量特征

种群是由一定数量的个体组成的，这个数量是动态变化的。种群数量受到出生率、死亡率、迁入率和迁出率等多种因素的影响。种群数量的变化可以反映种群的发展趋势和生态状况。

种群大小指的是构成种群的个体总数，是衡量种群状况的基础指标。种群大小受到多种因素的影响，包括环境资源、天敌、繁殖率以及人为因素等。了解种群大小对于评估物种的生存状况、制定保护策略具有重要意义。

种群密度（ population density），作为衡量单位空间内特定种群个体数量的关键指标，揭示了生物分布的密集程度。这里的“单位空间”可以是平面的，如每平方千米的山林或每平方米的草地；也可以是立体的，如每升水体或每立方米空气。种群密度的计算方法因研究对象的不同而有所差异。

对于单体生物，如多数哺乳类、鸟类、两栖类和昆虫，通常可以直接统计其个体数量，采用的方法包括直接计数、抽样调查、标志重捕和去除取样等；而对于由多个部分或“构件”组成的生物，如多数植物、海绵、水螅和珊瑚等，需要统计其不同层级的构件数量。

种群密度作为种群最基本的数量特征，不仅在不同种群间存在显著差异，同一种群在不同环境条件下也会有所不同。当直接统计个体数量有困难时，可以通过统计相对数量的方法间接估算。因此，种群密度被分为绝对密度和相对密度两种。

绝对密度是指单位空间内种群个体的实际数量。这是一个直接且绝对的度量，通常通过直接计数、抽样调查或其他精确的统计方法获得。绝对密度提供了种群在特定空间内的确切数量信息，有助于我们准确了解种群的分布和规模。

相对密度是一个间接的度量，它反映了单位空间内种群个体的相对数量。相对密度通常使用单位时间或单位距离内观察到的动物数量作为指标，或者通过其他间接方法（如动物的痕迹计数）来估算。相对密度虽然不能提供种群实际数量的精确数据，但它可以作为一种快速、实用的方法来评估种群的大小和分布趋势，特别是在难以进行直接计数的情况下。

每个种群在自然界中生存都需要达到一定的个体数量，即最低基数，这是种群在某一生境内生存的最小密度。而某一生境所能容纳的最大个体数则称为最大密度或饱和密度。当种群处于最适密度时，种群的生存状况最为理想。但实际上许多种群并未占据全部可用空间，因此引入生态密度的概念来描述种群在实际占据空间上的个体数量。

对于那些活动范围大、活动能力强、难以直接计数的野生动物种群常采用标记重捕法。标记重捕法的操作步骤如下：第一，初次捕捉与标记。在目标种群的栖息地中随机捕捉一定数量的个体。这些被捕捉到的个体会被标记，通常是在其身上附加一个无害且持久的标记物，如彩色标签、无线电发射器等。标记完成后，这些个体将被放归到其自然栖息地中。第二，重捕与计数。在初次捕捉和标记后的一段时间（通常是几周或几个月）进行第二次捕捉操作，即重捕。在这次捕捉中，会记录到两种类型的个体，一种是之前被标记过的，另一种是未被标记的。通过比较这两次捕捉的数据，可以估算出整个种群的大小。第三，数据分析和估算。基于重捕过程中标记个体与未标记个体的比例，利用特定的数学模型（如 Lincoln-Petersen 公式）来估算种群总数。这个公式考虑了初次捕捉的样本量、重捕的样本量以及重捕中标记个体的数量，从而得出整个种群的大致规模。

在自然界中，少数动物如蟋蟀是不合群的，它们常孤身穴居。一般来说，绝大多数生物都喜欢群居，特别是具有社会性的动物，形成或大或小的集群（colony）。集群生活对动物有着积极的生态学意义：第一，可提高共同防御天敌的能力；第二，提高共同取食的效率；第三，有利于繁殖和幼体的发育；第四，有利于迁徙，如企鹅和雁等。有些植物通过形成集群，可以改善生境的条件，如高山或北极的垫状植物。

对具有集群特征的种群来说，种群的数量规模大小是有规律的，即阿利律（Allee’s law）：动物种群的大小有一个最适合的种群密度，过密或过疏都是不利的，都可能对种群产生抑制性的影响。例如，蜜蜂是社会性昆虫，具有集群生活习性，每只蜂箱所容纳的蜜蜂数量都有一个适宜的大小。当蜜蜂数量过多后，原有蜂王的信息素就难以控制整个种群，工蜂们开始营造新的蜂王台，当新蜂王诞生后便会带着部分蜜蜂离开蜂箱，停在附近的树上，等待养蜂人用新蜂箱来招回，另立新巢。蜜蜂种群的这种分箱行为，是符合阿利律的。

一个种群的大小是不断变化的，除了种群个体的迁入或迁出外，主要决定于种群的出生率和死亡率的比例关系。所以，我们把迁入率、迁出率、出生率和死亡率称为种群数量的初级参数。

而性别比、年龄结构和增长率被称为种群数量的次级参数。性别比是指种群中雌雄个体的比例。一般来说，一雌一雄制的动物，雌雄性别比是 1 ∶ 1。但生物界的性别比有时发生偏离，甚至严重失衡。例如，生活在加拿大的花蛇，种群的雄性与雌性的性别比会达到 1 ∶ 1000。在生态学上，尤其是统计人类社会的性别比时，常见表示方法是以雌性个体为 100 时，雄性个体的数量即为性别比值。例如，当雌性个体数量∶雄性个体数量 =100 ∶ 85 时，性别比是 85；当雌性个体数量∶雄性个体数量 =100 ∶ 115 时，性别比是 115。

当一个种群所有个体具有相同的年龄时，称同龄级种群；由不同的年龄个体所组成的种群则称异龄级种群。在异龄级种群中，各个龄级的个体数目与种群个体总数的比例，叫作年龄比例。按从下向上且由小到大的年龄比例所绘制的图，叫作年龄金字塔或年龄锥体。它表示了种群的年龄结构分布式样，是种群的重要特征之一。年龄金字塔是用由下向上的一系列不同宽度的横柱作成的图，横柱所在的位置反映了不同的年龄段，横柱的宽度表示各个年龄段的个体数或所占百分比。年龄锥体分为 3 种类型：底宽顶窄的金字塔，是增长型种群；底和顶大致相等的，为稳定型种群；而底小顶大的，则为衰退型种群。

一般来说，年龄结构越复杂，种群的适应能力越强。不同年龄的个体对环境的要求和反应是不一样的，对种群的作用和在种群中的地位也各不相同。根据每个个体所处的发育阶段，将种群中的个体分为繁殖前期、繁殖期、繁殖后期 3 个生态时期。按照种群中繁殖前期、繁殖期和繁殖后期的个体比例，自下向上排列成年龄金字塔，这样就可以预测种群的发展动态。因此，异龄级种群中的每个个体在种群中的分布情况与种群的结构、生态功能和发育等方面都有密切关系。

在单位时间内，出生率（b）与死亡率（d）之差为增长率（r），即 $r = b - d$。当出生率超过死亡率时，增长率为正的，种群的数量就增加；当出生率低于死亡率时，增长率为负的，种群的数量减少；而当出生率和死亡率相等时，增长率为零，种群的数量保持稳定状态。

一个种群的密度大小对其出生率和死亡率是会有影响的。当种群的出生率和死亡率相等时，种群的大小将保持稳定，此时的种群密度称为平衡密度（q_x）。平衡密度的出现有下列 3 种情况：

第一种情况，随着种群密度的增加，出生率不变，而死亡率上升；第二种情况，随着种群密度的增加，死亡率不变，而出生率下降；第三种情况，随着种群密度的增加，在出生率下降的同时，死亡率上升。

生命表（life table）又称死亡表，是描述种群动态发展过程的重要分析手段，可以反映出每个个体的平均生命期望值。生命表分为动态生命表和静态生命表，前者是通过连续观察一群同龄个体从出生到死亡的全部数据并进行分析获得的结果，而后者是根据某一特定时间对种群某些年龄结构个体的抽样调查数据编制而成的。

人类生命表可反映出一个国家或一个区域的人口生存死亡规律，它不是一个简单初步的统计资料，而是根据一定的调查时期所获得的某一国家或地区的人口普查资料，经过分析整理，折算成以 10 万或 100 万同龄人为基数的逐年生存与死亡的数据编制而成的。生命表的编制为人寿保险业奠定了科学的数理基础，是计算人寿保险的保险费、责任准备金、退保金的主要理论依据。所以，生命表具有重要的应用价值。

内禀增长率（r_m）是指在最优环境条件下，且不受营养和空间的限制，具有稳定年龄结构的种群发挥出生殖潜能所表现出的最大瞬时增长率；或者说，内禀增长率是指环境不变条件下具有稳定年龄分布种群的指数增长率（r）。大多数种群都有很大的生物学增长潜力，例如，1937 年，人们把 6 只雌的和 2 只雄的环颈雉放养在美国华盛顿一个条件很好的岛上，由于没有竞争，没有天敌，而食物资源又丰富，5 年后种群竟然达到 1325 只。

对种群发育过程进行动态描述，最直观的方法是绘制存活曲线。它是以生物相对年龄（即绝对年龄除以平均寿命）为横坐标，以各年龄的存活率为纵坐标画出的曲线。存活曲线可归纳为 A 型（凸型）、B 型（对角线型）和 C 型（凹型）3 种基本类型。

A 型（凸型）存活曲线：曲线呈凸型，表示种群在接近生理寿命前只有很少个体死亡，即绝大多数个体能达到生理寿命。早期死亡率极低，但一旦达到一定生理年龄时，短期内几乎全部死亡。如人类、盘羊和其他一些较大型哺乳动物等。

B 型（对角线型）存活曲线：曲线呈对角线型，表示种群在各年龄期的死亡率相等。即各个年龄阶段的死亡率基本相同。如水螅、小型哺乳动物、鸟类的成年阶段等。

C 型（凹型）存活曲线：曲线呈凹形，表示幼体死亡率很高，但一旦活到某一年龄，死亡率就变得很低而且稳定。如鱼类、很多无脊椎动物等。在特定情况下，如牡蛎在自由游泳的幼体期死亡率很高，但找到固着基底后死亡率便降低，其存活曲线也接近 C 型。

存活曲线的形状不仅反映了生物种群的生存状况，还与其生态习性、繁殖策略及环境因素密切相关。从昆虫到哺乳类这一进化过程中，产子数量逐渐减少，促使存活曲线经历了凹型→对角线型→凸型的进化趋势。这种进化趋势可能与生物对环境的适应及生存策略的优化有关。

需要注意的是，存活曲线的形状并不是固定不变的，它可能随着种群密度的变化、环境条件的改变以及生物体自身生理状态的调整而发生变化。

2.1.2.2 种群的空间特征

（1）空间分布格局

在自然界中，种群具有一定的分布区域和分布模式。一个物种的生物学特性及其与环境的相互关系，会影响种群的个体在其生境内的空间配置式样，也称空间分布格局。一般来说，种群的分布式样有 3 种类型。

①随机型：

$$S^2 = m \text{ 或 } S^2/m = 1 \qquad (2-1)$$

②均匀型：

$$S^2 = 0 \text{ 或 } S^2 < 1\text{，或者 } S^2/m = 0 \text{ 或 } S^2/m < 1 \text{（}S^2 = 0\text{ 为典型的人工群落分布模式）} \qquad (2-2)$$

③群聚型：$S^2 > m$，或 $S^2/m > 1$。其中，方差

$$S^2 = \sum (x - m)^2/(n - 1) \qquad (2-3)$$

式中，x——各样方中某一物种的个体数量；

m——全部样方中某一物种的个体平均数；

n——调查样方的总数。

影响种群分布格局的因素有多种，主要是生物学特性、种内关系、种间关系和生境的异质性。

（2）种内竞争

在自然界中，物种内的竞争是较普遍的现象，它直接影响着种群发展的动态过程。物种内竞争是指种群内部个体之间因资源和空间的有限而发生相互争夺或干扰的现象，其形式是多种多样的。

①物种内竞争的类型有以下几种。

分摊竞争：分摊竞争指的是在种群中，所有个体都有均等的机会去接近有限的

资源，并可以参与竞争。然而，由于资源有限且竞争没有产生完全的胜利者，有时全部竞争个体所平均获得的资源都不足以维持其生存所需的能量，从而导致种群难以维持。

分摊竞争在生态学上具有重要意义，它揭示了种群内部个体之间在资源利用上的紧张关系。当种群密度接近环境负荷量的极限时，分摊竞争会变得更加激烈，从而抑制种群数量的进一步增长。这种竞争机制有助于调节种群密度，保持生态系统的平衡和稳定。

在自然界中，许多物种都面临着分摊竞争的情况。例如，在某些植物种群中，当个体密度过高时，每株植物所能获得的阳光、水分和养分等资源就会受到限制，导致生长缓慢甚至死亡。在这种情况下，分摊竞争就成为影响种群动态的重要因素之一。

争夺竞争：种群中所有个体并没有相等的机会和权利来享用资源。通过竞争，胜利者为了它们的生存和繁殖的需要，尽量多地占据环境资源；而竞争失败者则把资源让给胜利者，失败者死亡。物种内争夺竞争，使得在一定范围内种群数量在未达到环境容纳量之前是上升的，且由于存活个体在生活中能够获得充分的资源，种群能长期地维持在接近环境容纳量的水平上。植物对空间的竞争是争夺竞争，当植物长大时，存活的个体越来越少，活下来的植物能得到它们所需要的全部资源。

在自然界中，物种内的竞争主要归于这两种类型。但是，从分摊竞争到争夺竞争之间存在着不同程度的过渡类型，大部分生物都能在这个连续的过渡类型中找到自身的种内竞争模式。

负竞争：在自然界里，有些生物在一定的数量范围内，种群数量增加反而有利于个体的成活或生长，这就是负竞争。海鸠（*Uria aalge*）哺育后代的成功率与种群密度成正比，因为大量的海鸠能够集体防御其他海鸟的侵害。当然，海鸠的种群密度过高也会出现竞争，也可能带来一系列负面影响，如导致食物资源变得有限、降低哺育成功率等。陆地棉（*Gossypium hirsutum* L.）的幼苗在苗期存在负竞争现象，单独生长的幼苗不及群体幼苗长得壮；但在苗期以后的营养生长时，同样会出现竞争现象。同样，水葫芦种群也有负竞争现象，单株水葫芦生长极其缓慢，而密度较大的种群却易出现疯长现象。

②植物的种内竞争：邻接效应。邻接效应是指随着种群密度的逐渐增加，相互邻接的生物个体间开始出现了相互影响的现象。邻接效应的关系会对个体的生物量产生影响，但在一定程度范围内种群的总体生物量维持不变；或者说，在一定的面

积或空间内，随着种群密度的进一步增加，其总生物量相对地保持恒定，这称为最后产量衡值法则。也就是说，邻接效应所影响的只是个体产量。这个法则在农业生产中具有重要意义，农业“八字宪法”所强调的合理密植，道理就在这里。

帕尔姆布拉德（Palmblad，1968）将一年生植物荠菜（*Capsellabursa pastoris*）、小飞蓬（*Conyza canadensis*）和大车前（*Plantago major*），分别以不同密度（1 株、5 株、50 株、100 株、200 株）种植于同等大小的花盆中，并统计出它们的出苗率、营养期死亡率、生殖期成活百分率、不育植株百分率、干重、平均每株结实数和每盆结实数。实验结果表明，随着种群密度的增加，种群个体的存活率、发芽率和结实率都有减小趋势，竞争趋向激烈——这主要是密度制约的结果。

不管每盆初始播种密度相差多大，植物都可以通过自身调节保持总产量稳定。这种调节对种子数量和种子质量都能进行调控，即种子数多时种子小，种子数少时种子大，从而实现了补偿作用。植物种内竞争实际上是个体间对地下和地上空间各种资源的争夺。

随着栽培实验的种植密度不断加大，植物个体间的影响不仅表现在器官的形态和寿命以及生长发育速率方面，也表现在植物体的成活率的大小方面，最终种群密度下降，这个过程称自疏作用（self-thinning reaction）。自疏作用使种群密度与个体大小之间表现出一定的规律。自疏作用也可发生在器官水平上，例如，毛白杨在深秋落叶时，经常会有许多小枝条自动脱落下来，其基部非常整齐且光滑，这是由离层发育成熟而实现的自疏作用。

植物的不同器官之间及同种器官之间存在着协同作用与竞争。“根深叶茂”描述的是器官间的协同作用，而“华而不实”描述的则是器官间的竞争（缺乏微量元素的例外）。当土壤缺肥时，植物叶片间出现对营养元素的争夺现象。同样，若花序上的小花过密，就会出现幼果之间争夺营养的现象。例如，在荔枝果序上紧密相连的两个果实间会出现竞争，较大的果实中具有大而饱满的种子，而较小果实中的种子却败育，其假种皮反而较厚（人工诱导结实的例外）。这种现象在葡萄和番茄中也是常见的。

不仅如此，人们曾对山龙眼的穗状花序左右两侧分别进行自花授粉和异株授粉实验，结果发现，在自花授粉的一侧种子败育的比例高，而在异株授粉的一侧种子败育的比例极低，这也是竞争的结果。

所以，在果园管理中，疏花、疏果措施是有生态学理论依据的。

③动物的种内竞争：布拉奇（Branch，1975）观察了不同密度下帽贝（*Patella*

cochlear）的生长情况，发现当种群密度增大时，帽贝种群每平方米的生物量将稳定在125g左右，但其个体的最大体型将减小。这反映了种内竞争的调节作用和个体反应的可塑性，这也是由邻接效应引起的。

蝗虫种群的种内竞争，归根结底是雄蝗虫为吸引和控制雌蝗虫所发生的竞争。首先，随着雄蝗虫数量的增加，每个雄虫所能交配的雌虫越来越少，接着产生了为争夺雌蝗虫的种内竞争；其次，蝗虫种内竞争还表现在为已交配过的雌蝗虫寻找产卵场所发生的竞争；最后，蝗虫种群为了生存，必将为有限的食物资源而发生竞争。蝗虫种群的数量越多，竞争越激烈，其生物潜能的发挥也受到限制。当食物资源匮乏时，种群的个体间发生争夺或相互残杀的现象是常有的，如大小黄鳝混合饲养时，大黄鳝因饥饿会吞食小黄鳝。

④种内竞争的特征：物种内竞争有多种形式，无论是植物还是动物，种内竞争都具有一些共同的特征。

种内竞争的资源一定是有限的。个体间竞争的资源必定是有限的资源，即某种资源处于限量供应时的状态，也就是说，只有当某一种资源成为限制因子时，种内的个体间才会发生竞争。

种内竞争的个体之间具有平等性。种内的个体在竞争中基本是平等的，但在特定的情况下，种内竞争往往会偏利于某些个体。例如，在同一批播种的种子中，发芽早的比发芽晚的偏利；同一窝所产的仔猪，摄食量大的比摄食量小的偏利。因此，我们看到的种内个体之间的差异往往是竞争以后的结果。在排除基因的作用外，个体生来是平等的，是竞争导致了差异。

有些社会性动物很讲究公平，“有福同享，有难同当”。例如，有人曾用南美洲的卷尾猴做实验，将两只猴子分别放在中间安装有玻璃隔板的大玻璃箱中，隔板中间开有1个小窗口，然后在箱内的一侧放1个石头，另一侧放一只装有6枚坚果的大口玻璃瓶，瓶口密封并捆扎。当拥有玻璃瓶的猴子因无法打开瓶盖而急得团团转时，拥有石头的猴子隔着玻璃看到了瓶中坚果后也很着急，然后，它把石头从窗口递了过去。可是，得到石头的猴子不知道用石头砸瓶子，而是将石头从瓶口处往里使劲挤压，终于把密封瓶口的材料扎个大洞，把前肢伸进去逐个掏出6枚坚果，抱在怀中，过了一会，它将3枚坚果从窗口递给另一只猴子，自己只留下3枚。这是多么公平的行为。

竞争的程度直接受到密度的制约和调节。随着种群内的个体数量越来越多，竞争变得愈加激烈，对每个个体的影响也越大。因此，种内竞争是由密度制约的，即无论何时发生竞争，它既源于密度而又作用于密度，种内竞争具有调节种群动态数量的作用。调节是指种群从一开始的密度变化范围相当大的状态最终过渡到在一个较小范围（幅度）内的密度变化的过程。

种内竞争的结果是限制生物个体的生育潜能的发挥。生育潜能的限制是相对于无竞争状态而言的。一般来说，这种限制可能与竞争直接相关，也可能与竞争间接相关，其实质是通过能量分配来实现的。因为限制生育潜能的发挥，最终也会导致种群后代数量的减少。

2.2 种群的调节

2.2.1 种群数量的调节

种群数量既不会保持连续无限增长，也不会长期保持恒定不变，其大小是由出生率和死亡率、迁入率和迁出率等因素决定的，再加上食物资源与环境的影响，种群数量始终处于一定幅度内的动态变化过程之中，这称为种群的数量波动。

种群的数量波动可以是周期性的（如季节消长），也可能是不规则的（如种群暴发）。在一个较长的时期内，种群的数量能够维持在大致相同的水平状态，这叫种群平衡。因此，种群平衡是相对的。

有些物种的种群平衡是靠其生物学特性实现的。例如，在北美洲有一种斑蜥蜴，它有 3 种变型，即橙色斑蜥蜴、黄色斑蜥蜴和蓝色斑蜥蜴。橙色雄斑蜥蜴比较凶猛，但寿命短，它可随意驱赶蓝色雄斑蜥蜴；黄色雄斑蜥蜴善于伪装，特别会模仿雌性斑蜥蜴的行为；蓝色雄斑蜥蜴比较警觉，善于观察，很容易识别雌性个体。研究者们观测到，在野外自然种群中，每一种斑蜥蜴在竞争中最终都会被另一种斑蜥蜴所取代；橙色斑蜥蜴、黄色斑蜥蜴和蓝色斑蜥蜴之间形成了相互制约的生态机制，从而保证了 3 种变形的种群数量呈周期波动。

当橙色斑蜥蜴数量处于优势时，蓝色斑蜥蜴的种群数量得到了有效控制；但由于黄色雄斑蜥蜴由于善于伪装，混进了橙色斑蜥蜴中寻找雌性个体进行交配，不久，黄色斑蜥蜴就成了优势种群；橙色斑蜥蜴由于数量下降，对蓝色斑蜥蜴的控制力削弱，再加上蓝色斑蜥蜴警觉性高，就很容易识破善于伪装的黄色雄斑蜥蜴，因此，蓝色斑蜥蜴很快成为优势群体；一旦黄色斑蜥蜴数量下降，橙色斑蜥蜴又会重新控制蓝色斑蜥蜴。如此循环下去，斑蜥蜴的 3 种变形就是这样在种群发展过程中呈现周期波动的。

在自然情况下，一个种群往往有两个不同水平的平衡密度。一个是由天敌所控制的密度水平，其平衡点的密度值一般较低；另一个是在没有天敌情况下，只由食物资源来控制种群的平衡点，这个平衡点的密度值往往较高。影响候鸟的种群密度的年际变化的因素比较复杂。年际变化是越冬栖息地和繁殖栖息地的各种因素共同作用的结果。

种群平衡的维持不仅需要稳定的食物资源和栖息环境，而且需要有一个足够的最小密度。在其他条件不变情况下，我们把在自然条件下能够维持种群持续生存的最小种群数量，称为最小可存活种群（minimum viable population）。这个概念在生物多样性保护工作中具有重要的理论意义和实践意义。例如，1981 年，在秦岭南麓陕西省洋县发现 7 只极其珍稀的世界级保护鸟朱鹮（*Nipponia nippon*）（被列为国家一类保护动物）。经过 20 多年的人工精心繁育，到 2007 年，野外种群达 210 只，人工繁育种群 200 只，共计 400 多只。专家认为朱鹮数量已经达到最小可存活种群，2007 年 5 月，国家有关部门决定放飞朱鹮人工繁育种群。据 2008 年 5 ～ 7 月的野外观察，朱鹮的筑巢行为和繁育活动正常，表明放飞成功。

自然种群的大小始终是变化着的，能够引起种群数量变动的因素是多方面的，根据其作用机制，分为外部因素和内部因素，实际上内外因素之间也存在联系。

2.2.2　外源性调节理论

在自然界中，能够影响种群大小的外部因素有气候因素、土壤因素、生物因素、营养因素、化学因素、空间因素和污染物因素等。关于种群调节理论有两个学派：非密度制约的气候学派和密度制约的生物学派。非密度制约的气候学派认为关键因子是气候因子，种群大小与气候直接相关；密度制约的生物学派，则过分强调密度对种群大小的调节作用。

种群的实际增长率是随着密度的增大而下降，随密度的减小而上升的，最终其数量大小（N）接近于环境容纳量（K），这叫密度制约效应，是一种负反馈作用。

2.2.3　内源性自动调节理论

内源性自动调节理论包含社会性交互作用调节学说、病理效应学说以及遗传调节学说 3 种核心学说。这 3 种学说的共同点在于它们都强调了种群对环境变化的适应性反应，指出种群个体间在体质上存在着显著的异质性，并且种群数量的初级参数是受密度制约的。

其中，种群的遗传调节学说由奇蒂（Chitty）在 1960 年首次提出。该学说认为，种群对环境的适应能力由其基因型决定。以某个具体种群为例，假设该种群中存在基因型 A 和基因型 B 两种基因。基因型 A 的繁殖力相对较低，但对高密度环境具有较强的适应能力；相反，基因型 B 的繁殖力较高，却更适应低密度环境。当种群处于高密度条件下时，环境压力增大，资源变得有限，此时，基因型 A 的个体由于其较低的繁殖力和对高密度环境的适应性，更有可能在竞争中存活下来，并将基因传递给下一代；而基因型 B 的个体，由于其高繁殖力在资源有限的情况下可能导致后代存活率下降，因此可能逐渐被淘汰。相反，当种群处于低密度条件下时，环境压力减小，资源相对充足，此时，基因型 B 的个体由于其较高的繁殖力和对低密度环境的适应性，将更有可能在竞争中占据优势，并成功繁殖后代。而基因型 A 的个体，由于其低繁殖力在资源充足的情况下可能无法充分利用环境优势，因此也可能逐渐被淘汰。

通过这种方式，种群的遗传组成会根据环境条件的变化而自动调整，以适应不同的生存挑战。这种遗传调节机制是种群内源性自动调节理论的重要组成部分，它解释了种群如何在面对环境变化时保持稳定性和动态平衡。

2.3 种群的生态对策

各种生物的生长和繁殖周期长短不一，这种涵盖了生物的体形大小、生长率、繁殖方式、取食习性以及寿命等一系列生物学特征的综合表现，被称为生活史。不同物种的生活史存在着显著的差异，比如有些物种的生命周期仅几个月，而有些却能长达几百年；同样，物种的个体大小也千差万别，有的庞大无比，有的则微小至极。然而，无论这些差异如何，它们都是生物种类在漫长的进化历程中，为了适应特定环境而逐渐形成的一系列生物学特征。这种生物所特有的生活史特征，我们称为生态对策或生活史对策。因此，生态对策是生物在生存竞争中，通过自然选择和进化的过程所获得的宝贵财富。

2.3.1 能量分配的经济学原则

绿色植物是通过光合作用获得能量的，而动物必须从食物链中获得能量。动物为了获得这些能量，往往必须付出一部分能量用于搜寻、捕获和摄食，这就存在能量的盈亏问题。动物在通过摄食、消化、吸收和同化能量以后，还要将能量分别用于生长、生殖、运动和呼吸等，这又存在能量的合理分配问题。

在能量的盈亏问题上，动物都要进行能量收入与付出的“成本分析”，以选择最佳的食物资源或能量来源的方式与途径。例如，海鸟在海滩上吃贝类动物，是通过将贝类叼到空中放下落在石头上摔碎后才食用的，这样，食用大的贝类时就需要飞得更高，否则摔不碎，于是海鸟通过能量权衡后，专挑特定大小的贝类。有趣的是，生活在美国城市里的一些鸦看懂了十字路口上的斑马线的功能和红绿灯的指示规律，它们会将坚果叼放在十字路口的斑马线上，耐心地在路旁电线上等待，当发现汽车把坚果压碎后，再趁红灯亮时抓紧时间飞下去啄食。同样，对于食草的鸟类，它们更喜欢取食蛋白质含量高的草本植物或刚萌发的嫩草。如在安徽升金湖的滩涂上，雁喜欢跟随牛群取食，因为被牛啃过的苔草（*Carex tristachya* Thunb.）很快长出嫩叶，雁便可定期地取食刚刚生长出的嫩叶；而对于那些被牛群放弃的苔草，由于植株高叶片老，雁则无意取食。

在能量的分配问题上，动物对自身的生长、发育和繁殖的各个环节都要进行权衡。动物哺育后代需要能量，在产仔数方面与能量分配有关，既要保证每个幼仔成活，又要保证母体的健康和兼顾后续的繁殖能力。同样，奶牛产奶是一个消耗能量的生产过程，一般的奶牛每天可产 20～40kg 牛奶，其他能量用于生长、繁殖和运动等。然而，人们为了获得高产的奶牛进行杂交和选育，培育出每天能产 60～80kg 的奶牛。但这样高产的奶牛极容易生病，身体抵抗力很差，而为了保持奶产量稳定，不得不每天都喂抗生素等药物。从能量分配的经济学原则看，这种生产方式是不科学的，是非绿色的生产方式，也不是可持续的生产方式。

人们在生产实践中非常注意能量的分配和经济效益问题。例如，养鸡场里的鸡因密度大而互相打斗，不仅影响生长，而且互相啄毛影响鸡的外观，人们发明了给鸡佩戴红色塑料眼镜便可解决问题。另外，人们在养殖多宝鱼时，发现雄鱼喜欢到处游动，生长很慢，所以，人们通过控制鱼卵发育温度尽可能提高雌鱼比例，以增加经济效益。但不是所有养殖的动物都需要少运动以节约能量。例如，在养殖牛蛙时人们曾想到用水泥瓦盖住沟槽，防止牛蛙跳动，以便育肥，可这样却导致牛蛙生长瘦弱，大腿很细，在市场上不好出售；后来改为露天养殖，并用鹅卵石铺垫沟槽，加大牛蛙运动量，最终养出了体格健壮的牛蛙。生物的能量分配会权衡各个方面，对繁殖的能量投入是有限制的。例如，葡萄每年结一次果，一般亩[1]产约 1000kg。近年来，在北京郊区用塑料大棚栽培葡萄，并通过使用破眠剂（石灰氮）打破葡萄

[1] 1 亩≈666.67m^2。

休眠芽，可使葡萄冬季也可结果，这样一年可结两次果，以期可以达到理论亩产2000kg。但在实际生产中只能实现夏季和冬季的葡萄亩产均为500kg，而且如果过大提高夏季或冬季的单产，果实品质将会受到极大的影响。此外，棉花为了合理分配和利用能量，分化出了营养枝和繁殖枝，也是能量权衡的完美体现。

2.3.2 生活史策略（生态对策）

在能量的分配问题上，各种生物会在营养生长与生殖生长、休眠与迁移、抚育后代与生殖能量投入等方面，都要进行全面衡量以做出合理的分配，称为生活史策略（或称生态对策）。

各种生物的生活史，是在全面衡量了利益与代价之后做出的选择。生物对个体的大小、迁移、夏眠、冬眠、生殖对策与方式、宿主选择等，都经过了长期的选择，最终将生活史的组分固定下来，这必将是一个风险最小、效率最高、最经济的生活史。凡是具有复杂生活史的生物都是坚持了生境利用最优化原则。

对于植物的生活史策略，英国著名生态学家格赖姆（Grime）根据植物对生境的干扰度和生境的严峻度适应策略，于1974年开创性提出的竞争Competitor（C）、胁迫耐受Stress–tolerator（S）和传播定植Ruderal（R）功能策略体系，即CSR三角形分类法：横坐标表示生境的严峻梯度，纵坐标表示生境的干扰梯度，由此组成了高干扰度—低严峻度、低干扰度—低严峻度、低干扰度—高严峻度3种环境，它们分别对应着杂草对策（或R选择）、竞争对策（或C选择）和胁迫忍耐对策（或S选择）。例如，玉米地里的饭包草（*Commelina bengalensis* L.）生于地下匍匐茎上的花，闭花受精，花退化为膜质，而雄蕊和雌蕊以及果实和种子均正常可育，果实贴于地面或位于地下，使其能够在一定程度上避免被外界环境破坏，从而提高繁殖成功率。饭包草的这种生长方式是人工除草选择的结果，体现了它对环境的一种适应——能够在不同的生长环境中找到最适合自己的生存策略。

各种植物在能量分配权衡方面，表现得非常经济而高效。例如，大家熟悉的爬山虎（*Parthenocissus tricuspidata* Planch.），为了攀爬得更高，一直保持着顶端生长优势；当它们沿墙壁横向生长时，各枝条间几乎保持等距离的平行，叶片生长出来后，通过调整叶柄长度，使得叶片排列有序，互不遮盖；当枝条顶端到达有门和窗的地方时，由于这些地方人为活动频繁，干扰太大，无法固着，爬山虎枝条的顶芽便会自然死亡，停止生长，以节约能量。

因此，各种生物对其各自生活史组分的选择，都是在经过长期适应之后，实现对生境资源利用最优化的原则和目的。寄生于种子植物和蕨类植物上、多数为转主寄生的锈菌的复杂生活史就完美体现了这一点。例如小麦叶锈菌在小麦与小檗之间转主寄生，生活史中共产生5种孢子，依次为锈孢子、夏孢子、冬孢子、担孢子和性孢子，通过锈孢子从小麦叶片气孔进入感染小麦，形成担孢子感染小檗，然后形成性孢子，并通过分泌糖汁吸引昆虫传播性孢子。由于锈菌产生的孢子类型多，消耗能量大，所以锈菌不形成子实体。

但有些植物消耗一定能量发育的器官，其生活史策略的意义令人费解。例如，生长在西双版纳的草本植物老虎须（*Tylophora arenicola* Merr.），它的花序上生有2枚大型紫色的总苞，其内为伞形花序，每朵小花的苞片向外延伸成长达30～40cm的胡须状。令人费解的是，老虎须是高度自交的自花授粉植物，造型如此浮夸的花序结构并不用于吸引传粉昆虫，而且苞片在果期就脱落了，也就是说这些夸张的苞片对花粉和种子的传播并无用处。故而，老虎须为什么花费不少能量用于丝状苞片的生长的生态学意义还是一个未解之谜。而在我国西藏的墨脱，有一种生长在砾石堆中的老虎须是几乎没有丝状苞片的（图2－1）。

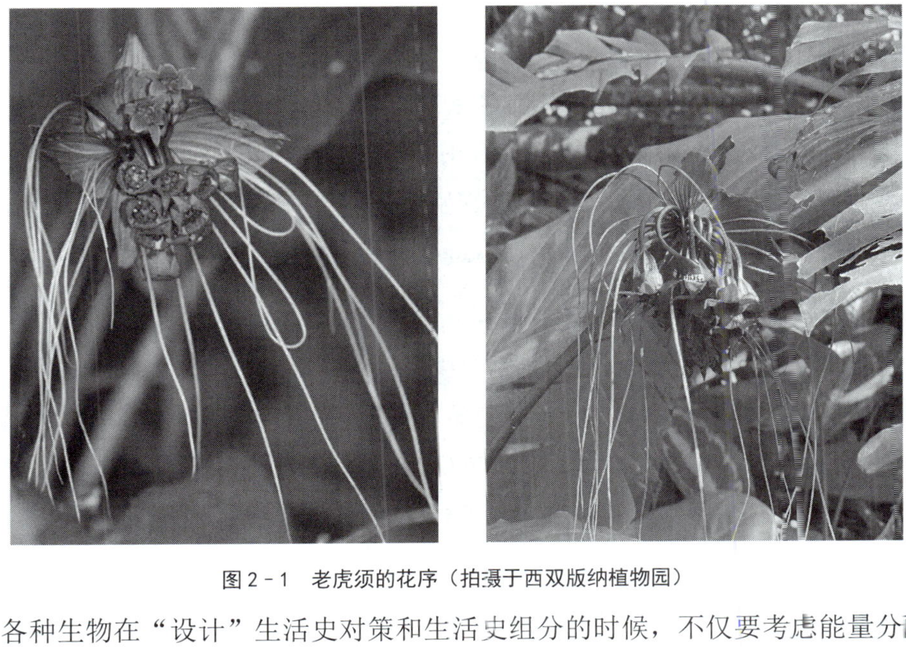

图2－1　老虎须的花序（拍摄于西双版纳植物园）

各种生物在“设计”生活史对策和生活史组分的时候，不仅要考虑能量分配，而且要考虑安全系数，确保能够一代代繁衍下去。例如，在美国田纳西州水体中经常出现多腿的畸形青蛙，后来发现这是由微生寄生虫，即吸虫的寄生所致。寄生动物吸虫的生活史“设计”得复杂而巧妙，它的成虫寄生在水鸟苍鹭的体内，吸虫繁殖所产的卵随鸟的粪便排入水中，吸虫卵在水中孵化，刚孵化出来的幼虫一部分钻入蜗牛壳内，感染蜗牛；另一部分吸虫幼虫钻入青蛙的蝌蚪体表，吸虫的幼虫在蝌蚪体表形成胞囊。而被胞囊寄生的蝌蚪的正常发育就被打乱了：受胞囊分泌物的刺激，胞囊周围的组织细胞大量增殖，细胞进行无序分化，原来生长腿的地方就会长出多条腿，或分叉的腿，或无趾的腿。这些畸形青蛙被水鸟吃掉后，胞囊在水鸟的体内生长发育，直到成熟，开始新一轮的繁殖。

与正常青蛙相比，畸形青蛙更容易被水鸟所捕食。如果水中没有蝌蚪，吸虫的幼虫就会在蜗牛体内形成胞囊，当蜗牛被水鸟所食后，也可以完成生活史。而美国田纳西州农场和牧场向河流和池塘排污，河水中的氮和磷等化学物质不断累积促成了青蛙栖居的湖泊和池塘中一系列事件的发生。污物中的营养物质刺激了藻类生长，导致蜗牛的数量增加，吸虫感染蜗牛并寄生在其体内，蜗牛的增多意味着吸虫的增多，数量巨大的吸虫又寄生于蝌蚪体内，加剧了蝌蚪畸形的发生。

2.3.3 生殖对策

各种生物在权衡了环境安全程度和稳定性、生殖能量的投入、亲代的成活率和后代发育期的长短等因素后，在生殖对策上会做出合理的选择。

（1）r 对策

当生活环境危险和不稳定时，生物会选择多产卵（仔、种子），以提高生殖率，但无法保证成活率，这种繁殖方式称为 r 对策。r 对策的特征是快速发育，小型成体，产生数量多而个体小的后代，具有高的繁殖能量分配和短的世代周期。r 对策型动物常具有高代谢率水平，但并不是高代谢率的都属于 r 对策型动物。

（2）K 对策

当生活环境相对安全时，生物会选择少产卵（仔、种子），而集中精力抚育幼子，以提高成活率，这种繁殖方式称为 K 对策。K 对策的特征是慢速发育，大型成体，产生数量少但个体大的后代，具有低的繁殖能量分配和长的世代周期。

在自然界中，生物对生殖对策的选择不是绝对的，有时由环境条件决定的。例如，蛙类一般都属于 r 对策型动物，但热带雨林中的美洲毒蛙只产 2 只卵，并将卵牢固地黏在自己背上，随身看护其孵化，这属于典型的 K 对策型动物；生活在智利的尖鼻蛙，雌性产卵 10 ～ 15 枚，交配受精后，雄性将受精卵吞入口中，存放在口腔两侧的大鸣囊中，受精卵依靠囊壁分泌物提供营养，直到发育为蝌蚪，再进一步发育成幼尖鼻蛙时，才从雄尖鼻蛙口中爬出来，自由生活。此外，异翅目负子蝽科的负子蝽（*Sphaerodema rustica* Fabricius.）的繁殖对策也属于 K 对策。

在生态学上，r对策型种群不需要一个能够维持种群的最小种群水平，也就是说没有绝灭点，但属于r对策型生物种群变化大，不稳定，当达到环境容纳量时才会出现一个平衡点；而K对策型种群具有绝灭起始点，就是说属于K对策型种群需要一个最小的种群水平才能维持种群的生存与发展；如果低于这个种群水平，种群将走向绝灭。这在生物多样性保护方面具有现实意义：K对策型生物因种群受到干扰后容易形成濒危物种，故需要特别关注K对策型生物的生存状况。同r对策型种群一样，K对策型种群也有一个平衡点，它是由环境容纳量所决定的。

生殖对策的核心问题是生殖价。生殖价是指在繁殖期的种群在各个生活史阶段中，对种群的当前繁殖和未来繁殖之间在能量分配上所进行的权衡；或者说，生殖价是某一个年龄阶段的雌性个体对种群的未来增长所做平均贡献的大小。而生殖效率是指种群通过提高后代的质量与所投入能量的比值，以达到提高生殖效率的目的，这是生殖对策的另一个重要方面。

植物的生殖对策是多样的，有一年生植物和多年生植物。在多年生的植物中，有多次性结实（多次生殖）的和一次性结实（单次生殖）的。最常见的多年生一次性结实的植物是竹子。此外，热带雨林中的董棕（*Caryota obtusa* Griff.）和象鼻棕（*Raphia vinifera* P. Beauv.）等大型木本植物，高达18～20m，营养体生长的时间非常长，在粗大的茎内不断地积累淀粉，20～30年后一旦性成熟，就选择时机一次性开花结果——由于其花序长达数米，小花无数，结实率高，果实饱满——此过程会把植物体内多年积累的营养全部消耗完，随即整株死亡。同样，生长在巴布亚新几内亚沼泽地中的西谷椰子树（*Metroxylon sagu* Rottb.）也是多年生一次性结实植物，高15～20m，寿命达20多年。当地居民在其开花之前将树砍倒，剖开树干，取出淀粉，加工成各类食品。这些植物与同科植物椰子（*Cocos nucifera* L.）的生殖对策是完全不同的。

在自然界中，有些多年生一次性开花结实的植物，其生殖器官往往明显大于营养器官。例如，多年生一次性开花结实的植物龙舌兰（*Agave americana* L.），其营养体只有1m高，肉质叶簇生，可花序却高达5～6m，高大粗壮。又如，蓼科的中华山蓼（*Oxyria sinensis* Hemsl.）仅依靠几枚功能叶片即能够承担庞大花序的营养供应。

当种群处在恶劣或多变的环境下，会采取有性生殖和营养繁殖双保险机制的繁殖方式，或者根据生活史组分中对能量投入和预期的繁殖成效进行权衡之后，选择形式特殊的繁殖方式。也就是说，某个种群在一个多变的环境中，要想在生活史中减少死亡或降低生殖失败风险，可以采取中间对策或几个同时可供选择的对策（如拳蓼、百合等），或把这种风险向着时间和空间进行扩展（如多年生植物）。这其中比较著名的是“两面下注”理论。“两面下注”理论的核心在于比较不同生活史组分的影响，如出生率、幼体死亡率、成体死亡率等，以此来评估种群在不同环境下的生存和繁衍的策略。

例如，卷丹百合（*Lilium lancifolium* Thunb.）生长在森林群落林冠的下面，幼苗比较耐阴，它除了进行有性生殖外，还在各叶片的叶腋处生长出 1 个或 2 个珠芽，珠芽落地便可生根。此外，薯蓣科、景天科、天南星科、荨麻科、酢浆草科以及部分蕨类植物，都会产生珠芽。其中，绝大多数珠芽是由芽发育而来的，可有的不是芽的变态，还有的来自叶缘、叶脉和叶鞘等，这要根据珠芽发生的部位来判断。这种营养繁殖和有性繁殖共存的繁殖方式，对于植物适应恶劣多变的环境有着积极的生态学意义，可大大降低生殖风险。但也不排除有些植物的这种双保险生殖方式，是因营养过剩引起的。

例如，分布于我国华东和华南地区森林群落下的蕨类植物胎生狗脊（*Woodwardia prolifera* Hook. & Arn.），其繁殖方式十分独特，除了像其他蕨类植物一样在叶片背面形成孢子囊群外，在叶片上面（腹面）与孢子囊群对应的位置上还发育出许多微小的球形珠芽，由珠芽萌发出一枚舌状的幼小植株，脱离母体后进行营养繁殖。胎生狗脊这种除了进行无性生殖和有性生殖外，还保留原始的营养繁殖的生殖对策，这是对森林群落下阴湿生境的主动适应还是受环境胁迫，或者说是营养过剩呢？另外，野蒜（*Allium macrostemon* Bunge.）具有伞形花序，在开花期，却在花葶顶端各小花的基部生有许多珠芽。在花期过后，绝大多数子房发育不良，不能形成正常的种子，甚至小花不育以致脱落，而珠芽却发育良好，并在脱落前已经萌发。正是珠芽具有较强的竞争力，才导致野蒜出现“华而不实”的现象。

“两面下注”理论的应用不仅限于生物学领域，它还可以扩展到更广泛的领域，如政治、经济等，用来分析不同主体在不同压力和机遇下的策略选择。

2.3.4 捕食对策与反捕食对策

种群间的捕食与反捕食在自然界中是常见的，捕食对策与反捕食对策是种群生活史的组成之一。捕食对策是指动物为了有效获得最大的取食效率所采取的捕食技巧或策略。动物的捕食对策真可谓千变万化，无论生活在陆地上还是生活在水里的动物，它们都有一套非常高效且独特的捕食对策。例如，变色龙、响尾蛇、鼓虾、螳螂虾和乌贼等都各怀绝技。有些动物竟然能以小捕大，但为了自身安全和节省能量，它们必须智取。例如，欧洲的白鼬可以捕食比自身大几倍的野兔：在捕食前，白鼬故意在野兔附近快速跳跃或跌跌撞撞地奔跑，有时倒立翻筋斗，有时四腿朝上乱踢，全然是一副“疯癫舞蹈”，野兔看得目瞪口呆，一动不动——其实白鼬是在对野兔进行催眠以造成幻觉——趁野兔不注意时，白鼬突然窜到野兔面前一口咬住野兔的咽喉，将其拖回洞中。

动物的捕食存在能量消耗与能量摄入之间的盈亏问题。任何动物在取食过程中都运用经济学原理，即“收益—成本”分析方法，对所摄取食物的大小、觅食距离、时间和食物质量等进行合理的选择，以获得最佳收益，这个决策过程称捕食最优化理论。

而反捕食对策则是指猎物采取各种策略逃避或防御捕食者的捕食。反捕食对策主要有隐蔽（保护色）、恐吓（警戒色）、逃避、拟态、伪装（欺骗）和自卫等。拟态是指在自然界中，猎物为了有效保护自己，通过模拟实现防御捕食的现象，常见的有贝氏拟态和缪勒拟态。

贝氏拟态（Batesian mimicry）是指一个无毒可食的物种在形态、色型和行为上模拟一个有毒不可食的物种，从而获得安全上的好处，如食蚜蝇模拟有毒的黄蜂，东方果实蝇模拟蜜蜂，从而避免被捕食。无毒物种通过模仿有毒或不可食的物种欺骗捕食者，使其误以为这些物种是有毒的或不可食的，从而保护自己。这种现象不仅在动物界中常见，植物界也有类似的例子，如某些兰花通过模拟有毒植物来吸引传粉者。贝氏拟态在生物学上具有重要意义，它帮助无毒物种躲避被捕食，增加了生存机会。

缪勒拟态（Mullerian mimicry）是指具有警戒色的动物之间进行的模仿，即低毒的动物模仿那些剧毒的动物。这种拟态类型中，许多没有直接联系的生物在形态和行为上彼此相似，形成一种群体效应，从而让捕食者对它们产生警觉，不敢轻易捕食。通过这种相互模仿，两种有毒的物种能够分担被捕食的压力，减少个体被捕食的风险，对双方都有利。实际上，生物在反捕食策略上，有行为、形态和生理生化等方面的措施。

许多植物是通过产生有毒的次生化合物来实现反捕食策略。例如，非洲的阿拉伯胶树［*Senegalia senegal*（L.）Britton］，在羽状复叶中含有苦涩的单宁，其含量平时维持在一定的水平上，以抵御像大捻角羚等动物的啃食，如果连续受到捕食，单宁含量可急剧上升，甚至出现大捻角羚因食用其树叶而发生中毒晕倒的现象。不可思议的是，北美洲的西番莲（*Passiflora caerulea* L.）是通过“模仿”周围其他植物的叶片形态以主动逃避美洲蛱蝶捕食的。西番莲分布较广，在阿拉斯加、特立尼达、墨西哥和佛罗里达都有分布，美洲蛱蝶喜食其叶片，但各地生长的西番莲，其叶片形态变化各有特点，从全缘到深裂几乎都有，甚至会出现盾状着生的叶片，但不管是哪种形状的叶都与当地环境中的其他植物叶片相似。西番莲运用这种“模仿”其他植物叶片的方法可逃避或欺骗美洲蛱蝶的捕食。

一些动物可分泌特殊的化学物质防止被捕食者捕食。如放屁步甲虫（*Pheropsophus jessoensis* Morawitz.）称得上是一位动物界的“化学家”，其腹部有两个分开的囊，囊内可分泌出2种不同性质的液体，即过氧化氢与对苯二酚，在两个囊之间有一个“Y”形管道相连，末端直通肛门。当遇到危险时，放屁步甲虫将囊内液体挤出，在管道处混合后并在过氧化氢酶和过氧化物酶作用下发生化学反应，生成滚烫的高温气流从肛门喷出击退捕食者。

有些动物的反捕食代价很高昂，但同性命相比当然是合算的。例如，生活在南美洲墨西哥沙漠中的一种头和背长刺的蜥蜴——角蜥，当遇到捕食者而又无法逃脱时，在双方对峙状态下，通过颈部肌肉收缩，蜥蜴的血液向头部集中，使得眼睛内的血压达到平时的6～7倍，结果眼中血管被冲破，血液穿过眼角膜向捕食者喷出1～2m高的血柱，捕食者往往被这突如其来但不要命的行为吓跑。另外，有些动物在遇到非常危险时通过装死，甚至进入催眠状态，也可逃过劫难。这样的反捕食代价虽小，但有较大的风险，一旦被捕食者识破，必死无疑。

2.4 种群的性别选择与适应

2.4.1 性别生态学

研究种群的性别分化、性别比例、繁殖方式和交配行为等与环境关系的学科，称性别生态学（ecology of sex）。其中，最重要的研究内容是种群繁殖的亲代能量投入问题，以及生殖细胞的形成与结合方式，前者属于生态对策问题，后者是有性生殖的代价问题。

2.4.2 有性生殖的代价

为什么大多数生物都选择了有性生殖作为主要的繁殖方式？在进化的过程中，它们的无性繁殖方式为什么还一直保留着？这是性别生态学研究的根本问题。

有性生殖同无性生殖相比，亲代所付出的代价要高得多，这些代价包括减数分裂价（cost of meiosis，或称基因组稀释的代价，是指雌雄异体的生物，通过减数分裂形成配子，分裂结果导致染色体数目减半，导致双亲对后代的遗传贡献率只有

50%）、基因重组价（cost of generecombination，染色体交换与重组）和交配价（cost of mating，包括复杂的受精过程和雄性生殖细胞的浪费），以及寻找和选择交配对象的花费、减数分裂耗时的代价、性选择的代价和自私基因的扩散代价。因此，生物通过有性生殖所获得的益处一定要高于有性生殖所付出的各种代价才有意义。

而无性繁殖的优势是风险小、消耗能量少，在特定的良好环境或特殊情况下，生物为了快速增殖或延续后代所采取的措施。许多生物为了保证迅速增殖和得到适应性进化，选择了复杂的生活史。像蚜虫、衣藻和孢子寄生虫的生活史都是很好的例子。蚜虫需要转主寄生，在秋冬和早春季节，蚜虫以卫矛和木槿为宿主，进行有性生殖；而在春夏季节，蚜虫转到蚕豆上，由于蚕豆叶又肥又嫩，营养丰富，蚜虫便通过有丝分裂产出二倍体卵，甚至直接产生若虫，即不需要受精可直接在体内发育为新个体，这属于孤雌生殖（parthenogenesis）。不仅许多昆虫可进行这种特殊形式的无性繁殖，而且在脊椎动物中也能进行。一种杂交种蜥蜴——跳跃同性蜥蜴（*Cnemidophorus uniparens*）全部为雌性个体，进行孤雌生殖；另一种杂交种鳉鱼（*Poeciliopsis monacha-lucida*）所产的卵全部是二倍体的，但卵的发育需要亲鱼的精子进行假受精的刺激。像这两种动物进行孤雌生殖，可有效保持杂种优势。另外，无脊椎动物纤毛虫类动物的内合生殖（endomixis），虫体不相互融合，细胞核也不交换，也属于孤雌生殖。

有些植物在权衡营养与生殖的能量分配方面，其生态对策也是很有意思的。

例如，苦草［*Vallisneria natans*（Lour.）H. Hara］是雌雄异株的沉水植物，雄花序在水下发育，生于闭合的佛焰苞内，雄花很小（1 ～ 1.5mm），成熟后脱落而漂浮至水面，3 枚花被向外反卷；雄蕊暴露，30 ～ 50 粒花粉共同黏在花丝顶端，形成裸露的球状花粉团。研究发现，各种苦草的雄蕊数目不等，有 1 枚、2 枚或 3 枚的（1 枚雄蕊是 3 枚雄蕊合生的结果；2 枚雄蕊是由 3 枚雄蕊退化而来的），不同苦草的雄花漂浮在水面上的形状也是不同的，具有 1 枚雄蕊的雄花，它们在水面上相互连接形成树枝状结构；具有 2 枚雄蕊的雄花，它们在水面上相互连接形成许多六边形网眼状结构（未见 3 枚雄蕊的形态）——这些雄花在夜里或清晨靠微风在水面上传播，围在雌花柱头周围进行传粉。

而苦草的雌株上的雌花子房下位，具有 3 枚萼齿，柱头 3 裂，雌花自叶腋伸出，花梗细长，在发育过程中，花梗具有居间分生组织，花梗不断生长把雌花送向水面进行传粉与受精。一般来说，水有多深，花梗就可长多长。一旦雌花的花萼伸到水面，花梗便立即停止生长，随即萼片展开，露出柱头。当完成传粉和受精后，雌花的花梗开始螺旋状卷曲，把雌花拉向水下进行发育。如果苦草在整个上午还没有完成传粉与受精过程，那么到中午时因阳光暴晒而柱头枯萎，花粉爆裂。所以，苦草为了适应这种传粉机制并保证繁殖的成功率，雌株的数朵雌花分别在不同时间成熟，每个子房具有多数胚珠；雄株也有数枚佛焰苞花序，每个佛焰苞中具有近千朵小花，并分批在夜间或清晨成熟释放。

还有学者研究发现，苦草在有性生殖和营养繁殖之间进行能量分配和生殖价的选择，在极其不利的环境下，有的苦草种类会主动选择耗能少的营养生殖方式。如在合肥董铺水库里生长的安徽苦草（*Vallisneria anhuiensis*）和长梗苦草（*V. longipedunculata*）。安徽苦草生长在比较浅的水域，由于水中光线较好、水温增温较快，植株全部进行有性生殖，既无块茎，也不以匍匐茎进行营养繁殖。安徽苦草（*V. anhuiensis*）具 1 枚雄蕊，花期 5 ～ 8 月，当雌株的雌花受精后，花梗高度螺旋化，非常紧密，形成一个倒锥形螺旋，可在较浅的水中把雌花拉到水下进行发育，果实三棱形；已完成传粉的雄株，因水浅温度高，根系开始腐烂，植株陆续地漂浮在水面而死亡。

而另一种长梗苦草（*V. longipedunculata*）则根据生境不同而采取不同的生殖方式：生长在水深为 1 ～ 2m 的长梗苦草只进行有性生殖，而当水深超过 2.5m 时，由于水中光线弱，水温增温较慢，光合作用的净产量少，但雌花梗生长太长（否则柱头不能到达水面完成授粉）而需要消耗较多的能量，所以，深水区的长梗苦草便放弃了有性生殖，只以匍匐茎进行营养繁殖，最多的连续的匍匐茎总长达 1 ～ 2m。有趣的是，把这种具有匍匐茎的长梗苦草放在实验室水箱中进行栽培时，由于水箱水深只有 80cm，并且阳光充足，到了第二年这些苦草竟开花了，采取了有性生殖的策略。

由此可见，生长在过深水中的长梗苦草，因为过长的花梗要消耗更多的能量，只好放弃有性生殖，而进行营养繁殖；至于苦草属植物在受精完成后为什么通过雌花梗的螺旋化把雌花拉入水下进行发育的原因，可能是这样会减少动物和人类活动对花梗破坏的风险，同时深水区具有相对恒定的环境温度。一般来说，变动较大的自然环境不利于植物的有性生殖和基因重组，为了提高繁殖的安全系数，植物往往会选择营养繁殖。另外，在野外考察发现，生长在同一水域的 2 种苦草，因花期不同，对水深的要求也不同，导致生态位分离，没有发现杂交种。

2.4.3 动物的婚配制度

①单配制：指一雌一雄配对，像天鹅、家鸽和鸳鸯等，一旦配偶成功终生不变。

②多配制：配对形式有一雄二雌（雀鹅）、一雄多雌（蝙蝠）、一雌多雄（蜜蜂）等。

③混配制：没有固定的配对，如非洲的一种啄木鸟按3雌4雄进行群居。

在动物的不同婚配制度中，往往存在着不同的性行为或性生理变化。在一雄多雌的鼠群中，新的雌鼠能够引发性满足的雄鼠恢复交配的能力，称为柯立芝（Coolidge）效应。单配制的鼠群没有柯立芝效应。

1960年英国生物学家布鲁斯（H. M. Bruce）发现，刚受孕的雌鼠移离原配雄鼠后，而与另一陌生雄鼠生活24小时以上，会导致雌鼠初始妊娠中断，在一周内恢复性周期，并与新雄鼠交配，所生后代为新雄鼠的后代。这种性生理变化称为布鲁斯效应。

值得注意的是，混配制区别于动物的非选择性交配，因为非选择性交配是没有婚配制度的，如昆虫中的豆娘、蜻蜓，爬行类的蛇，哺乳动物的狗、牛和猪等。具有非选择性交配的动物，其雌体可获得竞争力更强的精子与卵受精，可提高后代的遗传质量。另外，对具有雄性扼杀幼仔行为的有些动物来说，雌体通过非选择性交配，可以欺骗雄性成体，更好地保护幼仔。

对于许多非选择性交配的动物，雄性动物在交配前，有的将雌性动物生殖腔中的原有精液清除干净，或交配后进行短暂的看护，更有甚者在交配后利用性腺分泌的黏液将阴道封堵，防止其他雄性个体再次进行交配。这些行为都是为保证自己的遗传基因在种群中得以传递。

有趣的是，有些动物的雌性个体也具有不正当的繁殖竞争行为。田鳖（*Kirkaldyia deyrollei*）是一种水生蝽类昆虫，交配后，雄田鳖有守护受精卵的行为，一直到受精卵孵化后才离开。但有些性成熟的雌田鳖常会有意破坏其他雌田鳖所产的受精卵，于是负责守护受精卵的雄田鳖与前来搞破坏的雌田鳖经常发生争斗，但当受精卵受到破坏后，无奈之下雄田鳖只好与这只雌田鳖再次进行交配，并继续看护这些刚产下的新受精卵。雌田鳖的这种不正当性竞争行为，这可能对田鳖种群的进化是有益的。

2.4.4 动物的性别决定

动物的性别分为两类：两性的和单性的。两性，即雌雄同体（hermaphrodite，或monoecious），动物体既产卵又产精子，例如蚯蚓和绦虫以及裸鳃类动物等。海蛞蝓的交尾方式很特别：如果仅有两只海蛞蝓相遇，其中一只海蛞蝓的雄性器官与另一只海蛞蝓的雌性器官交配，间隔一段时期，彼此交换性器官再进行交配。可是这种情况并不常见，通常总是几个甚至十几个海蛞蝓联体、成串地交合：第一个海蛞蝓的雌性器官与第二个海蛞蝓的雄性器官交合，而第二个海蛞蝓的雌性器官又与第三个的雄性器官交合，如此一个挨着一个与前后不同的性器官交合。它们交合常常持续数小时，甚至数天之久。有趣的是，海蛞蝓体内的雄性生殖器是“用过即丢”的可抛弃式，每次交配后就会舍弃用过的阴茎，并在一天内再生一段新阴茎，供下次交配使用。这是科学家首度发现动物有可再生阴茎，并使用“可抛弃式阴茎”重复交配。

单性，即动物个体为雌性或雄性，同一个体只能产生一种生殖细胞，也叫雌雄异体（dioecious）。动物的性别决定有多种不同的类型，在哺乳动物中是由性染色体决定的，称为 XY 型，即 XX 为雌性、XY 为雄性。在鸟类中，性别也是由性染色体决定的，称 ZW 型，即 ZW 为雌性、ZZ 为雄性。在昆虫中，一般也是由性染色体决定性别的，比如果蝇，XX 为雌性，XO 为雄性。

有些动物的性别是由环境因素决定的：爬行类动物，其卵的孵化温度往往决定着性别，如鳄鱼；有些鱼的卵在不同温度或不同环境下直接影响到雌雄性别的分化，例如欧洲鲈鱼。这一现象在生物学中被称为温度依赖性性别决定（TSD），指的是环境温度直接影响鱼类性别的分化。另外，后螠（*Bonellia viridis*）的性别也是由环境决定的，其雌虫长 60 ～ 90cm，而雄虫只有 1 ～ 3cm，当后螠的幼虫落入雌虫的口中或附在雌体上便发育为雄虫，幼虫在水中自由生活时则发育为雌虫。轮虫纲动物主要进行孤雌生殖，当环境不利时，才出现雄虫进行有性生殖，甚至对于许多轮虫目前尚未发现其雄虫个体。

然而，有些单性动物，在一定的发育阶段会发生性别改变，称性逆转现象。常见的是先后雌雄同体（sequential hermaphroditism），即动物个体先是雌性的，到了一定阶段转为雄性的。例如，黄鳝的幼体是雌性的，成熟后产 1 次卵，然后就转变为雄性的。海洋中的裂唇鱼和鹦嘴鱼都是由一只雄鱼领着许多雌鱼组成的群体，当雄鱼被捕食后，就由一只强有力的雌鱼通过性逆转变为雄鱼，继续带领鱼群生存下去。而线虫则是先雄后雌，自体受精。此外，海洋中的指甲履螺（*Crepidula onyx*）形成的交配链是一座塔形结构，位于底部的指甲履螺通常是雌性，在它们死后，上面的雄性变性为雌性，让这个交配链条得以维系，这是由位置决定性别的。在动物中，雌雄同体两性的现象是少数，而在植物中，雌雄同体两性的现象是多数。

2.4.5 植物的性别决定

植物的性别和性别决定机制不同于动物。从植物的生活史看可分为两类：一类是具有世代交替的；另一类是没有世代交替的。

对于具有世代交替的植物，二倍体植物只通过减数分裂产生孢子（大孢子或小孢子），进行无性生殖，其植物体叫孢子体；单倍体植物通过有丝分裂产生配子（精子细胞和卵细胞），进行有性生殖，其植物体叫配子体。

对孢子植物来说，根据孢子是同型的还是异型的，发育的配子体分为两性的和单性的两类：两性的配子体既可产生精子细胞又可产生卵细胞；而单性的配子体要么只产生精子细胞，要么只产生卵细胞。所以，孢子植物的性别不是指孢子体本身，实际上是指配子体的性别。

种子植物的雌配子体和雄配子体是完全分开的，也就是说，种子植物没有两性的配子体。所以，从这个意义上讲，种子植物的性别分化就简单多了：由小孢子发育为雄配子体，产生精子细胞；由大孢子发育为雌配子体，产生卵细胞。然而，习惯上，种子植物的性别，不是指配子体的性别，而是指生于孢子体上花的性别。例如，如果植物生长的全部是单性花，就认为其是单性的，可以是雌雄同株或雌雄异株；如果植物生长的全部是两性花，就认为其是两性的。在自然界中，绝大多数的种子植物（孢子体、二倍体）既产生小孢子又产生大孢子，即它们是两性花植物，就是说同一花中具有雄蕊和雌蕊。问题是，为什么有一些种子植物的个体仅产生同一种类型的孢子（即分为雌株和雄株，如银杏、杨、柳和杜仲）？为什么有些种子植物的不同枝条可产生不同类型的孢子（即分为雌枝和雄枝，如丝瓜和葫芦）？为什么有些种子植物的同一花序上可产生不同类型的孢子（杂性花，如槭树）？这都是值得生态学进一步深入研究的问题。

根据孢子体同株或异株，种子植物可分为雌雄异株或雌雄同株两大类。

2.4.5.1　雌雄异株（单性异株）

（1）性染色体决定性别

分为两类：

① XY 型，即 XX 为雌性，XY 为雄性，如芦笋（*Asparagus officinalis* L.），但女娄菜属（Melandrium）和麦瓶草属（Silene）均为两性，极稀为单性，有些教材误将其作为 XY 型例子。

② ZW 型，即 ZZ 为雄性，ZW 为雌性。

（2）X 染色体 / 常染色体比例（比值一般表示为 A）决定性别

当比值 A $\geqslant$ 1 时，植物为雌性；当 A $\leqslant$ 0.5 时，植物为雄性；A 在 0.5 ～ 1 范围，

植物为两性的或具有相等的雌花和雄花。例如，大麻科植物和蓼科的酸模属（Rumax）的部分种类属于此种情况。

2.4.5.2 雌雄同株（单性同株）

由基因控制常染色体或等位性别决定花的性别。例如，南瓜、丝瓜、喷瓜和菠菜。研究发现喷瓜的性别是由 3 个等位基因控制的，基因 aD 对于 a+、a+ 对于 a 均为显性的。基因型 aa 为雌性；基因型 aDa+ 或 aDa 为雄性；基因型 a+a+ 或 a+a 为雌雄同体；aDaD 基因型不存在。

然而，雪松［*Cedrus deodara*（Roxb.）G. Don］为雌雄异株的，但性别分化不太明显，偶见雌雄同株的。有些植物为了与传粉动物进行协同进化，可以改变雌雄花的比例；有些植物花的性别分化与营养状况有关，植物体内 C/N 元素含量的比值的高低影响花芽的性别分化。因此，植物的性别分化机制是相当复杂的。

那么，生物在选择性别系统或做出性别决定时，是根据哪些要素进行权衡的呢？众所周知，环境因子对生物个体的性别选择是至关重要的因素和压力，或者说，每个生物个体都希望通过后裔对种群未来世代的遗传做出贡献。一个个体在其生命周期中对种群增长所做的贡献，称适合度（fitness）。这样，在不同类型的种群中，就存在对雌性个体的适合度（F）、雄性个体的适合度（M）和雌雄同体的适合度（H_m+H_f）的选择问题了。

如果 $H_m+H_f > F$ 或 $H_m+H_f > M$，则种群排斥单性个体，该种群就会选择雌雄同体的两性个体；而如果 $H_m+H_f < F$ 或 $H_m+H_f < M$，则种群排斥两性个体，生物就会选择雌雄异体的单性个体。

有性生殖方式的进化是由同配生殖发展到异配生殖，再到卵式生殖的，而接合生殖是一个独特的形式。严格地说，对于没有世代交替的那些植物，其植物体不宜称为配子体或孢子体，应该称为单倍体或二倍体植物，例如衣藻、硅藻、轮藻和水绵等。

2.4.6 性别对社会等级的影响

在许多动物种群中，每个个体对种群的作用与贡献是不同的，因此它们各自的地位也不同。在猴群中有猴王，狮群中有狮王，这类种群的雄性霸主在种群中的地位最高。

在社会性昆虫中，还存在着功能的特化与分工，包括对繁殖功能的取舍。对于那些放弃了“生殖权”的个体，只有通过精心照料那个专门进行生殖的特殊个体，让其提高繁殖效率，以实现自己对种群发展的贡献。例如，蜜蜂、黄蜂和蚂蚁等在种群中有 2 种等级，即生殖等级和劳工等级，并且存在遗传组成差异：雄蜂（蚁）是单倍体，专门负责交配繁殖；工蜂（蚁）是二倍体的雌性，其遗传组成与蜂王的相同。雄性个体是卵细胞没有受精而直接发育成熟的，一旦成熟它们就立即逃离种群，去寻找或捕捉雌性个体进行交配，建立新种群。

二倍体的雌性个体在成熟过程中，如果得到丰富的营养就发育为具有生殖能力的新蜂王，如果营养不够就发育为劳工个体，这种营养控制发育过程实际上是通过由蜂王分泌的物质喂养幼虫实现的。在这种具有单倍体和二倍体性别决定系统中，由蜂王控制后代的性别造成了种群内部亲缘关系强烈的不对称性：一个雌性工蜂与雌性同胞的亲缘系数是 0.75，而与雄性同胞的仅是 0.25。这种亲缘关系发生偏离，有利于雌性个体间的合作。

值得注意的是，白蚁的性别系统是不同的，它们由蚁王和蚁后通过有性生殖产生全部的工蚁，工蚁有雌性也有雄性的，但工蚁均不能性成熟，只有当蚁王或蚁后死亡了，才由一只工蚁发育为新的蚁王或蚁后。

在社会性生物的种群中，社会等级的形式或“支配—从属”的关系，其类型包括独霸式、单线式、循环式。例如，在猴子、狒狒和大猩猩等动物以及社会性昆虫中，社会等级制度相当明显。人们对黄山猕猴的研究发现，当猴子数量少且只有 1 个种群时，猴王的地位比较稳定而安全；当种群数量增加后分化为多个家族种群时，猴王的地位经常受到挑战；如果猴王产自某个家族种群，则这个家族在整个猴群中的地位较高，一般不会受到其他家族的攻击。

2.5　种群关系

2.5.1　种群关系的类型

在自然界中，由于不同物种的种群常生活在一起，各种群间必然会出现以阳光、空间和食物等资源为联系的各种关系。随着时间的发展，不同种群间的长期相互适应的结果，使得这种复杂的种间关系得以稳固和发展。从理论上讲，一个物种对另一个物种的影响只能有 3 种形式：有利的（+）、有害的（−）、既无利也无害的（0）。因此，任意两个不同的种群生活在一起所形成的种间关系可能有 6 种类型：共生关系（互利）、共栖关系（偏利）、捕食关系（植食性、寄生）、附生关系（中性）、孤生关系（偏害）、竞争关系（抗生），见表 2–1。

表 2 - 1　两个不同种群间关系的 6 种类型

种群 1 对种群 2 的影响 / 种群 2 对种群 1 的影响	+	0	−
+	++	+0	+−
0	+0	00	−0
−	+−	−0	−−

表 2 - 1 中的各种关系解释如下。

① ++：共生关系，也称互利共生，即两个种群间相互受益，如藻和菌形成的地衣。++ 也可称原始协作，当离开协作后，双方仍能独立生活。

② +0：共栖关系，即两个种群生活在一起，一个种群受益，而对另一个种群无任何影响，称偏利作用，如绿海葵（*Cribrina altemisia*）和肤石鳖（*Ischinochiton coreanicus*）共栖，后者食用前者的食物残渣和粪便而受益。

③ +−：寄生关系或捕食关系，即两个种群生活在一起，一个种群受益，而另一个种群受害。在寄生关系中，寄生者常比宿主个体小；在捕食关系中，捕食者常较猎物个体大。

④ 00：附生关系，也称中性作用，即两个种群生活在一起，仅是形式或位置上的结合，对两个种群都无影响，它们对环境的需要各不相同，如树干上的苔藓和地衣同树木的关系。

⑤ −0：孤生关系，也称偏害作用，即两个种群生活在一起时，一个种群无影响，而另一个种群受害。

⑥ −−：竞争关系，也称抗生关系，即两个种群生活在一起，两者都受影响，通过竞争，争夺资源。

2.5.2　竞争关系

物种间的竞争是指不同的种群之间，因为营养资源和空间资源有限，各种群间发生相互争夺和相互干扰的现象。

2.5.2.1　竞争的类型

物种间竞争分为资源利用性竞争和干扰性竞争。

（1）资源利用性竞争

这方面最著名的例子是高氏（Gause）的竞争实验。他首先将亲缘关系和生态习性相近的大草履虫（*Paramecium caudatum*）和双核小草履虫（*P. aurelia*）共同培养在以酵母为营养的溶液中，结果发现大草履虫被淘汰；如果将两者分别单独培养，则各自都符合“S”形增长曲线。然后，高氏将双核小草履虫与袋状草履虫（*P. bursaria*）共同培养在含有酵母和细菌混合的溶液中，结果发现双核小草履虫分布在溶液的上部，以细菌为食物；而袋状草履虫则分布在溶液的下部，以酵母为食物。两者通过食性和栖息环境的分化，最终形成共存的局面。

通过上述实验，高氏总结并发现了竞争排斥原理（高氏假说）。在条件相对稳定且资源有限的环境中，凡是利用相同资源或利用方式相同的两个种群，一定是不能长期共存。

另外，在资源利用性竞争方面，蒂尔曼（Tilman）研究了星杆藻（*Asterionella formosa*）和针杆藻（*Synedra ulna*）两种淡水硅藻对环境中硅酸盐的利用性竞争。他先将两者分别进行培养，发现星杆藻对环境中硅酸盐的浓度需求较高；而针杆藻则对环境中硅酸盐的浓度要求不高，可维持在很低的水平上。当他把两者共同培养在同一个溶液中，随着硅酸盐浓度的进一步降低，最终星杆藻遭到淘汰。

（2）干扰性竞争

这种竞争方式不同于前面所述的情况。在干扰性竞争中，由于空间和环境资源是丰富的，利用资源不是主要矛盾，而种群间却采用直接伤害或干扰对方的方式，以控制对方的数量，使得自身的种群占优势。例如，将杂拟谷盗（*Tribolium confusum*）和锯谷盗（*Oryzaephilus surinamensis*）共同饲养在面粉中，尽管食物资源非常丰富，但拟谷盗通过偷吃锯谷盗的卵和蛹干扰对方的种群数量，这是一种不正当的竞争行为。

“化感作用”是一种常见的干扰性竞争现象，即物种之间相生相克的作用。1974年，莱斯（Rice）出版了植物化感作用的经典著作*Allelopathy*，定义化感作用为：一种植物通过向环境释放化学物质而对另一种植物（包括微生物）所产生的直接或间接的伤害或促进作用。化感物质进入环境的途径主要有4种：第一，自然挥发；第二，植物残体分解后释放；第三，根系分泌；第四，雨水淋溶。化感作用在作物增产、森林抚育、病虫害防治和人工生物群落等方面有重要的应用价值。例如，在四尾栅藻培养液的过滤液中，板星藻不能生长；但将该过滤液经煮沸处理后，板星藻则可生长。

在自然界中，有些动物之间以及动物与植物之间，也存在着化感作用。如贝类动物幼体的附着和变态也需要化学诱导，如果环境中缺乏诱导物或找不到合适的附着基底时，动物幼体继续浮游一段时间后便死亡。有趣的是，一种海牛（*Prestilla sibogae*）幼体变态的专性诱导物是扁缩滨珊瑚（*Porites compressa*）体内所含的次生代谢物质，而这种珊瑚正是成体海牛的食物。另外，如果水体中的轮藻数量过多，可能会通过竞争资源或改变水体环境来影响其他水生生物的生存，包括孑孓在内的许多水生生物都可能因此受到影响。

物种间竞争的特点有：第一，竞争结果是不对称的，即两个种群所付出的代价是不同的；第二，竞争一种资源的结果将会影响对另一种资源的竞争。能够证明第二个特点的例子是车轴草（*Trifolium subterraneum* ）和粉苞苣（*Chondrilla juncea*）的竞争实验，共设计 4 组栽培实验：单独栽培、根竞争、冠竞争、根和冠共同竞争。竞争实验中，粉苞苣的结果是：根竞争使得其生物量同单独栽培相比只有 65%，冠竞争时为 47%，根和冠共同竞争时为 31%。有意思的是，65%×47%=30.55%≈31%，说明在两种植物间的竞争中，根竞争与冠竞争之间是有联系的，并具有叠加效应。

另外，种间竞争可改变植物的根冠比例，使得能量在器官间重新分配。例如，在适宜的密度下，水葫芦种群单独生长时，水葫芦的根冠比为 1 ∶（15 ～ 20）（一般指体积或鲜重），叶柄具特别发达的球状膨大的气囊组织。当水葫芦种群密度过稀，并且水体透明度较大时，水绵（*Spirogyra* sp.）会大量生长，并附着在水葫芦根系上，出现水葫芦与水绵竞争的现象。由于水绵紧紧附着在水葫芦根系上，直接影响水葫芦根系吸收营养盐的功能，结果导致水葫芦根系生长过旺，茎叶反而生长不良，出现植株下部特别发达而上部很小的现象；水葫芦根冠比出现相反情况，变成为（10 ～ 15）∶ 1。

2.5.2.2　生态位和生态场

生态位（niche）是指某一种群在生物群落中对各种生态因子的综合反应（作用），包括对生境的需求、对资源谱的利用范围、占据的空间位置和对群落的贡献等。或者说，生态位是指某一种群在生物群落中能够持久地生存所必需的资源质量和生境条件的综合体，是一个多维变量的集合。每个种群都有自身的生态位。生态位是用来描述一个种群在生物群落中的功能和状况，而不是针对生物个体或物种的。同时，应该注意生态位与生境也是有区别的。

每个种群的生态位都有一定的幅度（指单一生态因子），当环境发生变化后，生态位可以泛化（幅度变宽），也可以特化（幅度变窄）。在没有任何竞争和捕食等条件下，一个种群可充分地利用资源，这种潜在的最大幅度的生态位，叫基础生态位；而在自然界中，一个种群在发育成熟的生物群落中的生态位，叫实际生态位。

虽然生态位是多维变量的综合体，但在实际工作中我们通常研究的是单变量因子。在生物群落中，种群间的竞争关系迫使各种群的生态位幅度发生改变，以减少或降低种群间的矛盾和环境的压力，称生态位分化（niche differentiation）。这种分化常有食性的分化、领域的分化、栖息地的分化、体型的分化和生理的分化等。例如，动物食性的分化有广食性和窄食性，甚至有专一食性。从进化的角度看，食性的分化是对生活环境和种间食物竞争的积极适应，但各有其优越性和局限性。

当缺乏竞争或群落环境和资源得到良好改善时，一个种群的实际生态位会向着基础生态位扩展，称为竞争释放（competitive release）。但有些时候，因竞争过于激烈或资源匮乏，种群不得不泛化生态位。例如，在孟加拉湾红树林生活的孟加拉虎，因人们对红树林开发过度，孟加拉虎的生活环境资源不足，它们经常下海捕获食物，已经养成了水中和陆上捕食的习性。无独有偶，生活在印度尼西亚雨林中的长尾猴，发现树上的果实资源不足，就潜入水下打捞落入水底的果实，也练就了在水中和陆上均能摄食的本领。在同一环境里，如果竞争不可避免，导致生态位收缩，则会出现性状替换（character displacement）现象。对性状替换研究得最清楚的例子，可能是对两种鳾的嘴长的研究：西岩鳾分布于希腊、土耳其和巴基斯坦；东岩鳾的分布区与西岩鳾在巴基斯坦重叠，但其分布区继续由那里向东延伸得很远。在上述两种鳾的异域性分布区中，东岩鳾和西岩鳾的平均喙长分别是 13cm 和 14cm，长度差异不大；但在同域分布区（重叠分布区）内，两种之间的喙长却有明显的差异：东岩鳾的喙长为 12cm，而西岩鳾的为 15cm，长者更长、短者更短。

生态位与竞争直接相关，生态位重叠越大，竞争就越激烈。因此，随着生物群落的发育成熟，各种群都找到了各自的理想生态位，最大限度地利用资源谱，避免直接竞争。但在热带雨林中，各种植物的竞争是非常激烈的，它们的生态位扩展常受到抑制，这里没有一年生植物，一是由于气候温暖，不需要休眠期，二是由于植物对光资源的竞争激烈，一年生植物死亡后，其空间可能被其他植物所挤占。

与生态位理论接近的是“生态场理论”。生态场理论是 20 世纪 80 年代末期由物理学和生态学相结合而发展起来的新的研究领域，该理论借助了物理学中经典场的概念及原理，用以研究生态学中生物间及其与环境间复杂的相互作用，用以揭示生态系统的发展变化规律与机制。我国著名生态学家马世骏先生曾指出，为了从根本上解决生物与生物、生物与环境之间的相互作用问题需要建立生态场理论；1984 年美籍华裔学者吴新一在兰州讲学期间，与兰州大学赵松岭教授及其学生一同商定，将这种生物所特有的场命名为“生态场”（ecological field）。

生态场是由光、温、水、二氧化碳、营养成分等物质性因子构成的作用空间，这些物质性因子是生态场最基本的属性，生物与生物之间以及生物与环境之间的相互作用，正是通过这些物质性因子在时空范围内的分布与变化来实现的。自生态场理论提出以来，国内外学者纷纷投入到这一领域的研究中。例如，王根轩（1990）在博士论文中以实验方法得到了植物生态场的时空分布规律，澳大利亚、芬兰等国学者也相继以动、植物和微生物为材料开展生态场研究。这些研究不仅深化了我们对生态场理论的理解，还推动了生态学、生态系统生态学等相关学科的发展。

生态场绝不是简单的物理场或一些物理场的代数叠加。生态场与物理场的区别在于：生态场具有非线性的时变特征，是空间不对称的矢量场，并且体现了生命现象存在的特殊性。生态场的基本特征是具有物质性、叠加性、可测性。例如，在农业生产上，当两株玉米生长在一起时，随着株间距离的缩短，玉米基部相对一侧的支柱根的发育明显受到生态场的影响。

生态场的分类有多种方法。按照生态场的定义划分，有稳定生态场和时变生态场；按照形成生态场场源的生物种类划分，有植物生态场、动物生态场和微生物生态场；按照场源生物的系统水平划分，有个体生态场、种群生态场和群落生态场；按照植物器官划分，有根生态场、茎生态场和冠生态场，比如前面描述的车轴草和粉苞苣的竞争，就是器官间生态场的干扰现象；如果按照引起生态场的生态因子类型划分，有水分生态场、光生态场、温度生态场和养分生态场等。

生态场与生态位两者既有联系又有区别：从资源利用谱的角度分析，在理论上使得生态位（资源生态位）和生态场的生态势之间可建立联系；但生态位强调种群利用生活空间和资源的综合能力，而生态场强调生物的单一因子生态势。

2.5.3 捕食关系

捕食关系是指一个种群作为另一个种群的营养而牺牲或消耗掉，这是一种极不平等的关系。在捕食活动中，从中获得了营养而进行生长发育和繁殖的称捕食者（predator），而被作为食物资源受到伤害或牺牲的叫猎物（prey）。广义的捕食关系应该包括食草作用（放牧）和寄生（含半寄生和拟寄生等）关系。

在自然界中，最简单的捕食关系存在于单细胞动物之间。在生态学上，最著名的高氏捕食实验就是用栉毛虫（*Didinium nasutum*）作为捕食者以捕食大草履虫。栉毛虫捕食草履虫时，栉毛虫的两圈纤毛摆动起来，在胞口处形成涡流，将草履虫紧紧吸附住，通过胞口向外分泌蛋白质水解酶，就可直接消化草履虫，边消化边吸收，而不是吞食。在培养实验的早期，草履虫数量增长得很快，接着栉毛虫数量开始增长。

由于栉毛虫捕食一部分大草履虫，大草履虫的种群很快下降，当大草履虫被捕食完以后，栉毛虫也因饥饿而死亡；当高氏在培养基底部放上沉渣物时，一部分大草履虫会钻进沉渣里隐蔽起来，等待栉毛虫饿死后再出来，由于没有了捕食者，大草履虫的种群将迅速上升；当高氏定期地向培养溶液里投放少量的大草履虫时，发现两者的种群数量呈现周期性波动。

根据洛特卡—沃尔泰拉捕食模型（Lotka-Volterra Model），猎物种群在没有捕食者的情况下，是按照指数增长的；而捕食者在没有猎物的情况下，则是按照指数下降的。当捕食者和猎物生活在同一环境里，两者的数量将发生变化。

但实际上，捕食者与猎物的关系并不全是按照洛特卡—沃尔泰拉模型所描述的那种状态，它仅是捕食者与猎物种群相互关系的基本模型。捕食者的捕食率变化是对猎物密度变化的直接反映，这两者之间的关联称为功能响应（functional response）。随着猎物密度的增加，每个捕食者可捕获更多猎物或可较快地捕获猎物，这种状态称捕食功能反应。

捕食者对猎物密度的影响可表现出 3 种类型的功能响应。

Ⅰ型：当捕食效率为常数时，被捕食的猎物数量与猎物的总数量或密度成正比。

Ⅱ型：每个捕食者所捕获的猎物数量起初随猎物密度的增加而增加，但随后会随猎物的密度进一步增加而保持平衡，即捕食者在食物资源充分条件下，饱餐过后捕食率下降。

Ⅲ型：在猎物密度很低时，捕食效率低或因猎物密度极低而不存在搜寻印象而使捕食者的功能响应受到抑制。

捕食者与猎物之间的关系错综复杂，这种关系是在漫长的适应与进化历程中逐渐形成的。协同进化，作为一种特殊的进化现象，描述了一个物种的某一特征作为对另一物种特定特征的适应性反应而发生的进化，同时，后一物种的这一特定特征本身也是作为对前一物种某特征的适应性反应而进化的。在自然界中，协同进化现象不仅限于捕食者与猎物之间，还广泛存在于寄生生物与宿主、植物与传粉者等多重关系中。协同进化的核心在于物种间的相互适应与“竞赛”。这种“竞赛”并非传统意义上的竞争，而是指物种在进化过程中，为了生存和繁衍，不断调整和优化自身特征以适应对方的变化。这种适应和进化的过程往往是相互的，即一个物种的进化会引发另一个物种的适应性进化，从而形成了一种动态的、相互依存的进化关系。

捕食者与猎物的协同进化其实是不对称的。这种不对称性主要表现在以下几个方面：第一，捕食者具有避稀效应；第二，根据“一餐一活命”理论，猎物与捕食者的环境压力不同；第三，猎物的寿命比捕食者短；第四，猎物的数量远多于捕食者；第五，捕食者不会专一地捕食某一种猎物，更不会进化出专门的捕杀器官；第六，猎物的警觉性高于捕食者；第七，捕食者成为猎物进化的环境选择压力。由于协同进化的作用，两者的数量动态在保持一定的时间差情况下呈现出周期性的波动。在捕食者与猎物的协同进化中，大自然却袒护了猎物。

有趣的是，一些水生真菌也有捕食行为。例如，一种叫作噬虫指孢菌的水生真菌可以捕获线虫，其捕食技巧灵活而独特：首先在菌丝上生长出具有 1 个或 2 个细胞的柄，柄端各形成 1 个由 3 个细胞围成的捕食环，环的外侧厚、内侧薄；当线虫钻进环内时，3 个捕食环细胞立即膨大，紧紧地套住虫体，并且捕食环的细胞内壁向虫体内生长并成为营养菌丝，最终将线虫消化掉。实验证明，这种捕食环是由水中线虫诱导的，因为在没有线虫的环境中，该菌的菌丝是不生长捕食环的。

一般意义上的捕食关系表现在以强者捕食弱者，以大捕小，但在自然界中，捕食关系是非常复杂的，有植物捕食动物的，也偶尔有无脊椎动物捕食脊椎动物的，如蜈蚣可捕获青蛙，蜘蛛和螳螂可捕获小蛇等。

放牧属于广义上的捕食，放牧的强度对于草场群落的发育有直接影响。适当强度的放牧可以提高群落的生物量，因为放牧加速了草场群落的物质循环；动物的粪便增加了土壤肥力并为微生物提供了营养；动物的践踏有利于禾草的营养繁殖；动物啃食可促进禾草的居间生长。因而，在草场内禁止放牧或过度放牧都将对群落产生不利的影响。

食草动物的食草习性与行为各不相同。例如，马吃草属于修剪型，只吃高草，不吃矮草；牛则属割草型，大口大口地吃草，距地面 3 ～ 4cm 处用牙齿整齐地将草切断；羊是啃草型，贴近地面啃吃地表以上的植物茎叶。这些动物的门齿一般都比较发达，牛、羊和马的门齿是上下两排，非常整齐，便于把草秆切断。而鹿上门齿退化，只保留了下门齿，并且下门齿与牙床不是垂直的，而是略向外斜伸形成“外飘牙”。

鹿的上门齿退化也是对摄取树叶这种取食方式的一种积极适应，其生态学意义是：第一，鹿之所以不吃树枝和嫩枝，是因为枝条内有维管束，需要门齿对切，鹿不食用枝条，对树冠是很好的保护，留下顶芽，这样可持续利用叶片；第二，鹿长期专吃树叶，但因叶片太薄，当上下门齿对咬时对牙齿产生的磨损太大，这样就没必要生长双排门齿；第三，当上门齿退化后，只能利用下门齿和上唇进行撕切叶片，通过抬头动作，依靠与树干“拔河”的形式很容易将叶片撕切下来——如果是下门齿退化，则要依靠上门齿与下唇的配合，这样必须通过低头动作来撕切叶片——由于叶片具有一定的韧性，每撕切 1 片叶，树枝就会下弯 1 次，便打在鹿的额头上，这样鹿每吃 1 片树叶就会挨 1 次打；第四，利用下门齿通过抬头撕切叶片（或叶柄），可保持腋芽完整，不影响腋芽的发育，如果是通过低头利用上门齿撕切叶片，那么由于功能叶还没有在叶柄的基部形成离层，向下撕拉必然会撕破节上的表皮组织，这样腋芽受到破坏或从伤口流出汁液，严重影响腋芽和枝条的发育；第五，鹿的下门齿外斜，当鹿抬头时，门齿与叶片或叶柄的位置就正好处于垂直状态，撕切得力。

广义的捕食关系还涵盖了寄生关系，后者描述的是一种生物（即寄生物）寄居在另一种生物（即宿主或寄主）体内或体表，并依赖宿主的组织、体液或已消化物质作为营养来源的生活方式。无论是动物还是植物，其寄生物都展现出了对食物资源的高度选择性。根据寄生物的大小和生物学特征，我们可将其分为微寄生物和大寄生物。微寄生物寄生在宿主体内或体表，并在宿主上繁殖；大寄生物同样寄生在宿主体内或体表，但并不会在宿主上繁殖。根据寄生物的食性和危害程度，也可将其分为 3 类：食生生物（biotroph），是以新鲜活组织为生活环境的寄生物；食尸生物（necrotrophs），是能够在死亡或腐烂的组织上生活的寄生物；拟寄生物（parasitoid），是指通过寄生作用最终导致宿主死亡的寄生物。超寄生现象（重寄生）是指在寄生物身体上的重复寄生现象，如猪身体上有虱寄生，在虱上有细菌寄生，在细菌上有病毒寄生。

在寄生物与宿主的关系中，两者可通过相互适应和协同进化使有害的“负面作用”逐渐减弱，有些甚至朝着互利共生的方向发展。在协同进化中有性生殖是突变的一个重要来源。在自然界中，宿主与病原体（寄生物）之间，通过有性生殖产生变异，以达到相互适应的现象，或者说，寄生物对宿主的进化做出响应并得到持续进化的现象，也称作红皇后假说（red queen hypothesis），英国著名数学家、逻辑学家、童话作家刘易斯•卡罗尔所著的《爱丽丝镜中奇遇记》中，红皇后曾对爱丽丝说“在这个国度中必须不停地奔跑，才能使你保持在原地”。1973 年美国芝加哥大学进化生物学家范•瓦伦据此提出红皇后假说，即在无机环境相对稳定的情况下，物种之间的关系构成进化的动力，因为每个物种都在不断进化以适应其他物种的变化。

有性生殖使宿主能够产生在遗传上与自身不同的后代，它们由具有让亲本中的病原体不能很好适应的独特基因组成，有性生殖和遗传重组就是以这样的方式给病原体进化提供了进化的“靶子”，并且保证病原体也能得到有利的地位。例如，生活在淡水中的茎吸虫以鸭子为终生宿主，而以蜗牛为中间宿主，并且在鸭子体内进行有性生殖，在蜗牛体内进行无性生殖。通过生活史循环实现茎吸虫与两个宿主之间的相互适应。然而，生活在深水中的被感染的蜗牛，由于不容易被鸭子捕食，所以寄生在深水蜗牛上的茎吸虫也就脱离了原来的种群，只能在深水中进行无性生殖，无法实现与终生宿主的协同进化。

社会性寄生物通过“骗取”或“强迫”宿主为其提供食物、抚育后代、防御和清洁卫生等而获得利益。社会性寄生现象在蚂蚁和寄生蜂中是常见的。鸟类的窝寄生（brood parasitism）就是社会性寄生现象，分为种内窝寄生和种间窝寄生。前者是指同一种鸟的种群内部，有的雌鸟偷着把卵产在别的雌鸟窝内，让其代为孵化，如野鸭；后者是指不同种鸟的种群之间，一种雌鸟偷着把卵产在另一种雌鸟的窝内，让其代为孵化和育幼，如杜鹃。

有些动物为了更好地适应特定环境或更有效地利用特定资源，其生活史经历了极其复杂的进化过程，展现出半寄生的独特现象。以鞘翅目、芫菁科、芫菁属的芫菁为例，其生活史尤为独特，经历了卵—幼虫—蛹状幼虫—成虫的变态过程，由于幼虫具有两种体型，因此也被称为复（过）变态。芫菁的卵产在地面下的花蜂蜂室内，卵在蜂巢内孵化，孵化出的 1 龄幼虫，拥有 6 条腿、4 只眼睛和 2 根长触角。当花蜂的雄蜂比雌蜂更早羽化出室时，芫菁的幼虫便会跳上雄蜂的身体，等到雌雄蜂进行交配时，这些幼虫又会急忙爬到雌蜂身上，因此也被称为“蜂虱”。待雌蜂将卵产在蜂室上方，这些幼虫就会立刻跳到卵堆上，并以这些卵为食。随后，它们会发生蜕皮，变成 2 龄幼虫。在这个过程中，它们的眼睛会消失，腿和触角也会变得残缺不全。此时，它们以蜜为食。之后，它们会再次经历变态，成为 3 龄的假蛹（拟蛹），并通常以此状态过冬。到了次年春天，这些假蛹会化为 4 龄幼虫，其形态与 2 龄幼虫相似，既不动也不吃。很快，它们会变成 5 龄幼虫状的蛹；再次经过羽化后，它们会钻出地面，成为 6 龄幼虫；最后，它们会逐渐发育成美丽的甲虫成虫，并以植物为食。这种复杂的生命周期和寄生行为使得芫菁能够在特定的生态环境中成功生存和繁衍。

高等植物以自养为主，但也有营寄生和腐生的。被子植物桑寄生［*Loranthus parasiticus*（L.）Merr.］常寄生在裸子植物华东黄杉（*Pseudotsuga gaussenii* Flous.）上。桑寄生不同于菟丝子，它属于半寄生，因为桑寄生的叶片是绿色的，从宿主身上只需获得水分和无机盐。由于桑寄生是被子植物，体内具有导管，而华东黄杉是裸子植物，体内具有管胞，当桑寄生寄生在华东黄杉上，遇到的主要矛盾是水分的供应问题，所以，桑寄生茎的基部膨大，以扩大与华东黄杉的接触面积，增加水分来源。

作为一种特殊的寄生现象，拟寄生是指寄生者侵入寄主体内，吸收其营养，并最终导致寄主死亡的过程。这一过程不同于一般的寄生，因为在一般的寄生现象中，寄主通常不会被杀死。这一生物现象在害虫的生物防治领域具有广阔的应用潜力。以黑青小蜂为例，它们会选择在越冬的棉红铃幼虫体内产卵，蜂卵在棉红铃幼虫体内孵化，孵化出的幼虫便以棉红铃幼虫的内脏为食，逐渐导致其死亡。这种寄生方式不仅高效，而且具有环保优势，因此人们可以利用黑青小蜂来防治棉红铃虫，减少化学农药的使用，保护生态环境。这种生物防治方法体现了自然界中生物间的相互作用，以及人类智慧在害虫管理上的应用。

2.5.4 其他种间关系

2.5.4.1 共生关系

在自然界中，共生（互利共生）是非常普遍的现象。生活在一起的两个种群在长期的“合作”中，都会从中得到益处。由于两者的利益关系，它们都会主动适应对方的特征和需求，以期得到更多的好处，所以，两者便通过协同进化，朝着专一化的方向发展。一般来说，共生有6种类型：第一，光能自养共生：像绿色植物，是典型光能自养共生的例子，还有海鞘被膜内的原绿藻；第二，化能自养共生：在很多无脊椎动物体内生活有化能自养细菌，像深海的巨型管虫，其体内具有可利用硫化氢的细菌；第三，营养共生：像蚜虫，其体内共生的细菌可为宿主合成必需的氨基酸；第四，氮固定共生：像豆科植物与根瘤菌、满江红与蓝藻，寄生物为宿主将气态的氮还原为氨；第五，消化共生：像白蚁和牛，其体内有帮助消化纤维素的细菌、古细菌或纤毛虫；第六，发光共生：像发光细菌，它们在闪光鱼的特定器官内发光。

自然界中共生关系的例子很多，像金合欢［*Acacia farnesiana*（Linn.）Willd.］与蚂蚁的共生：金合欢具有二回羽状复叶，在小叶顶端水孔处形成橘黄色椭圆形分泌物，专门提供给蚂蚁作为食物；在叶轴基部生有1对膨大的刺，刺是中空的，开有洞口，专门为蚂蚁提供居住场所——这样，蚂蚁就能安心地在植物体上到处巡逻，赶走入侵之敌。而金合欢付出的“酬劳”也不低，管吃管住。

在动物间的共生关系中，有些情况很复杂，如在欧洲的小蓝蝶与蚂蚁的共生关系中，还有姬蜂参与其中。小蓝蝶扁平的幼虫啃吃叶片，它的背部有一排可分泌蜜汁的腺乳突，可随时分泌蜜汁；由于蚂蚁非常喜欢吸食其蜜汁，它们会识别叶片上小蓝蝶的卵和幼虫，并精心保护卵和幼虫不受其他生物的侵害。当小蓝蝶幼虫孵化出来后，蚂蚁会精心照顾，如当一片树叶被吃完后，蚂蚁们会立即将其抬到另一片树叶上；在冬季来临前，蚂蚁们将小蓝蝶幼虫抬回蚂蚁的巢穴内，由于缺乏新鲜树叶作食物，蚂蚁们便疯狂地用蚁卵喂之，以便继续吸食蜜汁。

一般昆虫的幼虫都呈圆柱形，而小蓝蝶的幼虫为了适应蚂蚁的蚁钳和便于蚂蚁的搬运，发育为扁平状，且幼虫皮厚，不怕蚂蚁的蚁钳伤害。就在蚂蚁在巢内照顾小蓝蝶幼虫时，姬蜂往往会趁机钻入蚂蚁的巢内，寻找小蓝蝶幼虫，一旦发现小蓝蝶幼虫，姬蜂就立即释放一种激素，蚂蚁闻到后便会互相撕打成一团，忘记照顾小蓝蝶幼虫，姬蜂趁机趴在小蓝蝶幼虫身上在体内产下一粒卵，再赶快寻找其他幼虫进行产卵。一旦激素作用失效，姬蜂就立即逃出蚂蚁巢穴，蚂蚁继续照料小蓝蝶幼虫，直到其化蛹为止。第二年春天，小蓝蝶的成虫从蛹中钻出后，立即飞走，否则会被蚂蚁所食用。小蓝蝶成虫布满鳞粉，蚂蚁很难捕捉。然而，有些小蓝蝶的蛹钻出来的却不是小蓝蝶，而是姬蜂。姬蜂的成虫也要尽快逃跑，防止被蚂蚁发现。这个现象说明姬蜂已经发现并掌握了小蓝蝶与蚂蚁的共生关系，通过拟寄生成功地利用这种关系为进行自身繁殖。由此可见，动物间的关系是多么奇妙。

另外，榕小蜂与榕属（无花果属，*Ficus*）植物的共生关系也是非常独特的。桑科榕属约有 1000 种，在热带地区可终年开花结果，每种都有特定的榕小蜂授粉。榕属植物的隐头花序（雄花在上，雌花在下）是为了与榕小蜂实现传粉的协同进化，它是由穗状花序（雌花在上，雄花在下）通过花序轴顶端膨大内凹逐渐演变而成的。当花序发育成熟时，从小孔内释放出一种能够吸引雌榕小蜂的特殊气味。雌榕小蜂进入隐头花序后，首先经过雄性小花区域，它的胸前专门有个储粉囊，在向前爬行过程中将采集成熟的花粉装入囊中。最终雌榕小蜂钻爬到隐头花序的底部，这里全是雌性小花，有长柱头的和短柱头的，雌榕小蜂将产卵管从管鞘中拔出来，专门寻找短花柱的雌花，将产卵管插入其子房进行产卵。

雌榕小蜂会按照比例产出受精卵和未受精的卵，主要产二倍体的受精卵发育为雌蜂，因为未受精的卵发育为雄蜂。在产卵的同时，将胸前的储粉囊中的部分花粉取出，涂抹在附近的长花柱的柱头上进行传粉；然后，再去寻找下一朵短花柱的雌花，直到将储粉囊中的花粉撒完为止。如果雌榕小蜂在隐头花序内只产卵而不授粉，隐头花序将因果实不育而脱落。所以，当隐头花序发育成熟时，长花柱的雌花可正常结实，而短花柱的子房里只发育榕小蜂的卵、幼虫和成虫。雄性榕小蜂首先孵化出来，没有翅膀，先伸出生殖器插入尚在瘿中发育中的雌虫体内进行交配，然后在无花果上咬破一个洞口后便死去；一旦雌性榕小蜂的成虫发育好，就带着雄性榕小蜂的精子从洞口飞出去，寻找下一个隐头花序。成熟的聚花果被动物吃掉，种子得以传播。

植物与传粉昆虫的协同进化的形式多样。生长在南美洲沼泽地中的睡莲科、王莲属植物王莲［*Victoria amazonica*（Poepp.）Sowerby］，在夜间开花，白天闭合。花大（直径 30cm）而白，芬芳宜人；可花期很短，只开放 2 次。夜间第一次绽放时其香味会吸引甲壳虫（它可能刚从其他王莲花中钻出来，身上还粘满了花粉）钻进花蕊中取食蜜汁，取食期间层层花被会慢慢合拢将甲壳虫包埋在花朵中；直到第二天晚上，这朵王莲花再次开放，花被已经变成淡红色，待花被打开后，在花中被强行埋了一天，满身都是花粉的甲壳虫便从花蕊中钻出来，接着又去寻找其他刚刚开放的王莲花。授粉后的王莲花不仅花被变色，花梗也变得松软，当太阳出来后，整个花朵便慢慢地倒入水下进行发育。

共生关系不仅存在于陆地各类群落中，在水生群落中也很普遍。例如，珊瑚礁是一个非常复杂的生物群落，也是海洋环境中物种多样性程度最高的生物群落。珊瑚虫分为造礁珊瑚和非造礁珊瑚，后者没有藻类共生，不需要光，是生活在真光层以下的异养动物；而珊瑚礁主要由造礁珊瑚虫、生活在虫体中的藻类、生活在骨骼中丝状藻类和生活在死亡骨骼上肉质藻类等共同组成。其中，珊瑚虫与其体内共生的虫黄藻之间是一种互惠互利的共生关系。首先，珊瑚虫单靠捕获小型浮游动物不能维持能量需求，而虫黄藻生产的有机物可直接转入动物组织中补充营养；其次，珊瑚虫的代谢产物大多作为营养物质直接提供给藻类利用，提高初级生产力；再次，藻类经光合作用产生的氧气可供珊瑚虫呼吸需要；最后，在光照条件下，通过藻类光合作用吸收的二氧化碳可促进碳酸钙的生成，提高珊瑚虫的钙化作用，加速其骨骼形成。由此可见，在珊瑚虫与虫黄藻之间，通过长期的协同进化，形成了一种经济高效、互惠互利的物质再循环的利用途径。所以，珊瑚虫怕黑暗、怕冷（要求水温高于 20℃）、怕浑浊的海水、怕淡水是有其道理的。

2.5.4.2　孤生关系（偏害）

当两个种群生活在一起时，在资源、空间和生境等方面，一方不受任何影响，而另一方却受到了伤害，而这种伤害是能够忍耐的，不是致命的，否则，受伤害的种群会被迫放弃这种关系。例如，在非洲，一种个体大的马蝇和个体小的家蝇生活在同一地区。马蝇平时生活在马的身体上或马的周围，繁殖时雌雄马蝇进行交配，交配后的雌马蝇会在空中捕捉家蝇，它把家蝇抱在怀中，强行将数枚卵产于家蝇的背上，然后将其放行，再去捕捉其他家蝇；背部带有马蝇卵的家蝇深感不便，但又无法去除掉这些卵，只好背着它们到处飞，直到马蝇的卵开始孵化；此时的家蝇就去寻找马群，落在马的身体上，马蝇的幼虫闻到气味就立即爬上马的身体，用嘴上的小钩子牢固地叮在马的皮肤上，过着寄生生活，直到化蛹。马蝇与家蝇的关系是一种利益不公平的关系，在这里，家蝇明显是个受害者，但伤害又不是致命的。

2.5.4.3 共栖关系（偏利）

当两个种群生活在一起时，在食物资源、空间和生境等方面，一方不受任何影响，而另一方却得到了益处，后者会主动要求继续维持这种关系。例如，热带雨林中的猫头鹰，把鸟巢建在树洞里，在抚育小鸟时总会有一些动物尸体残渣散落在巢内，变质发臭后引来苍蝇，蝇蛆到处乱爬。猫头鹰为了保持巢内的卫生就想请个“保姆”，它抓来一条小盲蛇放在巢里——盲蛇对于小鸟来说是安全的——盲蛇凭借特殊的感应器官，把蛆吃得干干净净。一直等到小鸟长大离巢，猫头鹰才把盲蛇放回森林中，一般不会伤害它。另外，在海洋生物群落中，共栖关系是比较常见的。例如，隐藏在海葵或水母触手之间的小鱼，它们在遇到危险时既可得到保护，又可从宿主身边获得一些残渣零食。

2.5.4.4 附生关系（中性作用）

两个种群生活在一起，对谁都既无害也无利。在森林里经常见到地衣、苔藓和蕨类植物附生在树干上，如果树干粗大、树皮厚，附生作用对大树没有任何影响；但如果附生的植物生长在树枝上，那么由于重力、吸水、遮光等因素，对枝条的发育多少还是有些影响的。

尽管种间关系可分为 6 个类型，但实际上，种群间的关系是十分复杂的，还有待科研工作者们进一步探索。

2.6 种群生态学在农业、林业和渔业中的应用

种群生态学是研究种群数量、分布及其与环境之间相互关系的科学。在农业、林业和渔业中，种群生态学原理的应用对于资源的合理利用、生态平衡的维护以及可持续发展具有重要意义。本节将详细探讨种群生态学在这三个领域中的应用，并分析其带来的实际效益与挑战。

2.6.1　种群生态学在农业中的应用

2.6.1.1　多样性导致稳定性的原理

农业生态系统是以农田为基础的人工生态系统，作物种类和品种的多样化对于提高系统的稳定性和生产力至关重要。根据生态学原理，多样性可以增加系统的抗逆性，减少病虫害的发生。例如，在稻田中，通过间作、套作和轮作的方式种植不同作物，如稻田养鱼、稻田养萍等模式，不仅可以提高土地利用效率，还能通过生物间的相互作用控制杂草和害虫，减少化学农药的使用。此外，农田防护林的营造也是增加生物多样性的重要措施。防护林能有效改善农田小气候，增强农业抵御自然灾害的能力，同时为害虫天敌提供良好的栖息环境，有助于生物防治的实施。

2.6.1.2　生态位原理的应用

生态位是生物在完成其正常生活周期时所表现的对环境的综合适应特性。在农业生态系统中，合理安排不同作物的生态位，可以充分利用空间和资源，提高生态系统的生产力。常见的生态位原理在农业中的应用案例如下。

作物间套作与复种：生态位原理强调不同物种在时间、空间、营养等方面的互补性。在农业中，利用不同作物在形态、生态习性、生理特性和生长周期上的差异，通过间套作和复种技术组建合理的作物复合群体，可以大大提高生态位的利用率。例如，玉米与大豆的间作模式，大豆的固氮作用可以为玉米提供养分，而玉米则为大豆提供了遮荫环境，减少了杂草的竞争，实现了双赢。

林下经济：在林业资源丰富的地区，以生态位原理为指导的林下经济成为一种重要的农业发展模式。利用林果冠层下的空间种植药材、食用菌等作物，不仅充分利用了林下光照、水分和土壤等自然资源，还减少了杂草和病虫害的发生，提高了土地的生产力。这种模式实现了林业与农业的有机结合，促进了生态系统的稳定和可持续发展。

例如，对于森林覆盖率为 63%、森林面积达 1.66 亿亩的贵州省，其适宜发展林下经济的林地面积高达 3700 余万亩，发展林下经济是把贵州省的绿水青山转化为金山银山的重要路径。贵州是首个在省级层面出台发展林下经济文件的省份，也是第一个将林下经济列为政府考核目标的省份。近年来，贵州省通过实施“林下 +”模式，在维护好贵州森林资源和生态的前提下，科学开发竹笋、食用菌、蜂产品以及黄精、天麻、铁皮石斛等丰富多样的森林食品。

贵州全省各地积极推进林下经济高质量发展，林下经济经营和利用林地面积从2020年的2203万亩增长到2023年的3467万亩，全产业链产值从2020年的400亿元增长到2023年的759亿元，有效盘活了贵州省的森林资源，标志着贵州省林下经济进入省级统筹、规范有序、谋划长远发展的高质量发展新阶段。贵州省的林下经济对于助力森林食品提质增效、支撑森林食品可持续发展提供了典型案例。

水域立体养殖：在水域农业中，生态位原理的应用体现在立体养殖模式上。通过在同一水体中分层养殖不同种类的水生生物，如鱼类、虾类、贝类等，利用它们在空间生态位上的差异，实现了养殖资源的最大化利用。这种养殖模式不仅提高了单位水体的产量，还减少了养殖过程中的环境污染，促进了水域生态系统的平衡与稳定。

病虫害生态防控：生态位原理在病虫害防控方面也有重要应用。通过保护和利用天敌等自然控制因子，调节害虫与天敌之间的生态位关系，实现病虫害的可持续控制。例如，贵州省普定县穿洞街道靛山村的绿源茶业、茗之源茶业等茶园基地外围种植万寿菊、茶园内套种樱花树和梨树等开花植物，为害虫天敌提供蜜源和栖息环境，从而增强天敌的控害能力，减少化学农药的使用量（图2－2，图2－3）。

图2－2　贵州省普定县穿洞街道靛山村茗之源茶业茶园基地外围显花植物

图2－3　贵州省普定县马关镇金刺梨基地内显花功能植物

农业废弃物的资源化利用：农业废弃物如秸秆、畜禽粪便等，如果不处理直接排放到环境中会造成严重的污染。生态位原理指导下的农业废弃物资源化利用技术将这些废弃物转化为有机肥料、生物质能源等有价值的资源，实现了废弃物的减量化、资源化和无害化。这不仅减少了环境污染，还提高了农业资源的利用效率。例如，广东省农业科学院农业资源与环境研究所针对华南地区畜禽养殖集约化程度高且粪污排放量大的现状，以阻控污染物进入食物链、改善周边人居环境为目标，研发了畜禽养殖废水生物—生态处理及资源化综合利用技术，能使水质主要污染物去除率达 82% ～ 90%，处理后达到农田灌溉水质标准，回灌农田可以改善农产品品质，提高产量 7.3% ～ 9.6%，实现了生态养殖、绿色种植、清洁环保的美丽村镇新局面。

土壤生态位的保护与修复：土壤是农业生态系统的重要组成部分，其生态位的保护与修复对于农业可持续发展具有重要意义。通过合理施肥、耕作和灌溉等措施，维护土壤生态系统的稳定性和生物多样性，促进土壤养分的循环与再利用。同时，利用生态位原理指导土壤改良工作，如添加有机物质、微生物菌剂等，提高土壤肥力和作物产量。

2.6.1.3　熵增原理与物质循环利用

根据热力学第二定律描述的熵定律，农业生态系统是一个人工调控的开放系统，需要不断从外界引入负熵以维持系统的有序结构。在农业生产中，可通过推广秸秆还田、有机废弃物资源化利用等措施实现物质的循环利用，减少资源的浪费和环境污染。例如，采用沼气池将农业废弃物转化为沼气和有机肥料，既解决了废弃物的处理问题，又提供了能源和肥料，实现了生态效益和经济效益的双赢。

2.6.1.4　限制因子原理与农业管理

限制因子原理指出，农业生产过程中某些短缺因素会限制其他处于良好状态的因子发挥作用，从而影响农业生态系统的生产力。因此，合理施肥、育种、栽培和水利工程建设等农业生产措施需要基于限制因子原理进行。例如，配方施肥技术可以根据作物需求和土壤条件精确施肥，提高肥料利用率；节水灌溉技术可以减少水资源浪费，提高作物产量。

2.6.2　种群生态学在林业中的应用

2.6.2.1　森林生态系统的稳定性与多样性

自然森林生态系统具有生物种类多、结构复杂、稳定性高的特点。在林业生产中，通过营造混交林、实行林地间种和间养等措施，可以增加物种多样性，提高森林生态系统的稳定性和生产力。混交林不仅能够提高林地的抗干扰能力，还能改善土壤结构、提高土壤肥力，为多种动植物提供适宜的栖息环境。

2.6.2.2 边缘效应与资源利用

边缘效应是指两个不同生态系统之间的过渡地带具有更高的生物多样性和生产力。林业边缘效应的应用主要体现在提高光能利用效率和增加单位面积生产力上。林业边缘效应作为一种生态学规律，在林业生产中具有重要的应用价值。在林业生产中，可以通过利用边缘效应理论，开展群落结构优化，如定向培育速生丰产林，从而提高森林的生产力和生物多样性；在林缘地带种植经济价值高的作物或养殖经济动物，实现资源的优化利用；根据效应带配置理论，人工开拓效应带，对生产力低下的天然次生林进行合理改造，建立人工天然混交群落结构模式，也是林业边缘效应应用的一个重要方面。此外，利用城镇与农村交接处的地缘优势，发展城郊型持续农业也是一种有效的资源利用方式。这些措施有助于提升林业的生产效率和生态系统的稳定性，对于解决林业面临的挑战具有重要意义。

林业边缘效应的应用不仅有助于提高林业的生产力和生态系统的稳定性，而且为林业的可持续发展提供了新的思路和方法。

2.6.2.3 群落演替与林业管理

群落演替是生物群落随时间推移而发生的自然变化过程。根据群落演替理论可知，森林群落的演替是一个长期的变化过程，演替过程中群落的物种组成会发生质的变化，这一过程不仅涉及植物群落的内部矛盾发展，还包括对外部环境的适应和改造。此外，群落演替理论还涉及演替的类型，包括原生演替和次生演替等，这些类型反映了生态系统对外界环境变化和内部因素变化的适应过程。了解这些演替类型，对于制定有效的林业管理策略具有重要意义，可以帮助管理者根据不同的演替阶段采取相应的管理措施，促进森林群落的健康发展。

通过遵循群落演替的自然规律可以有效地促进森林群落的自然更新和演替，从而实现森林生态系统的可持续发展。群落演替理论在林业管理中的应用主要体现在对人工林经营发展战略的调整以及对森林群落重建和恢复的指导上，如指导人工林的经营转向、促进森林群落的自然演替和恢复，以及根据不同的演替阶段采取相应的管理措施，从而实现森林生态系统的健康和可持续发展。

在林业管理实践中，了解和掌握群落演替的规律，对于指导森林的重建和恢复至关重要，如可以通过人为干预促进森林群落的正向演替，提高森林生态系统的稳定性和生产力；通过补植、抚育等措施改善林分结构，提高林分的抗逆性和稳定性；通过封山育林等措施促进自然更新，恢复和重建受损的森林生态系统。

2.6.3　种群生态学在渔业中的应用

2.6.3.1　种群数量变动规律与渔业管理

种群生态学通过研究种群数量在时间和空间上的变动规律及其原因，为渔业管理提供科学依据。例如，通过采集和分析渔获物数据、鱼类种群数量以及水体生态指标等信息，可以评估渔业管理方案的可行性和效果，进而调整和改进管理方案以实现渔业资源的可持续利用。

2.6.3.2　生态位原理与渔业资源保护

生态位原理在渔业资源保护中具有重要应用价值，生态位原理在渔业资源保护中的应用主要体现在生态位互补、营养循环利用、生态防病等方面。生态位原理强调物种在生态系统中的角色和功能，以及物种之间相互作用的关系，通过了解不同物种的生态特性和生态位关系，可以制定合理的渔业管理措施。在渔业资源保护中，这一原理的应用主要体现在以下几个方面：

例如，中国水产科学研究院黄海水产研究所的“‘参—虾（蟹）—藻’多营养层次生态养殖技术”通过合理搭配不同物种，在传统刺参养殖池塘中合理搭配对虾、梭子蟹和石莼等物种，成功构建了一种绿色、高效的海水池塘多营养层次综合养殖系统：海参夏眠时，其敌害生物红线虫等成为对虾的美食，而对虾残饵粪便等有机物又为结束夏眠后的海参提供了饵料；梭子蟹通过捕食病虾、锥螺等可以防止疾病传播和有害青苔等滋生；石莼吸收池塘中过量的氮、磷等营养盐，不仅可以维持水质稳定，也为虾、蟹、参提供了优质饵料。该技术利用生态位分化原理，实现了生态位上的差异最大化，减少了物种之间的直接竞争，促进了物种间的流动和补充；通过物种间的相互作用，实现了营养物质的循环利用，减少了环境污染；利用不同物种间的捕食与被捕食关系，控制有害生物的数量，防止疾病传播。

另外，渔业中通过设置合理的捕捞季节和配额、建立保护区域等可以维持种群数量的平衡和生态系统的稳定；通过促进不同物种之间的互利共生关系以提高渔业资源的生产力和可持续利用性……这些应用不仅提高了渔业资源的利用效率，还促进了生态系统的稳定和健康，为渔业资源的可持续利用提供了有效的途径。同时，这些实践也体现了人类在渔业生产中，通过合理组配生物的物种组成，以期获得更高的生态位效能，提高整个渔业生态系统的生产力。

2.6.3.3 水体生态系统与渔业资源保护

水体生态系统是渔业资源的基础，水体生态系统原理在渔业资源保护中的应用主要体现在生物操纵技术、保水渔业、海洋牧场等方面。

生物操纵技术：生物操纵技术也称食物网操纵，是一种基于自然水环境中的食物链关系的水体生态修复方法，指通过一系列湖泊中生物及其环境的操纵，如通过调整鱼类群落结构，间接增加浮游动物对藻类的摄食能力，造成藻类特别是蓝藻类的生物量的下降，达到抑制藻类的目的，这有助于改善水质和保护水生生物多样性。

比较典型的例子是武汉东湖自 20 世纪 70 年代以来，通过控制凶猛鱼类及放养滤食性鱼类来完全消除蓝藻水华，长达 30 年之久。2010 年以来由于渔业管理的变化，鲢鳙的牧食强度逐渐降低，导致 2021 年武汉东湖蓝藻在时隔 30 多年后再次大暴发，覆盖面积最大达到了 87%。之后，中国科学院水生生物研究所东湖湖泊生态系统试验站通过对东湖蓝藻水华再次暴发原因的科学分析，对东湖鱼类的放养量和群落结构进行了调整，成功遏制了 2022 年蓝藻水华的再次暴发。

保水渔业：是一种以保护水环境为根本目的，通过利用自滤食性鱼类控藻理念来防治富营养化的的渔业生产模式。在特定水域中投放适当的鱼类品种，利用这些鱼类的滤食性来减少水中的藻类和其他浮游生物，从而达到净化水质和保护水域生态环境的目的。保水渔业通过自然的生物过程来改善水质，同时促进渔业的发展，是一种环保且有效的水资源管理策略。

保水渔业还被视为水产养殖的未来发展方向，其核心在于通过内源性生态修复方式，利用现代生物学理论（生物操纵理论），通过放养适当的净水生物（如鱼、螺、贝类）来改善水域的生物群落组成，增强水体的自净能力，保障生态平衡，同时修复和维持水域生物多样性。保水渔业已经在我国的湖泊富营养化防治中获得了一席之地，体现了其广泛适用性和有效性。

海洋牧场：海洋牧场是一种人工渔场，通过采用规模化渔业设施和系统化管理制度，利用自然海洋生态环境，将人工放流的经济海洋生物聚集起来，进行有计划有目的的海上放养。这种方法不仅有助于修复和保护海洋生态系统，还能增加渔业资源，提高渔业的可持续发展能力。海洋牧场的建设和管理需要科学规划，以确保其对环境的正面影响。

综上所述，水体生态系统原理在渔业资源保护中的应用包括生物操纵技术、保水渔业和海洋牧场等多种方法，这些方法通过调整生态系统中的关键物种和结构，有助于改善水质、保护生物多样性，促进渔业的可持续发展。

2.6.3.4　渔业生物技术与种群生态学结合

现代渔业生物学技术的发展为种群生态学在渔业中的应用提供了有力支持。渔业生物技术与种群生态学的结合在渔业中的应用主要体现在育种技术创新、养殖模式的优化以及资源养护与生态修复技术上。

育种技术创新：育种技术创新是通过利用生物技术，如基因编辑和细胞培养技术，研究人员能够更精确地控制基因表达，可以改良水产种业的遗传特性，优化水产动物的生长和繁殖能力，提高水产动物的生长速度、抗病能力和适应性，从而培育出抗逆性强、生长速度快的优良品种。

优化养殖模式：是通过应用生态系统海洋学的原理和方法，研究人员能够更好地理解水产养殖与自然生态系统之间的相互作用，从而开发出更加生态、绿色和高效的养殖技术。例如，通过集成创新池塘工程化循环水养殖、稻渔综合种养等技术，可以提高水产养殖的效率和可持续性，减少环境污染，同时保护和恢复渔业资源。

资源养护与生态修复技术：资源养护与生态修复技术是渔业生物技术与种群生态学结合的重要应用领域，是指通过深入研究渔业生态系统动力学、水域污染生态学等，更好地掌握渔业资源的变动规律，从而促使研究人员制定出更加科学的资源管理和渔业管理方案——这些技术的应用有助于保护和恢复渔业资源，提高渔业的可持续性。

这些技术的应用不仅提高了渔业生产的效率和效益，还促进了渔业资源的可持续利用和保护，促进了渔业的绿色和高质量发展。

第 3 章　群落生态学基本理论及其应用

物种是自然界客观存在的生物分类的基本单位，是生物的繁殖单元，而种群则是生物进化的基本单元。自然界中的各个种群不是孤立存在的，生活在同一环境中的各个种群通过竞争、合作与相互适应，最终共同组成一个更高级的生命系统层次——生物群落。在一个发育相对成熟的群落中，物种多样性丰富，各个种群都有各自的合适的生态位，群落对环境资源的利用合理而高效，这是群落发育和演替的结果。

3.1　群落的组成与结构

3.1.1　群落的概念与特征

3.1.1.1　群落的概念

生物群落（biocoenosis）是指在一定时间共同栖息在一定地域内的所有种群的复合体。一般将生物群落再细分为植物群落、动物群落和微生物群落。群落是一个高级的生命系统层次，它具有生物个体和种群层次所不具有的一些生物学特征和发育规律。研究群落的物种组成、时空结构、分类、发育和演替的学科，称为群落生态学（synecology 或 community ecology）。

植物群落（plant community）是指在一定地域上的、由各种植物种群组成的，并且在相似地域环境下可重复出现的具有一定特征的集合体。植物群落是一个生态学术语，是以各种植物的种群为基本单元组成的高级生命系统层次，是在当地水分和热量相互作用下形成的产物。而植被（vegetation）是一个地理景观术语，是指在一定地域上所有的植物群落的总和，它所强调的是各种植物群落对地表的覆盖。有时候，我们把植被和植物群落等同起来混用，严格来说，两者是有区别的。而另一个名词森林（forest）则是林业术语。

植物群落具有经济效益、社会效益和生态效益。从生态学角度看，植物群落的生态效益主要有：第一，吸收二氧化碳，释放氧气，吸附尘土，改善大气质量，降低噪声；第二，具有蒸腾作用，增加大气湿度，降低地下水位，加速水分循环；第三，由于枝叶面积巨大，扩大了地面与空气接触面，通过枝叶上形成的露、霜、凇，增加降水量，涵养水源；第四，由于枯枝落叶的腐烂与分解，促进土壤的发育，保持水土；第五，为地表和地下的各种动物提供栖息地，丰富群落的生物多样性；第六，白天吸热，夜晚放热，减少温差，调节气候。

植物群落的经济效益既包括人们从中直接受益的有经济价值的各类产品，例如，粮、果、药、麻、丝、糖、烟、油、棉、树脂、木材等，也包括其他间接效益，如产品的深加工等。

植物群落的社会效益是指为人类社会和生产生活带来的各种收益和享受，例如，道路绿化、园林观赏、防风固沙、涵养水源、水土保持等。

一般情况下，植物群落的社会效益、经济效益和生态效益应根据当地的自然气候、土壤条件以及经济和社会的发展需求综合考虑，从而使得植物资源得到充分合理的利用。如果受条件限制不能实现各种效益的兼顾，则要因地制宜，营造功能单一的植物群落，如经济林、薪炭林、防护林、用材林和特种用途林。由于人工群落的物种多样性低、结构简单、蒸发和蒸腾作用剧烈、生长和发育迅速、生产周期短，容易出现所谓的“绿色沙漠”，更有群众形象地把单一速生树种的人工经济林称为“抽水机”和“抽肥机”，如云南西双版纳的橡胶人工林和广东的桉树人工林。

3.1.1.2 植物群落的基本特征

无论在何种类型的气候和土壤条件下，一个典型的植物群落都应具备下列特征。

①具有一定的种类组成（物种多样性）。

②具有形态结构（物理结构）、营养结构（营养关系）、生态结构（生活型）。

③形成群落环境（群落外部的环境、群落内部的环境）。

④存在种群间的相互影响（竞争、互利共生、生态位分化）。

⑤具有动态发育的过程。

⑥具有分布规律（受水分和热量因子的影响）和特定的分布范围（植被带）。

⑦具有明显的边界特征，或具有过渡带。

在天然植物群落中，物种多样性往往是不断变化着的。群落中物种的组成具有时间和空间尺度上的变化。对亚热带落叶阔叶林来说，在冬末和早春，树叶尚未生长出来，阳光透过林冠直射地面，林冠下面生长着许多茂密的草本植物。到了夏季，由于树叶发育成熟，林冠郁闭，那些早春生长在地面上的草本植物都已结实并陆续枯萎，只有鳞茎、块茎或块根位于地下，进入休眠状态。秋季，树叶开始脱落，阳光又可透进林冠，使得地面增温，这些处于休眠的植物又开始发芽。到了冬季，树冠下面的地面常被大雪所覆盖，绝大多数木本植物和一年生植物都处于休眠期，只有多年生草本植物继续生长。

3.1.1.3 群落物种组成的数量特征

（1）物种丰富度

物种丰富度（speciesrichness）通常通过物种的个数（或生物量）来衡量；有时也采用物种密度来表示，即单位面积上的物种数。在动物学研究中，由于动物类群容易计数，研究者往往采用数量和物种丰富度来描述群落中动物物种的丰富度。而在植物学研究中，由于植物固定生长，研究者则更喜欢使用物种密度方法。

物种丰富度主要受非生物环境因素和生物因素影响。环境因素包括气候、土壤、水分、光照等自然条件。例如，越靠近热带地区，由于气候温暖湿润，物种丰富度往往越高；而由赤道向两极，随着温度的降低和降水量的减少，物种丰富度呈减少趋势。生物因素包括生物间相互作用、区域物种库组成和群落总个体数等，生物间的竞争、捕食、共生等关系都会影响物种的存活和繁衍，从而影响物种丰富度。物种丰富度是衡量生态系统健康的重要指标之一，一个生态系统中物种的丰富度决定了生态系统的生态多样性和物种组成的复杂性。物种丰富度高的生态系统具有更高的生态价值和更广泛的生态服务功能，能够维持更复杂的食物链和生态平衡，促进生态系统的稳定性。同时，物种丰富度也是评估生态系统功能、稳定性和复杂性的关键因素。

调查群落的物种组成及各物种种群的数量大小是研究群落多样性的基础工作。群落物种丰富度的大小，与群落的发育程度和群落的水热状况有直接关系：群落发育得越成熟、水热条件越丰富，物种丰富度就越大。

（2）多度和密度

在一个群落中某个种群的个体数量的多少，即多度（abundance）。多度可以是某个种群个体的绝对数量（直接计数）；也可以用各种群的个体数量在群落中的比例（估算），即相对多度来表示（注意：不同的人在估测同一个群落中某一种群的多度时会有误差）。在群落调查中，凡是那些多度大、个体体积也大的种群，对群落的作用和对其他种群的影响必然也大，这样的种群称为群落优势种（乔木层、灌木层、草本层都可能有各自的优势种）。而密度（density）是指单位面积（或体积）内的某个种群的个体数目，多度和密度是描述群落中某个种群的数量指标。

样方法是植物群落调查的重要传统方法之一。在做样方调查之前，要选择具有代表性的典型地段，即样地；然后，在样地内选取一定的固定面积，统计该面积内的物种数和各个物种的个体数，以及林冠大小和树干高度等。这个固定的调查面积为样方，样方究竟取多大面积要取决于群落的类型。在研究一个从未研究过的植物群落时，首先要绘制样方—面积曲线，根据该曲线选择合适的最佳样方面积。一般通过巢式样方法，采取将面积逐步翻倍的办法，统计各个面积内的物种数。最后，以面积为横坐标，以样方内物种数为纵坐标，获得一条曲线，曲线的转折处所对应的面积即是最佳样方面积。乔木层、灌木层和草本层都需要分别进行制作样方—面积曲线。在我国亚热带地区的植物群落调查时，乔木层的样方面积是 10m×10m，灌木层的是 4m×4m，草本层的是 1m×1m。在样方—面积曲线中，位于最佳样方面积以上的那些没有被调查出来的物种称为冗余种，它们在群落样方调查研究中往往被遗漏。

在做群落样方调查时，会遇到一些植物正好紧靠在样方线上，特别是那些密度较大的草本群落。在野外工作中，一般采用将紧靠在 4 条线上的植株数量累加后除以 2，或采用“数左不数右，数上不数下”的计数方法解决上述问题。另外，有些木本植物的萌发性较强，如领春木（*Euptelea pleiosperma* Hook. f. & Thomson）从茎基部生长出许多粗细不同的树干，而没有明显的单一主干，在统计这样的种群数量时就应该注意，并在调查表中进行标注说明。如果是乔木树种，统计时只对那些胸径 18cm 以上的茎干计数；如果是灌木树种，所有的茎干都应直接计数；对像禾本科和莎草科这样的草本植物来说，由于其是构件生物，对每个萌发的茎秆都要进行统计。

（3）频度

在使用样方调查一个群落中的物种组成时，某一个物种所出现的样方数占这个群落调查的样方总数的百分比称为频度（frequency）。

丹麦生态学家劳恩凯尔曾在北欧草原上做了 50 个 0.1m×0.1m 的样方，调查 80 种植物。然后计算出每种植物的频度值，经过统计和分析，将频度值为 1% ～ 20% 的植物归为 A 级；频度值为 21% ～ 40% 的植物归为 B 级；频度值为 41% ～ 60% 的植物归为 C 级；频度值为 61% ～ 80% 的植物归为 D 级；频度值为 81% ～ 100% 的植物归为 E 级。最后，再求出 A、B、C、D、E 各频度级的物种数所占全部样方的物种总数的百分比，即对应值分别为 a，b，c，d，e。得到了频度定律：a ＞ b ＞ c，d ＜ e（c 和 d 的关系不定）。

关于频度定律的一般解释是：第一，A 级的频度值是最小的，若 a 值大，说明群落的物种丰富；第二，E 级的频度值是最大的，若 e 值大，说明群落不是单个优势种，而是具共优势种；第三，B、C、D 各级的频度值是中等的，说明它们在群落中是伴生物种，但如果 b，c，d 的数值高，则说明群落组成不均匀。值得注意的是，频度定律不符合单优势种的群落特征。

频度与密度这两个概念之间是有关系的，该关系主要取决于种群的分布格局。如果密度大，且分布均匀，频度值一定高；如果密度大，但块状分布，则频度值不一定高；如果密度中等大，且均匀分布，则频度值高；如果密度很小，则频度值一般也低。

另外，有两个与频度很相近的概念，即存在度和恒有度。

存在度（presence）是指在同一类型的群落中，某一种生物所存在的群落数。它表示某物种在多个群落中出现的广泛性或普遍性。存在度可以通过统计某种生物在多个群落中出现的次数来计算。通常，各个群落中的物种按其出现的次数比率可以划分出存在度等级，如以百分比或具体的群落数来表示。存在度大的种类愈多，各群落的相似程度愈大。存在度是评估物种分布范围的一个重要指标，有助于了解物种在不同群落中的存在情况，以及群落间的相似性和差异性。

恒有度（constancy）是指某物种在各个具有相同面积的群落中出现的次数。与存在度相比，它避免了由于取样面积不等造成的统计偏差，更准确地反映了物种在特定群落中的稳定性或持续存在性。恒有度的计算基于相同面积的多个群落，统计某物种在这些群落中出现的总次数。恒有度在生态学研究中具有重要意义，通过比较不同物种的恒有度，可以评估它们在群落中的稳定性和重要性，它有助于揭示物种与群落环境之间的关系，以及物种在群落动态变化中的角色。同时，恒有度也是评估群落稳定性和物种多样性的一个关键指标。

（4）盖度

盖度（cover-degree）通常指样方内植物对地面的覆盖程度大小。将群落中乔木层树冠对地面的覆盖面积（以百分比表示）称为投影盖度；而将树干胸高（距地面高 1.3m）茎干的横断面积占样方面积的百分比称为显著度；将树干基部面积占样方面积的百分比称为基盖度。群落的结构和层次越复杂，其盖度越大，如阔叶林的盖度就比针叶林大。

在植物群落中，不同层次植物的叶片面积大小直接影响群落内的光照情况。叶片大小不仅与光合作用效率有关，而且也与水分的蒸腾速率有关，植物需要在光合效率与蒸腾速率之间求得平衡。那么，不同环境的群落其叶片面积是多少才属于最佳叶面积呢？一般情况下，根据收益—成本分析法，在叶片的耗水曲线和光合曲线之间最大的差值所对应的叶面积，就是最佳叶片面积。在肥沃的土壤和贫瘠的土壤上生长的植物，一般来说，耗水速率不是主要因子，而光合速率是关键因子并存在差异，所以，生长在肥沃土壤里的植物叶片要比生长在贫瘠土壤的大；同样，生长在干旱环境和潮湿环境下的植物，光合速率不是关键因子，而水分的消耗是关键因子，所以，生长在潮湿环境里的植物叶片要比生长在干燥环境的大。

不仅如此，群落内位于不同高度物种的叶片面积也有变化规律。在热带雨林中，乔木层的上层、中层和下层的叶片面积大小自林冠顶端向下呈现“小—大—小”的分布规律。这是由于林冠上层受阳光直射，叶片吸收热量过多，而小叶具有较大的相对表面积和较长的叶缘，便于散热（温度高）和保水（因风较大，蒸腾量大，以降低叶片温度）；林冠中层的大叶片有利于保温（阳光透射，叶片增温慢，温度低），大叶片能够较好地利用透射光；林冠下层的小叶片可凭借地面辐射以维持叶温，而不需要保温，小叶片还有利于林冠下面的通风和植物传粉，同时，下层叶片会承接来自中层和上层的雨水，较小的叶片便于水滴的流淌。另外，所有雨林中的叶片的先端成尾尖状，这样有利于水珠的流淌，以减轻叶片承载的重量。

3.1.2 群落的结构

3.1.2.1 群落的生态结构

（1）生活型与生活型谱

群落外貌（physiognomy）是指植物群落的外部物理形态，是群落中各个种群之间、生物与环境间相互作用的综合反映。陆地植物群落的外貌主要取决于优势种的特征，是由组成群落的主要优势种类及其生活型所决定的。

生活型（life form）是指生物经过长期的自然选择和人工选择，对综合环境条件进行长期适应，在外貌、生理和生态特性上出现相似性的生物类型。它是生物对外界环境适应的一种表现形式，同一生活型的物种不但体态相似，而且其适应特点也是相似的。生活型着重从形态外貌上进行区分，是种以上的分类单位。在植物学中，生活型常用来描述成熟的高等植物，依据植物的外貌特征（如高矮、大小、形状、分枝等）以及年度周期（一年生或多年生）来区分。

生活型的分类方法多种多样，其中丹麦植物生态学家劳恩凯尔（C. Raunkiaer）提出的分类系统被广泛应用。他根据植物休眠芽在不良季节的着生位置，将高等植物分为以下五大生活型类群。

高位芽植物（phanerophytes）：休眠芽位于距地面 25cm 以上的植物。包括乔木、灌木和热带潮湿地区的大型草本植物。根据芽距离地面的高度，又可将其分为大型（30m 以上）、中型（8 ～ 30m）、小型（2 ～ 8m）和矮小型（0.25 ～ 2m）四类。再根据常绿或落叶，芽有无芽鳞保护的特征，进一步细分为多个亚类。如松树、橡树、杜鹃、玫瑰、芭蕉、旅人蕉等。

地上芽植物（chamaephytes）：更新芽位于土壤表面之上，但不超过 25cm 的植物。这类植物的芽或顶端嫩枝位于地表或接近地表，因此它们受到土表的残落物保护，在地表积雪地区也受积雪的保护。地上芽植物主要分为四个类型：矮小半灌木地上芽植物、被动地上芽植物（枝条纤弱不能直立）、主动地上芽植物（枝条不纤弱，主动横向伸展）和垫状植物。如紫金牛［*Ardisia japonica* （Thunb.） Blume］、欧百里香（*Thymus serpyllum* L.）等。

地面芽植物（hemicryptophytes）：在不利生长的季节时，地上枝条枯萎，地面芽和地下部分保持生命力的植物。这类植物在不利生长的季节时，地上部分死亡，但其地面芽和地下部分在表土和枯枝落叶的保护下仍然活着，保持生命力，到条件合适时再度萌芽。地面芽植物可分为原地面芽植物、半莲座状地面芽植物和莲座状地面芽植物 3 个类型。

地下芽植物（geophytes）：更新芽位于较深土层中或水中的植物，亦称隐芽植物。这类植物通过地下芽来度过恶劣环境。地下芽植物可再细分为 7 个类型：根茎地下芽植物（如芦苇、姜等）、块茎地下芽植物（如马铃薯）、块根地下芽植物（如白薯、大丽花等）、鳞茎地下芽植物（如洋葱、百合等）、没有发达的根茎、块茎、鳞茎的地下芽植物、沼泽植物和水生植物。

一年生植物（therophytes）：以种子越冬，每年完成一个生命周期的植物。这类植物只能在良好季节中生长，在一个生育期间内完成其生活周期，并以种子状态度过不利于生活的冬季和干旱期。常见的一年生植物包括日本藜、苍耳、莎草、稗草以及多种农作物如白菜、豆角、花生等。一年生植物也包括短生植物（短命植物），且在热带雨林及北极冻原中是没有一年生植物的。

值得注意的是，蓖麻在温带是一年生植物，可在热带则是多年生植物，并属高位芽植物。

此外，还有学者根据不同的分类标准提出了其他生活型分类系统，如布朗—布朗特（Braun-Blangwet）的分类系统将植物生活型分为10种类型，包括浮游植物、土壤微生物、内生植物等。这些分类系统各有特点，但劳恩凯尔的系统因其简洁明了和广泛应用而备受推崇。

生活型被认为是植物群落在长期发育过程中对当地自然气候条件适应的结果。在一个地区的植物群落中，各种不同类型生活型的百分比组成叫做生活型谱。我国自然条件复杂，不同气候区域的主要群落类型中生活型的组成各有特点，根据劳恩凯尔的生活型分类系统对我国几个代表性植物群落进行分析，其生活型谱的组成可反映出它们所处的气候类型和环境特征，见表3－1。

表3－1　我国几种群落类型的生活型谱

群落（地点）	生活型（%）				
	高位芽植物 Pn	地上芽植物 Ch	地面芽植物 H	隐芽植物 Ct	一年生植物 T
热带雨林（云南，西双版纳）	94.7	5.3	0	0	0
热带雨林（海南）	96.88（11.1）	0.77	0.42	0.98	0
山地雨林（海南）	87.63（6.87）	5.99	3.42	2.44	0
南亚热带常绿阔叶林（广东，鼎湖山）	84.5（4.1）	5.4	4.1	4.1	0
亚热带常绿阔叶林（云南）	74.3	7.8	18.7	0	0
亚热带常绿阔叶林（浙江）	76.1	1.0	13.1	7.8	2
暖温带落叶阔叶林（秦岭北坡）	52.0	5.0	38.0	3.7	1.3
寒温带暗针叶林（长白山）	25.4	4.4	39.6	26.4	3.2
温带草原（东北）	3.6	2.0	41.1	19.0	33.4

注　引自王伯荪，1987；括号内的数字是指其中藤本植物的百分数。

在表3–1中，根据各个植物群落所在的地理纬度的变化，很明显地能够看出生活型谱的变化规律。所以，特定的生活型谱组成是对当地自然气候条件的客观反映。每一个植物群落都由多种生活型的植物共同构成，但在这些植物中，总有一种生活型占据主导地位。这种主导生活型与其所处的环境之间存在着紧密的关联：例如，高位芽植物占据优势是温暖湿润气候地区群落的一个显著特征，这样的群落常见于热带雨林等区域；地面芽植物占据优势则表明该地区经历着漫长的严寒季节，这一特征在寒温带针叶林群落中尤为明显；而地上芽植物的优势地位则反映了该地区环境偏向冷湿；一年生植物占据优势则是干旱气候下荒漠和草原地区群落的典型特征，如温带草原群落便是如此。

动物界同样存在着多样化的生活型谱。以兽类为例，空中飞行的蝙蝠、滑翔的鼯鼠、游泳的鲸和海豹、地下穴居的啮齿动物以及奔跑的马和鹿等，它们各自拥有独特的形态、生理和行为特征，以适应各自不同的生活方式。然而，与植物不同，动物的生活型并不直接决定生物群落的外貌和结构。这是因为动物在群落中的角色和分布更多地受到食物链、捕食关系、栖息地选择以及种间竞争等多种因素的影响，而不仅仅是其生活型所决定的。因此，尽管动物的生活型多样且各具特色，但它们在群落中的具体分布和群落的整体结构则是多种复杂因素共同作用的结果。

（2）叶片性质与叶面积指数

①叶片大小：植物叶片是进行光合作用的主要器官，其大小、形状和性质直接影响着群落的结构与功能。叶片大小是叶片的一种重要特征，通常以面积、体积或干重来衡量。它不仅影响植物的光合作用效率，还与植物的蒸腾作用、水分平衡以及环境适应性等方面密切相关。叶片大小影响因素如下。

物种差异：不同植物的叶片大小存在显著差异，这主要取决于植物的遗传特性和进化历史。例如，热带雨林中的植物叶片通常较大，而沙漠植物叶片则较小。

生长环境：光照、水分、温度等环境因素对叶片大小有显著影响。在充足的光照条件下，叶片往往较大以便接收更多的阳光能量进行光合作用；而在光线不足或水分匮乏的环境中，叶片则较小以减少蒸腾作用和水分损失。

功能型差异：不同功能型的植物在叶片大小上也存在差异。例如，高位芽植物（如乔木）的叶片通常较大，而地面芽植物（如苔藓）的叶片则较小。

气候与叶片大小的关系：气候是影响叶片大小的重要因素之一。一般来说，在温暖湿润的气候条件下，植物叶片较大；而在寒冷干燥的气候条件下，植物叶片较小。这主要是因为大叶片在高温高湿环境中能更有效地进行光合作用和蒸腾作用，而小叶片则更适应于低温低湿环境以减少水分损失和冻害风险。

②叶片形状：叶片的形状多种多样，包括长形、扁形、圆形等。不同形状的叶片对环境的适应性不同。例如，在干旱环境中，扁平的叶片形状有助于减少水分蒸腾；而在湿润环境中，宽大的叶片形状则能增加光合作用的面积和效率。

质地：叶片的质地可以分为厚质叶和薄质叶两种类型。厚质叶具有较高的组织密度和较多的叶肉，适合生长在干燥和多风的环境中以减少水分蒸发和防止叶片损伤；而薄质叶则具有较低的组织密度和较少的叶肉，适合生长在湿润和阴暗的环境中以增加光合效率和叶片透气性。

表面特征：叶片的表面特征包括绒毛、鳞片和光滑等不同类型。这些特征有助于减少叶片表面的蒸腾作用、光反射和散热，从而减少叶片表面对环境的不利影响。一些植物的叶片表面还能产生特定的化学物质（如树脂、毒素等）以保护叶片免受害虫的侵袭和疾病感染。

叶脉结构：叶脉是叶片上的维管组织网络，负责糖类、水分和其他代谢产物的运输。叶脉的发达程度与叶片大小密切相关。在干旱环境中小叶片中的叶脉更为密集以提高水的运输效率；而在湿润环境中大叶片的叶脉则相对稀疏但更粗壮以支持更大的叶面积。

③叶面积指数（LAI）：是指单位土地面积上绿色植物叶子的面积。它反映了植物群落的叶面积密度和冠层结构，是表明植物群落光折射能力和冠层构造的一个综合性指标值。

LAI= 总叶面积（单面计算）/ 单位土地面积

表 3–2 列出了主要天然植物群落的叶面积指数，可以看出，叶面积指数与群落的光能利用率有直接关系。

表 3－2　主要天然植物群落的叶面积指数与光能利用率

群落类型	叶面积指数	光能利用率（%）
热带雨林	10 ～ 11	1.5
落叶阔叶林	5 ～ 8	1.0
北方针叶林	9 ～ 11	0.75
草地	5 ～ 8	0.5
冻原	1 ～ 2	0.25
草原化荒漠	1	0.04
农作物	3 ～ 5	0.6

注　引自 Barbour，1987：光能利用率为单位面积全年接受的有效光合辐射与该面积上的净生产量之比。

叶面积指数与植被的密度、结构、树木的生物学特性以及环境条件（如光照、水分、土壤营养状况）密切相关。因此，在田间试验中，叶面积指数是反映植物群体生长状况的一个重要指标，其大小直接与最终产量高低密切相关。

叶面积指数的分布受多种因素影响，包括水分和热量的空间分布。例如，我国 LAI 值大致呈现东南高、西北低的趋势，这反映了水分对 LAI 空间分布的影响高于热量。此外，城市化进程也可能导致 LAI 值的下降，因为城市扩张可能会减少绿色植被的覆盖面积。因此，监测和分析叶面积指数的变化可以帮助我们更好地理解植被覆盖的变化趋势，以及这些变化如何影响生态系统的功能和稳定性。

（3）层片

在植物群落结构中，由相同生活型和相似生态特性的种群所组成的集合体叫层片（synusia），它是生态学结构单元，不是指空间物理结构。各个层片占据着不同的水平地段和不同高度的空间，并在分布上同生境有一定的联系。例如，在乔木层中，可根据常绿乔木和落叶乔木的习性分为落叶植物层片和常绿植物层片两个层片；而在群落的草本层中，根据生活型还可分为一年生植物层片、地下芽植物层片和地面芽植物层片。

水热条件越丰富的地区，植物群落的层片结构越复杂。一般条件下，各类植物群落的层片结构数量多于空间物理结构的层次数。

3.1.2.2　群落的空间结构

（1）垂直结构

群落的垂直结构是生物学中一个重要的概念，它描述了生物群落在空间中的垂直分化或成层现象，这种现象在自然界中广泛存在，尤其是在森林、草原和水生环境中。以下将详细叙述群落的垂直结构，包括成层现象、主要层的作用等内容。

①成层现象：成层现象是群落垂直结构的主要表现。环境的逐渐变化导致对环境有不同需求的动、植物生活在一起。这些动、植物各有其生活型，其生态幅度和适应特点也各有差异，因此它们各自占据一定的空间，并排列在空间的不同高度和一定土壤深度中。这种垂直分化就形成了群落的层次，即群落垂直成层现象。

在森林群落中，成层现象尤为明显。森林群落从上到下可分为林冠层、下木层、灌木层、草本层和地表层。每一层都由同一生活型的植物组成。例如，林冠层主要由乔木组成，它们直接接受阳光，是进行初级生产过程的主要地方。下木层则位于林冠层之下，由较矮小的树木构成。灌木层则由灌木类植物组成，它们通常比下木层更矮小。草本层主要由草本植物组成，位于灌木层之下。而地表层则主要由苔藓、地衣等低等植物以及微生物组成。

除了森林群落外，草原群落和水生群落也存在明显的成层现象。草原群落从上到下可分为草本层、地表层和根系层。水生群落则自上而下分为表水层、斜温层、静水层和底泥层。这些群落的层次性主要是由光的穿透性、温度和氧气的垂直分布决定的。

②主要层的作用：在多层次结构的群落中，各层次在群落中的地位和作用是不同的。以森林群落为例，林冠层是群落的主要层，它在创造群落内特殊的小气候环境中起着主要作用，这一层的树种多数是阳性喜光的种类，它们直接接受阳光，进行光合作用，为整个群落提供能量；同时，林冠层还能遮蔽强烈阳光，保持林内温

度和湿度的稳定。

而林下各层次中的植物则在不同程度上依赖林冠层创造的环境而生存。例如，灌木层和草本层的植物通常耐阴性较强，它们在林冠层的遮蔽下生长良好。这些层次在创造群落环境中起着次要作用，是群落的次要层。

此外，动物在群落中也有垂直分层现象。在森林群落中，不同种类的鸟类可能会选择在不同层次的树木上筑巢或觅食。例如，一些鸟类可能更喜欢在林冠层活动，而另一些则更喜欢在灌木层或草本层中寻找食物和栖息地。这种动物的垂直分层现象有助于它们更有效地利用资源并避免竞争。

③群落垂直结构的意义：群落的垂直结构具有重要的生态学意义和实践意义。首先，它使得生物群落在单位空间中能够更充分地利用自然条件。通过垂直分化，不同的生物能够占据适合自己的生态位，从而更有效地进行光合作用、呼吸作用等生命活动。这有助于提高群落的生物量和生物多样性。其次，群落的垂直结构还有助于维持生态系统的稳定性。各层次之间的生物通过食物链和食物网相互关联，形成复杂的生态系统网络。当某个层次受到干扰或破坏时，其他层次也会受到影响。因此，保护群落的垂直结构对于维护生态系统的稳定性和可持续性至关重要。

（2）群落的水平结构

也称为群落的二维结构，主要描述的是群落在水平空间上的配置状况或格局。其最显著的特征是镶嵌性，即植物个体在水平方向上分布的不均匀性，这种不均匀性是由环境资源的分布差异、植物种子的传播方式、动物的活动以及人为影响等多种因素共同作用的结果。

群落水平结构的形成原因主要包括以下 3 点。

①环境因子的不均匀性：环境因子如光照、温度、水分、土壤养分等在水平空间上的分布往往是不均匀的。例如，在森林中，由于树冠的遮荫作用，林下光照条件会呈现出明显差异，从而导致不同植物种类在水平空间上分布不均。

②植物种的生物学特性和种间关系：不同植物种具有不同的生物学特性和生态适应策略，一些植物可能更适应于生长在光照充足的环境中，而另一些植物则可能更适应于阴湿的环境。此外，种间竞争和互利共生等关系也会影响植物在水平空间上的分布。

③动物活动和人为影响：动物的活动，如挖穴、觅食等，会改变土壤结构和养分分布，从而影响植物的分布；人为因素，如土地利用方式、农业活动等，也会对群落水平结构产生显著影响。

以内蒙古草原上的锦鸡儿灌丛化草原为例，这是一个典型的镶嵌群落。在这种群落中，往往形成直径 1 ～ 5m 的圆形或半圆形的灌丛，这些灌丛主要由锦鸡儿等灌木组成，而在灌丛内及周围则伴生有各种禾草或双子叶杂类草，共同组成小群落。这些小群落内部具有较好的养分和温湿条件，形成了一种优越于周围环境的局部小生境。研究数据显示，在锦鸡儿灌丛化草原中，灌丛内的植物种类和生物量通常高于灌丛外的草地。这表明镶嵌性结构不仅增加了群落的物种多样性，还提高了生态系统的生产力。

3.1.2.3　群落的时间结构

由于光、温度和湿度等许多生态因子有明显的时间节律（如昼夜节律、季节节律），受这些因子的影响，群落的组成与结构也随时间或季节发生规律性变化，这就是群落的时间结构。在植物群落方面，季相的变化不仅体现在叶片的颜色和形态上。以温带落叶阔叶林为例，在春季，树木抽出新叶，整个森林呈现出嫩绿的色调；夏季时，树叶茂密，为各种生物提供了遮荫和栖息地；到了秋季，树叶转变为金黄色，最终脱落，这影响了森林的保温和保湿能力；而在冬季，树木的枝丫裸露，森林的透光性增强，对林下植被和微生物群落产生影响。

对于动物群落来说，时间结构的影响同样显著。以鸟类为例，春季是许多鸟类繁殖的季节，这时它们会选择合适的筑巢地点并展开求偶行为；夏季则是幼鸟孵化和成长的关键时期；到了秋季，一些鸟类会开始迁徙，以适应更温暖的气候和丰富的食物资源；而在冬季，许多鸟类会聚集在一起以抵御严寒。昼夜节律对动物群落也有显著影响。例如，夜间活动的动物（如猫头鹰和夜鹰）会在夜晚出来捕食，而白天则隐藏起来休息。这种节律性活动有助于它们避开天敌并更有效地捕捉猎物。

在植物群落的时间结构方面，不同季节里同一个群落的组成会发生变化。在北极和南极，由于植物群落每年生长的时间太短，在组成上没有显著变化；同样，在热带雨林，虽然群落几乎一年四季都在生长，但由于竞争激烈，一年生植物不能适应这样的环境而被淘汰出局，所以群落组成的变化不是太明显。但在温带和亚热带地区，由于群落内部光照情况会发生周期性变化，所以，群落内会出现一些层外植物，它们在乔木层植物落叶期间，趁机利用可直接到达群落内部的阳光，赶快发芽、生长、开花、结果，完成生活史，或进行营养生长，例如，石蒜科、虎耳草科和毛茛科的一些草本植物，以及百合科的老鸦瓣 [*Amana edulis*（Miq.） Honda] 等，都在冬季和早春开花结果。

3.1.2.4 群落的营养结构

营养结构是指群落中种群间的食物关系结构，即摄食者和被食者（捕食者和猎物，或寄生物和宿主）的关系。对于群落的营养结构，除了阳生植物、阴生植物和耐阴植物外，植物群落内部还有腐生植物、寄生植物和绞杀植物，也是群落营养结构的一个重要方面。

例如，旋花科的菟丝子（*Cuscuta chinensis* Lam.）是一类寄生植物，从温带到热带都有分布。它们的叶片和光合色素全部退化，有的寄生在草本植物上，而有的寄生在灌木上，它们通过缠绕并依靠茎上生长出来的许多成纵向排列的不定根（称吸器）直接插入宿主的韧皮部，以获取营养和水分。在长期的进化中，菟丝子和宿主之间往往形成了一种有趣的协同进化的关系。

再如，热带雨林中的绞杀植物多数是桑科榕属（*Ficus*）植物。如绞杀榕（*Ficus gibbosa*），当鸟或其他动物食用了绞杀榕的隐头花序发育的果实后，微小的瘦果会随动物粪便被带到其他大树的树干上，绞杀榕的种子便在位于半空中的树干上萌发，形成幼苗，利用树干上的水分和腐烂的树皮营养物，同时在林冠上部又可得到阳光，使绞杀榕幼苗的茎继续向上缓慢生长，而根沿着树干向下迅速生长。它的不定根发育为气生根，并反复分枝，当气生根沿着树干向下到达地面后，在土壤中才发育为真正的庞大根系。由于根系的形成，绞杀榕便得到了充分的营养，使得幼苗快速生长，原来位于树干上的那些纤细的不定根就发育为茎，形成了交叉的网状结构，将宿主牢牢地捆住，在进一步加粗生长过程中渐渐地将宿主绞杀致死。几十年后，宿主腐烂倒地，一般情况下，绞杀榕也会随之倒下，这时，群落树冠层中就出现了空洞，也称为林窗（gap）。阳光可直接射向地面，为林冠下的种子萌发或其他植物繁殖体的传播创造了条件，由此推动了群落组成的演替。如果没有“林窗”，雨林土壤中的种子萌发后（土壤中存在着种子库），由于得不到阳光资源，幼苗便很快死亡。

在温带地区，森林中也有所谓的绞杀植物。例如，在大别山区，大型木质藤本植物钻地风（*Schizophragma integrifolium* Oliv.）可沿树干攀爬到乔木树冠的顶部，其宽大而密集的叶片将宿主的树冠全部覆盖，把宿主活活“饿”死，当宿主枯倒时钻地枫也跟着倒地，使林冠出现林窗。

在热带雨林中，植物群落十分茂盛，地面上的光照很微弱，所以许多蕨类植物的孢子在萌发成原叶体后，就没有足够的阳光进行自养。因而，有些蕨类植物利用不定芽或珠芽进行营养繁殖，蕨类植物的这种营养繁殖方式在温带地区少见。

3.1.2.5 群落交错区与边缘效应

（1）群落交错区的定义与形成

群落交错区，也被称为生态交错区或生态过渡带，指的是两个或多个不同生物群落之间的过渡区域。这些区域的形成往往源于环境条件的变化，如土壤类型、水分状况、光照强度的逐渐改变等。在这些交错区中，由于不同群落的生物种类相互交融，使得生物多样性往往高于单一的群落。同时，这些区域也为生物提供了更丰富的资源和生态位，促进了生物之间的竞争和协同进化。

（2）边缘效应的概念与表现

边缘效应是指在群落交错区内，生物种类和种群密度有增加的趋势。这种现象的产生主要是由于群落交错区的环境条件比较复杂，能够为不同生态类型的生物提供适宜的生存环境。因此，在这些区域中，生物种类和个体数目往往高于邻近的单一群落。边缘效应的表现包括生物多样性的增加、生物量的提高以及生态系统生产力的增强等。

具体来说，在群落交错区，由于不同群落的生物种类相互交融，使得这些区域的生物多样性显著增加。这种多样性的增加不仅体现在物种的数量上，还体现在物种之间的相互作用和协同进化上。例如，在某些森林与草原的交错区，树木、灌木、草本植物以及各种动物和微生物等共同构成了一个复杂的生态系统，其中各种生物之间形成了复杂的食物链和生态关系。

此外，边缘效应还体现在生物量的提高上。由于群落交错区提供了更丰富的资源和生态位，使得这些区域的生物能够获取更多的食物和能量，从而促进生物的生长和繁殖。因此，在群落交错区，生物量往往高于邻近的单一群落。

最后，边缘效应还能够增强生态系统的生产力。在群落交错区，由于生物多样性的增加和生物量的提高，使得这些区域的生态系统能够更加高效地利用资源和能量，从而生产出更多的生物物质和能量。这种生产力的增强不仅有利于生态系统的稳定和持续发展，还能够为人类提供更多的生态服务和经济利益。

（3）群落交错区与边缘效应的意义

群落交错区和边缘效应在生态学中具有重要的意义。首先，它们增加了生物多样性和生态系统稳定性。在群落交错区，不同群落的生物种类相互交融，形成了复杂的生态系统结构。这种结构使得生态系统能够更好地应对外界环境的变化和干扰，从而保持生态系统的稳定性和可持续性。其次，群落交错区和边缘效应也为生物提供了更多的生存空间和资源。在这些区域中，生物能够获取更多的食物、水分和栖息地等生存资源，从而促进了生物的生长和繁殖。这种资源的丰富性也为生态系统的物质循环和能量流动提供了有力的支持。最后，群落交错区和边缘效应还对生物多样性保护具有重要意义。由于这些区域的生物多样性丰富且生态系统稳定性高，因此它们成为了许多珍稀濒危物种的重要栖息地。保护和恢复这些区域对于维护生物多样性和生态系统的平衡具有重要意义。

3.1.2.6 影响群落组成与结构的因素

（1）生物因素

在影响群落的结构与组成方面，生物因素是个重要的作用因子。在任何群落的土壤中，都存在大量的各种植物的种子（含果实）、孢子和营养繁殖体，统称为种子库（seedpool）或种子银行（seedbank），这些对于群落的结构组成和演替具有重要影响。另外，种间关系将直接影响到群落的丰富度。

在生态系统中，竞争和捕食因素对群落的物种多样性产生深远影响。首先，当竞争导致种群间生态位发生变化时，这会增加群落中的物种多样性。具体来说，生态位的特化意味着不同的物种在资源利用和生存策略上有所分化，从而减少了物种间的直接竞争，使更多的物种能够在同一群落中共存。其次，捕食因素对物种多样性的影响更为复杂。如果捕食者主要捕食群落中的优势种，那么这种捕食作用实际上有助于提高物种多样性，因为优势种的数量减少会为其他物种提供更多的生存空间和资源，从而促进其他物种的繁衍。然而，如果捕食者偏好捕食在竞争中处于劣势的种群，那么这种捕食作用则可能会降低物种多样性，因为劣势种群的数量减少会进一步削弱其在群落中的地位，甚至可能导致灭绝，从而减少群落中的物种数量。最后，群落中的互利共生关系和化感作用也是影响物种多样性的重要因素。互利共生关系有助于不同物种之间形成紧密的相互依赖关系，从而增加群落的稳定性和物种多样性。而化感作用则可能通过影响物种间的相互作用和生存环境来间接影响物种多样性。

（2）空间异质性

环境的空间异质性是指环境质量或某个生态因子强度的不均匀状态。

空间异质性有助于增加生物多样性。不同位置的环境条件存在差异，这为各种生物提供了不同的生存空间和资源，因此，更多的物种能够在这样的环境中找到适合自己的生存条件，从而增加了群落的生物多样性。

空间异质性会导致生态位的分化。由于环境条件的差异，不同生物可能会占据不同的生态位，以避免竞争。这种生态位的分化有助于减少物种间的竞争压力，使群落结构更加稳定。

空间异质性会影响物种的分布。某些物种可能更倾向于生活在特定的环境条件下，因此它们会在这些条件适宜的区域聚集。这种分布模式进一步塑造了群落的组成和结构。

（3）干扰与稳定性

在生物群落中，干扰（disturbance）是指所发生的自然的或人为的不确定的具破坏性的事件。群落的稳定性（stability）是指群落受到干扰后具有维持和恢复原来状态的性能。群落的稳定性与群落的物种多样性（或复杂性）和发育程度有关系，并与群落的类型和生态环境有关。

当群落受到大的干扰后往往会形成结构上的间隙（gap），间隙的形成对群落物种多样性的维持和发展起了重要作用。不同程度的干扰对群落物种多样性的影响是不同的，生态学家约瑟夫•康内尔（Joseph Connell）等提出的“中等（度）干扰说”认为，适度干扰可以增加群落的物种多样性。这是因为在没有干扰或干扰非常轻微的情况下，优势种可能会逐渐占据主导地位，排除其他物种，导致物种多样性降低；相反，如果干扰过于强烈或频繁，可能会导致许多物种无法生存或繁衍，同样会降低物种多样性。但中等程度的干扰可以打破优势种的统治地位，为其他物种提供生存和发展的机会，当优势种被适度抑制时，其他较弱小的物种就有机会在群落中占据一席之地，从而增加物种的多样性。例如，在森林生态系统中，适度的树木砍伐或火灾可以清除部分优势树种，为其他植物和动物提供生存空间，这样，原本可能被优势树种所压制的其他物种就有机会生长和繁衍，从而增加了森林的物种多样性。

（4）岛屿群落的概念

群落的岛屿性是一个生态学概念，用于描述相对孤立生态系统（如岛屿、被隔离的湖泊或森林片段）中生物群落的特性和动态。这些相对孤立的生态系统往往由于地理隔离而形成了独特的生物群落，其物种组成和数量可能与周围大陆或更广泛区域的生态系统有显著不同。

岛屿性群落的主要特征有以下几个。

①物种多样性受限：由于地理隔离和面积限制，物种的迁入和迁出受到限制，导致群落内的物种数量相对较少，造成岛屿性群落中的物种多样性通常低于周围更大的生态系统。特有物种的出现：长期的地理隔离和特定的环境条件促进了物种的

独特进化，岛屿性群落中可能会演化出特有物种，这些物种在其他地方找不到。种群规模较小：由于岛屿面积有限，种群规模通常较小，这增加了物种灭绝的风险。因为小种群更容易受到遗传漂变和近亲繁殖的影响，从而降低种群的遗传多样性。

②生态平衡脆弱：岛屿性群落的生态平衡相对脆弱，因为它们对外部干扰的抵抗力较弱，一旦受到破坏（如人类活动、自然灾害等），恢复起来可能更加困难。

③群落动态受限制：岛屿性群落的动态演替过程可能不同于大陆架生态系统，由于物种迁入和迁出的限制，群落演替可能更加缓慢或呈现出不同的模式。

岛屿生物地理学理论（island biogeography theory）为理解岛屿性群落提供了重要框架，该理论强调了岛屿面积和隔离程度对物种多样性的影响。根据这一理论，岛屿面积越大，物种多样性通常越高；而隔离程度越高，物种多样性则可能越低。

在自然环境下形成的植物群落片段化，是由生境的异质性决定的，这种岛屿式的群落的边缘部分与环境能够形成良好的交错区。但在人工干扰情况下形成的植物群落片段化的生境是同质的，这种群岛式或孤岛式群落片段的边缘部分往往整齐地暴露在环境中，由于热量和水分的严重散失，群落难以形成稳定的内环境，从而加速了生物多样性的丧失，也直接影响到群落生态功能的发挥。

真正的海洋岛屿群落，其物种多样性还受到岛屿的位置和面积的影响：岛屿距离大陆的远近，不仅会影响物种的迁移速率，而且也影响物种绝灭的速率；在气候条件相对一致的区域中，岛屿中的物种数与岛屿面积有密切的关系。岛屿群落的物种多样性变化是有规律的，许多研究表明，岛屿面积越大，种数越多。早在 20 世纪 60 年代，生态学家就发现岛屿上的物种数明显少于邻近大陆上的，并且面积越小，距离大陆越远，物种数目就越少。根据大岛屿和小岛屿对迁移和绝灭综合因素的影响，可知各类岛屿上的物种多样性梯度的变化规律。物种多样性程度由大到小的排列顺序是：近的大岛、远的大岛、近的小岛、远的小岛。由于岛屿距大陆较远，周围是海洋，分布在岛屿上的生物必须适应岛屿环境。例如，沃拉斯顿（Wollaston）在马德拉群岛发现 550 种昆虫中有 200 多种因无翅不能飞行，在当地特有的 29 个属中，至少有 23 个属也是如此。这是由自然选择的作用和退化作用（因翅膀长期不使用）造成的，没有了翅膀就避免了被海风吹入大海的危险。因此，自然选择是大自然为了保护生物的利益去选择，而人工选择是人类仅为了自己的利益去选择。

由于影响群落的因素是复杂的，群落的组成与结构是变化的，所以这些与群落的发育与演替有关。

3.2　群落的演替与动态

3.2.1　群落的发育

一个群落从其形成开始，一直到被另一个群落替代为止，每一个植物群落都有一个较为漫长的发育过程。虽然在群落的形成和发育之间很难划出一个截然的界限，但是任何一个群落的形成必须要有一系列的条件和要素：首先是裸地的形成，接着是植物繁殖体的传播、定居、繁殖、扩大种群，为其他植物繁殖体的入侵创造条件，最后通过各种群间的竞争，形成群落。群落形成后，其发育过程要经历初期、盛期、末期 3 个时期。

3.2.1.1　发育初期

此时期的特点：群落的种类成分不稳定，各种群的个体数量变化幅度较大；群落结构尚未定型，空间层次分化不明显；群落所特有的群落环境正在形成中，小环境的特征不突出；群落的生活型组成和植物群落的外貌还没有明显的特征；群落的建群种或得到良好发育并已发挥功能，这是一个标志性特征。需要注意的是，优势种强调的是此物种种群的大小，一般来说，森林群落的各层都有 1 个或少数几个优势种（后者称为共优势种）；而建群种和关键种强调的是功能和作用，一般每个群落只有 1 个建群种。在植物群落中，有时会出现优势种和建群种相统一的现象，比如，乔木层的优势种往往也是建群种；在海洋群落中，优势种和关键种经常是分离的，如在海藻群落中，优势种是巨藻，而关键种是海獭；在海洋潮间带上，由贻贝、藤壶、龟足、石鳖、荔枝螺和海星等组成的动物群落中，海星是关键种。如果关键种数量不足或消失，群落的结构组成会立即发生改变。

3.2.1.2　发育盛期

此时期的特点：群落的植物种类组成比较稳定，分布比较均匀；群落的结构已经定型，层次得到良好的分化；群落的生活型组成和季相变化，以及群落环境都具有显著的特征；那些适应群落环境的其他植物种类也得到良好的发育，并且物种多样性较丰富。

3.2.1.3　发育末期

此时期的特点：群落建群种的生长势逐渐减弱，缺乏天然更新能力；一批新的植物迁入并定居，且生长旺盛；群落的结构和环境发生了新的变化。一个群落的发育末期也就是孕育着一个新群落的初期。这是在一个群落发育的整个过程中，群落不断地对内部环境进行改造的结果。起初，这种改造的效果对该植物群落的发育起着积极的促进作用，但后来，当这一改造作用加强时，被改造的环境条件往往对群落建群种自身产生了不利的影响，如光照的减弱、空气流动速率降低、温度低、湿度大、残落物层（地被层）加厚、土壤通气性差和由苔藓植物形成的高位沼泽等，致使群落的建群种的生长势逐渐衰退，并缺乏实生苗。

在群落发育的过程中，不仅植物种群之间相互影响，而且动物种群对植物种群也有影响，甚至人工设施的干预都会对群落的发育产生明显的影响。例如，在非洲的稀树草原，有一种长满刺的具二回羽状复叶的木本植物——阿拉伯胶树［*Senegalia senegal*（L.） Britton］，它是这个群落中的优势种。在自然环境和人工环境下，阿拉伯胶树在形态和生理代谢方面都会发生明显变化，并且影响着群落内的动物种群：在阿拉伯胶树羽状复叶中含有单宁，味苦涩，以抵御像大捻角羚等动物的啃食，在自然状态下，阿拉伯胶树的单宁含量维持在一定的水平上，从未发现大捻角羚因食用其树叶而发生中毒死亡的现象。可是，在非洲的许多农场内，由于阿拉伯胶树和大捻角羚都是被围栏或铁丝网圈在一起的，农场人工饲养的大捻角羚只能吃到围栏内的阿拉伯胶树，围栏内的阿拉伯胶树为了生存，迫于捕食压力，叶片内的单宁含量比围栏外自然生长的阿拉伯胶树要高出 3 ～ 4 倍，会引发大捻角羚中毒倒地而亡的事件。后来，由于知道了阿拉伯胶树的防御机制，管理者严格控制了大捻角羚的密度，仿照自然种群的数量和分布状态，在农场内每 1hm² 放牧不超过 4 头大捻角羚。从此，非洲农场内就再也没有发生大捻角羚因食用阿拉伯胶树叶子而中毒的事件。

通过研究还发现，植物虽然不会像动物那样主动地防御捕食者，但植物也会在形态和生理生化方面主动地产生变化，以提高自身的防御能力。首先，低矮的阿拉伯胶幼树上的刺要比高大的阿拉伯胶树上的刺明显长得多，因为矮树极容易被动物啃食；其次，同等大小的阿拉伯胶树，有特设围栏保护的树上的刺明显短于围栏外生长的树，因为在特设围栏内非常安全，植物没有必要在刺的生长方面投入更多的能量；再次，阿拉伯胶树喜欢与蚂蚁共生，大约有 4 种蚂蚁喜欢生活在阿拉伯胶树的树枝上膨大呈球状的刺壳内。刺壳直径为 8 ～ 12cm，开有一孔，是蚂蚁进出的门户，壳外有 2 ～ 3 枚刺，一旦树枝遇到动物啃食摇晃起来，蚂蚁便会倾巢出动，赶走捕食者；阿拉伯胶树为了酬谢蚂蚁，在小叶柄顶端生有蜜腺，分泌蜜汁，为蚂蚁提供食物。最后，由于刺壳上有孔，风一吹会发出响声，大捻角羚听到响声往往会主动躲避。由于有蚂蚁帮助，阿拉伯胶树的刺会变短，刺的密度也减小，更多的能量用于分泌蜜汁和生长刺壳。

那么，当一棵阿拉伯胶树被大捻角羚啃食后，相邻近的阿拉伯胶树是否也会得到信号，提前做好防御准备？也就是说，在群落内植物个体之间是否存在着通信问题？研究发现，当植物受到虫害时，它们会释放大量的有机化合物（VOCs），这些化合物作为信号被邻近的植物感知到，邻近的植物在接收到这些信号后，会启动一系列的防御反应，包括增加抗虫物质的合成，从而增强自身的防御能力，预防未来的侵害。这种现象被称为系统获得性抗性（systemic acquired resistance, SAR）。VOCs 的成分包括萜类挥发物、绿叶挥发物（GLVs）、含氮化合物和其他芳香化合物等。例如，在茶树上，食草动物可以诱导释放超过 50 种挥发物。这些挥发物不仅通过吸引食草动物的天敌来保护植物，还可以作为挥发性信号，通过茉莉酸信号途径在未受损的组织或邻近植物中引起防御反应。此外，清华大学的研究揭示了水杨酸甲酯（MeSA）、水杨酸结合蛋白 -2（SABP2）、转录因子 NAC2 和水杨酸羧甲基转移酶 -1（SAMT1）形成的一个信号通路，用以介导气传性免疫（AD）对抗蚜虫和病毒。

另外，笔者在研究菜豆（植物）—二斑叶螨（植食性昆虫）—伪钝绥螨（天敌）三者之间的关系时发现，菜豆健康植株、被机械损伤过的菜豆植株和被二斑叶螨危害过的植株自然散发的气味成分有很大差异：健康植株检测到的挥发性物质种类较少（33 种），机械损伤植株挥发性物质的种类次之（41 种），受二斑叶螨危害植株挥发性物质的种类最多（43 种），且后两者增加的种类多为醛酮类等大分子物质。二斑叶螨的天敌伪钝绥螨对虫害叶表现出较强的趋性，但对机械损伤叶、添加虫粪的健康叶趋向程度远不如前者强，在虫害叶中，伪钝绥螨对带虫带粪虫害叶片的选择性比去虫带粪虫害叶片强。结果表明，二斑叶螨为害改变了菜豆的挥发性物质图谱，而菜豆的虫害植株对伪钝绥螨的吸引作用可能与其挥发物的种类和含量有关。

3.2.2 群落的演替

一个植物群落经过长期的发育以后，终将被另一个植物群落所替代的过程，叫作群落的演替。根据群落发生地的自然条件，演替类型分为原生演替和次生演替。原生演替是指在原生裸地（无任何植物繁殖体的土壤）上发育起来的群落所进行的演替；次生演替是指在次生裸地（土壤里含有的植物繁殖体，孢子、种子、块根和块茎等）上形成的群落所进行的演替。经常提到的原始森林的概念，实际上是指在原生裸地上发生的并从未间断地连续发育的古老的植物群落；而在次生裸地上发生和发育的较古老的植物群落叫原始次生林。因此，我们在对一个群落的演替类型没有了解清楚之前，不要轻易使用原始森林这个生态学专业术语。

植物群落都有一个发生、发展和消亡的过程。例如，二十世纪八九十年代，安徽黄山白鹅岭的黄山栎（*Quercus stewardii* Rehder.）群落出现衰老阶段的一些特征，阳性植物黄山栎发育成单优势种的群落，在群落内地表上生长着茂密厚实的泥炭藓种群，使山坡上形成了高位沼泽，使位于地下的黄山栎根系缺氧导致群落的建群种黄山栎死亡，以至于发生了群落的替换现象。

整个群落的更迭过程可分为 6 个阶段：第一，在次生裸地上，黄山栎的种子传播入侵并萌发，喜光的幼苗定居；第二，黄山栎通过竞争成为群落优势种；第三，黄山栎成为建群种，内部营造出小环境，地面上苔藓发育旺盛；第四，黄山栎群落发育成熟，层次结构明显，林内荫湿，形成泥炭藓高位沼泽，黄山栎不能天然更新；第五，由于黄山栎根系缺氧，生长势下降，出现枯死现象，群落衰败，出现许多林窗；第六，在阳光直射条件下，泥炭藓被高温灼伤而枯死，其他植物便开始入侵，逐渐替代了黄山栎群落。

因此，陆地植被的原生演替可分为 4 个阶段：第一，最先在岩石表面出现的地衣植物群落阶段；第二，苔藓植物群落阶段；第三，草本植物群落阶段；第四，木本植物群落阶段。

植物群落的自然演替是由群落内部矛盾的发展所引起的。随着植物群落的发育，群落内部环境条件不断发生变化，从而引起不同植物群落之间相互关系的改变，这些变化为新群落的产生创造了条件，于是一个新的群落将要代替旧的群落，自然演替就这样发生了。

我们在生产实践中对群落的利用和改造，在很大程度上是在掌握了群落演替规律性的基础上进行的，最终实现群落的人工演替。例如，在新疆天山地区，人们在营造云杉林时曾经遇到了困难，在山坡上新栽植的云杉苗成活率很低。这是由于云杉的大树是喜光的阳生植物，而其幼苗是阴生植物，在自然演替过程中，云杉的幼苗是在群落内部生长的，受到母树的保护。所以，后来人们在裸露的山坡上栽植云杉树苗时，需要同时在旁边栽下一棵柳树苗，利用柳树苗给云杉苗遮阴。几年后，云杉苗的生长速率超过了柳树苗，并且把柳树“挤”死了，最后形成了茂密的人工云杉幼林。

有时候，群落演替是由其他群落的强势入侵导致的。例如，毛竹高达 20 ～ 30m，这致使刚竹（高 8 ～ 10m）和森林群落的一些树种（一般高 10 ～ 15m）因被遮光“饥饿”而死，且毛竹群落具有发达的地下竹鞭，可以快速向周边扩散，所以毛竹入侵对邻接的刚竹群落或森林群落具有致命的影响。据野外观察发现 在毛竹群落入侵的过程中，森林群落中的常绿树种比落叶树种更耐阴，后者极容易枯死。

当植物群落的发育与环境达到高度协调一致时，群落对各种生态因子进行高效利用。如果当地的生态环境不发生改变，植物群落将会永久存在，这个群落被称为顶级群落。关于自然界是否存在着永不消失的植物群落的问题，仍是有争议的。群落寿命的长短取决于环境条件，凡是生长在环境十分恶劣条件下的群落，其寿命较长，因为其发育十分缓慢，可以形成比较稳定的顶级群落，例如南极和北极的植物群落；而生长在优越环境条件下的群落，其寿命较短，因为温度适宜、雨水充足和土壤肥沃，种群竞争激烈，发育速率较快，难以形成永久稳定的顶级群落，例如热带雨林和亚热带阔叶林，很容易发生演替。顶级群落形成的理论有单元顶级说、多元顶级说和顶级群落配置说。

3.3 群落生态学在生态恢复与重建中的应用

群落生态学是研究生物群落及其与环境相互关系的科学，它在生态恢复与重建中发挥着至关重要的作用。随着全球生态环境问题的日益突出，群落生态学的理论与实践在指导和促进生态恢复与重建项目中变得越来越重要。以下将详细描述群落生态学在生态恢复与重建中的应用场景和效果。

3.3.1 群落演替规律的应用

群落演替是群落生态学中的一个核心概念，它描述的是群落随着时间推移而发生的结构和功能上的变化。在生态恢复与重建过程中，了解和应用群落演替的规律至关重要。通过对演替规律的研究，生态学家能够预测群落未来的发展方向，从而有针对性地制定恢复和重建计划。例如，在退化林地的恢复中，可以根据群落演替的规律，选择合适的先锋物种进行种植，以加速土壤改良和微环境的形成，为后续物种的定居和群落结构的完善创造条件，这种基于群落演替的生态恢复方法，不仅提高了恢复效率，还保证了恢复过程的生态可持续性。

3.3.2 物种多样性的恢复与保护

物种多样性是保持群落稳定性和发挥其功能的关键。在生态恢复与重建中，保护和恢复物种多样性是首要任务之一。群落生态学通过研究物种之间的相互作用和依赖关系，为物种多样性的恢复提供了科学依据。例如，在湿地生态系统的恢复中，群落生态学可以帮助我们理解不同物种之间的生态位和食物链关系，从而设计出更加合理的物种配置方案，这不仅能够促进湿地生态系统的快速恢复，还能够提高其生态服务功能，如净化水质、调节气候等。

3.3.3 生态适宜性评估与生态工程设计

群落生态学在生态适宜性评估和生态工程设计方面也发挥着重要作用。通过对目标区域的环境因子进行调查和分析，结合群落生态学的原理和方法，可以评估出该区域的生态适宜性，为后续的生态工程设计提供科学依据。例如，在城市绿地的规划中，可以利用群落生态学的原理来选择合适的植物种类和配置方式，以营造出既美观又具有生态功能的城市绿地，不仅能够提升城市的环境质量，还能够为市民提供优质的休闲场所。

3.3.3.1 生态恢复效果的监测与评估

群落生态学还提供了一套科学的监测和评估体系，用于衡量生态恢复与重建项目的效果。通过对恢复区域内的群落结构、物种多样性、生态系统功能等指标的持续监测和评估，可以及时了解恢复进度和效果，为后续的调整和优化提供依据。例如，在采矿地的生态恢复项目中，可以通过监测植被覆盖度、土壤质量等指标来评估生态恢复效果。这些数据的收集和分析不仅有助于了解恢复过程中的问题和挑战，还能够为未来的生态恢复项目提供宝贵的经验和借鉴。

3.3.3.2 促进生态系统服务与功能的恢复

群落生态学的应用还体现在促进生态系统服务与功能的恢复上。生态系统服务是指生态系统为人类提供的各种惠益，如净化空气、调节气候、提供食物和药材等。在生态恢复与重建过程中，通过优化群落结构和提高物种多样性，可以有效地促进生态系统服务与功能的恢复。例如，在河流生态修复项目中，通过引入适宜的水生植物和动物物种，可以恢复河流的生态系统的自净能力，改善水质，并为周边的生态系统提供水源涵养和生境支持。

在进行水生植物的选择时，必须根据植物种类和整体景观要求来进行。对于大面积的园林生态环境，需要更多地考虑远观的效果。像芦苇和荷花这样的水生植物，它们的体内具有发达且相互连通的气腔，非常适合大面积密集种植。这种种植方式在视觉上能给人一种宏伟的感觉。同时这些植物还能有效地吸收并处理水中的悬浮污染物，既美观又实用，非常适合大面积的园林种植。

对于小面积的园林生态环境，需要多考虑近观效果，包括水生植物的颜色、形态和高度等。可以充分利用水面的镜面效果，通过巧妙的设计，使小面积的景观展现出更为精致细腻的效果。例如，香蒲和千屈菜等水生植物体积小巧、色彩鲜艳，非常适合在小面积的园林生态环境中种植，既可以增强园林的绿化效果，又能实现生态修复的目标。

为了有针对性地选择水生植物，需要对受污染的水体进行深入的研究，明确具体的污染物种类。如果园林环境中的重金属污染较严重，可以选择根系发达的挺水和沉水植物；如果园林环境中的悬浮污染物较多，可以选择如荷花、凤眼蓝等对悬浮污染物具有较强吸附和降解能力的水生植物；如果园林环境出现富营养化，我们可以选择如浮萍等能够吸附有机营养物质并分解多种有机污染物的水生植物。

第 4 章　生态系统基本理论及其应用

在自然界，只要有生命存在的地方，无论其空间尺度有多大，生物群落都将不断地从环境中摄取物质和能量，维持着群落的发育和演替。在群落的内部，这些物质和能量将从一个种群沿着食物链转移到另一个种群；最终，群落中所有死亡的生物体都将被微生物分解而返还到环境中，其中一部分物质又可被生物群落重新利用。在生物群落与无机环境之间，以及群落内部各种群之间，正是通过物质流、能量流和信息流而相互联系，从而它们组成了一个生命系统的最高级层次——生态系统。

4.1　生态系统概述

4.1.1　生态系统的概念

生态系统（ecosystem）概念是由英国生态学家阿瑟•乔治•坦斯利爵士（Sir Arthur George Tansley）在 1935 年首次明确提出的。生态系统指的是由自然界中的生物和非生物相关的元素组成各种类型和大小的基本单元。它不仅包括有机体（生物群落），还包括无机环境（非生物组分），以及它们之间不断进行着物质交换和能量流动。

生态系统概念的提出使得人们把生态学研究的生命层次由生物群落又向上提高了一个层次，人们开始注重研究植物群落、动物群落和微生物群落之间以及它们与环境间的关系。生态系统可大可小，其系统的边界是相对的。在自然界，一个生态系统的外缘边界往往又是另一个生态系统的起始边界。如陆地生态系统与海洋生态系统之间是通过海岸带紧密联系起来的。

4.1.2　生态系统的基本成分

在地球上的生命系统演化过程中，最早出现的生态系统是藻菌生态系统。因为生物进化的历程是由异养进化到自养的，地球上最初的生物是厌氧生物又是异养生物，它们利用海洋中的有机物进行无氧呼吸（发酵）；但当海洋中的有机物的生产与消费达到平衡时，异养生物便很难发展下去了。随着具有叶绿素的蓝藻的出现，地球上出现能够进行光合作用生产有机物的自养生物。蓝藻和细菌作为生物界的合成者和分解者，是地球上出现最早、结构最简单的生态系统，它们组成了物质循环的 2 个基本环节，形成了功能统一的藻菌生态系统。当今的任何一个生态系统，无论范围大小，其基本组成都是由生命成分和非生命成分组成的。在生命成分中，有生产者、消费者和还原者；而在非生命成分中，有物理环境、能源和各种物质因子，如无机物、有机物及太阳辐射能等。

4.1.2.1　生命成分

（1）生产者

绿色植物以及光能和化能自养的一些细菌。生产者的功能是把太阳能通过光合作用转化为化学能，并贮存在有机物中，以启动生态系统的食物链（网）。因此，生产者为生态系统中其他生物提供了能量和物质，位于食物链（网）的基点上。

（2）消费者

直接或间接地从生产者获取物质和能量的各类生物，它们进行各种次级生产，传递着能量和物质，其食物关系十分复杂，物种种类繁多，取食方式多样，是生态系统中最活跃的一部分。一般的捕食和寄生现象比较容易被观察到，而那些寄生在活细胞内的原生动物，如疟原虫、弓浆虫等，它们也属于次级消费者，不易被人观察到。

（3）还原者

生态系统中的还原者也被称为分解者，主要包括细菌、真菌、原生动物、小型无脊椎动物等异养生物。例如，细菌和真菌中包含放线菌、腐生菌等，它们能利用不同的碳水化合物（如糖、淀粉、有机酸、纤维素、半纤维素）作为能源。还原者的作用是将有机物质分解为无机物，完成生态系统的物质循环和能量流动。如果没有还原者，动植物残体和排泄物等有机物质将无法循环，导致物质被锁定在有机物中，不能被生产者再利用。还原者的存在维持了生态系统的平衡和稳定，是生态系统不可或缺的一部分。另外，生态系统的分解作用还有其他一些功能，例如，有机物质分解过程中产生具有调控作用的环境激素（environmental hormone），有些微生物会利用分解产物立即重新合成一些生物大分子，这些物质会对其他生物的生长发育产生影响。

分解作用的生物化学过程正好与光合作用相反，它是通过生物的摄食和代谢以及非生物作用而逐步完成的复杂过程。分解活动的特征和强度取决于被分解的有机物组分、分解者的生物学特征和理化环境条件。分解过程包括沥滤阶段、分解阶段和耐蚀阶段三个阶段。第一，沥滤阶段：是指有机体一旦死亡，细胞膜失去活性，细胞内和组织液中的可溶性物质随即流出体外（这个过程不一定要有微生物的参与）；第二，分解阶段：是指通过微生物分泌各种酶水解有机物的过程；第三，耐蚀阶段：是指在生物和非生物作用下，缓慢降解那些难以分解的生物体组成物质，如几丁质、骨骼、纤维素等。

在海洋有机碎屑分解过程中，粪粒和其他有机碎屑，以及藏有被囊动物有尾类的胶粒经过细菌的作用而凝聚成 50 ～ 1000μm 大的絮状物，因这些悬浮在海洋表层的絮状物呈白色，故称为海雪（marine snow）。由于凝聚体内部的有机物质含量、无机营养盐含量、微型异养生物（指细菌和微型食植者）的数量，以及代谢活性等都比周围的海水高几倍，所以凝聚体是营养物质快速循环的“活性中心”，但因凝聚体下沉速率非常缓慢，故它对于海洋表层营养物质再生和其他生物化学过程方面具有重要的生态学意义。

4.1.2.2　非生命的环境成分

非生命的环境成分包括物质环境和能量环境。在生态系统中，环境是一个最大的子（亚）系统，它除了要容纳生产者、消费者和还原者外，还要向它们提供生命活动所需的物质和能量，以及接收它们代谢活动所释放出来的物质和能量。

生产、消费和分解是生态系统的 3 个基本作用与过程。在生产者、消费者和还原者各子（亚）系统之间，是凭借物质流、能量流和信息流联系起来的，是“三流”使它们与环境构成一个生态学功能单位。在不同类型的生态系统中，物质流和能量流的传递途径与方式是有差别的。

4.1.2.3　食物链的 4 种类型

食物链是指在生态系统中的各种生物以食物营养关系组成的链索状结构，生态系统的物质流和能量流就是沿着食物链传递的。根据生物获取食物的不同营养方式，食物链可分为 4 个类型。

（1）捕食食物链

又称放牧食物链，按照能量传递的方向，其构成方式为：植物→植食性动物→肉食性动物。这种食物链是最常见的，既存在于陆地环境中，也存在于水域环境中。

其作用是加速实现生态系统的物质和能量的流动，一方面增加生物多样性组成，另一方面把生产者和消费者以及消费者内部成员紧密联系起来。

在捕食食物链中，一般是强者捕食弱者，高等的捕食低等的，但在自然界中也有许多例外，例如，食虫植物捕蝇草可捕食青蛙，蜈蚣可捕食青蛙，蟒蛇可捕食羚羊等。

（2）碎屑食物链

其构成方式为：枯枝落叶或动植物碎屑→碎屑食物消费者→小型食肉性动物→大型食肉性动物（按照能量流动方向排列）。这种食物链主要发生在森林群落中，植被净生产量的90%都是以碎屑食物方式被消耗的，细菌、黏菌和真菌在这方面的贡献特别大。这种食物链的作用是捕食食物链的补充，延长了森林生态系统中的物流和能流的传递链，并丰富了食物网的结构。同样，碎屑食物链在水域生态系统也广泛存在，这是各种水生浮游生物和底栖动物的主要取食方式。由于这种食物链每时每刻都在无声无息地发生着，但却很少引起人们的注意，例如，发生在我们的居室内的碎屑食物链：人体每天所脱落的皮肤碎屑，几乎都是由螨类和蜱类帮助分解的。

（3）寄生性食物链

由宿主和寄生物构成，根据能量流动方向，其寄生方式为：大中型动物→小型动物→微型动物→细菌和病毒，后者与前者是寄生关系。这种食物链的作用是在异养生物成员内部实现物质和能量的传递，并丰富生态系统中动植物区系成分。

真菌有寄生的也有腐生的，寄生真菌可以直接寄生在动物和植物体上。此外，少数细菌和原生动物寄生在细胞内，少数无脊椎动物寄生在人和动物体内。有趣的是，极少数被子植物也是完全寄生的。

（4）腐生性食物链

以死亡的动植物残体为食物，由专性或兼性食腐生物直接利用，或被共生的微生物或真菌分解后进行转化利用，使得能量和物质传递到上一个营养级。例如死蛇→苍蝇→蜂→鸟、枯树枝→蜜环菌→天麻→鼠，都是腐生性食物链。

在食物链（网）中，某一个物种节位的改变会立即影响食物链（网）中其他生物的数量。例如，在食物链“浮游藻类→浮游动物→鱼”中，如果系统中出现了肉食性鱼类，由于捕食作用，鱼的生物量减少，结果会使得浮游动物的生物量增加，最终导致浮游藻类的生物量下降。例如，在新西兰的河流中，原本是通过浮游幼虫捕食水藻以维持水体的生态平衡的，当褐色鲑鱼（*Salmo trutta*）在19世纪入侵新西兰河流后，当地的鱼类和水生无脊椎动物受到了影响：浮游幼虫为了逃避鲑鱼的捕食，捕食行为由白天改为晚上捕食藻类。由于活动量减小，捕食藻类的食量下降，导致河流中的藻类大量增殖。

在生态系统中，单一的食物链是不安全的，因为链上某个节位的缺失会导致系统崩溃。在食物网中，有些动物是广食谱的，这样就会出现同一个捕食者可能捕食多个猎物，或同一个猎物可能被多个捕食者捕食，从而形成了以食物资源为核心的同资源种团（guild）。正是在生态系统中存在的许多这样的同资源种团，把许多不同的食物链连接成关系复杂的食物网（food web），从而使得生态系统中的食物资源具有较强的可调节性和稳定性。在食物链或食物网上，按能量消费等级和特点划分的各个相对应的环节或组群，叫营养级（trophic level）。绿色植物为第一营养级，草食性动物为第二营养级，以此类推。然而，由于杂食性动物的存在，对生态系统中食物网的营养级的划分，有时是相当复杂的。

4.2 生态系统的能量流动

4.2.1 初级生产

生态系统中的能量最初来自太阳辐射。在生态系统中，绿色植物通过光合作用把太阳能转变成化学能，并贮存在有机物中。绿色植物借助光合作用同化能量和生产有机物质积累的过程叫初级生产（primary production）。在单位时间内（一般以年为单位），这种有机物质生产的速率叫初级（第一性）生产力（primary productivity）[单位：g/（m^2 • a）或 kg/（m^2 • a）]。在绿色植物光合作用生产的有机物中，除去因自身呼吸消耗而余下的部分为净第一生产量（net primary production）。

$$P_g=P_n+R \qquad (4-1)$$

式中，P_g——总第一生产量；

P_n——净第一生产量；

R——呼吸量。

当 $P_g > R$ 时，P_n 为正，群落生物量增加；当 $P_g < R$ 时，P_n 为负，群落生物量减少；当 $P_g = R$ 时，群落生物量保持稳定。

不同的生态系统，其初级生产力（量）是有差别的，如热带森林的初级生产力高于亚热带阔叶林。对于同一个生态系统，在不同季节时间里其初级生产力也不同，例如，湖泊的初级生产力在春末夏初是最高的，而不是在夏季，也不是在秋季，这与湖水温度变化和水流运动对营养盐分布的影响有关。

描述生态系统初级生产状态可用另一个指标——生物量（biomass），它是指在特定时间内，单位面积（或体积）内所含某一种群或某一群落中生物有机体的总量（单位：g/m^2 或 kg/m^2）。初级生产者的生物量是在一定时间内净初级生产量的累积结果。由于能量是以不同的速率通过各种生态系统的，所以它在各营养级的滞留时间可作为生态系统能量流动的另一个指数。

一般把初级生产者生物量除以净第一生产量称为生物量累积比率（biomass accumulation ratio）。生物量累积比率是一个重要的生态学指标，各个生态系统在初级生产者的生物量累积比率方面差异明显，故而它不仅能够反映生态系统中生物量的积累情况，还能够揭示生态系统内部能量转换和物质循环的效率，对于理解生态系统的功能和稳定性具有重要意义。例如，如果生物量累积比率较高，可能意味着生态系统中的生物能够有效地利用可用的资源进行生长和繁殖，从而积累较多的生物量。这个比率的变化可以反映生态系统的动态变化，如生产力的高低、营养循环的状况等，从而为生态系统的管理和保护提供重要的参考信息。

初级生产力的测定有多种方法，常见的有收获法、叶绿素测定法、二氧化碳测定法、氧气测定法和同位素示踪法，以及大尺度分析方法的遥感技术、彩色红外影像分析技术等。对水中浮游藻类的初级生产力的测定，通常采用氧气测定法中的黑白瓶法，通过测定水体中溶解氧的含量，间接反映水中自养生物的初级生产力。黑白瓶法使用 1 对相同形状、相同体积的玻璃瓶，一个是白瓶，另一个是包裹黑纸或涂黑漆的瓶子，2 个瓶子盛满相同地点、相同深度的湖水，然后将其放在相同深度下进行观测实验，一般在 4～24 小时后，就可将其取出，测定瓶中溶解氧的含量（mg/L）。

在实验前，先用 1 个白瓶测定相同地点、相同深度的水体中溶解氧含量，作为实验对照（测定数据记为 I_B）。在黑白瓶实验结束后，黑瓶中的溶解氧含量（测定数据记为 D_B），白瓶中的溶解氧含量（测定数据记为 L_B）。黑白瓶实验的理论基础是，在黑瓶和白瓶中的水生浮游生物对水中氧的呼吸消耗量是相等的。水中浮游生物对氧的呼吸消耗量为 $D_B - I_B$，这个差值是黑瓶中溶解氧的变化值，数值为负；数值越小，说明水中生物对氧的呼吸消耗越多（注意：如果按照 $I_B - D_B$，则黑瓶中溶解氧的变化值为正值）。

水体中自养生物对氧的净释放量为 $L_B - I_B$，这是白瓶中溶解氧的变化值，数值 ≥ 0，说明水中具有一定量的自养生物。然而，氧的净释放量为 $L_B - I_B$，数值也可小于 0。$L_B-I_B=D_B-I_B$，说明水体中无自养生物；$L_B-I_B>D_B-I_B$，说明水体中有少量自氧生物，但释放的氧不能满足水体中生物的呼吸消耗。水体中自养生物对氧的总释放量为 L_B-D_B。

4.2.2　次级生产

次级生产的概念是相对于初级生产的，它是指除了初级生产者以外的所有其他生物有机体生物量的生产过程。狭义的次级生产是指消费者通过捕食和同化作用建造自身组织的生产过程。次级生产的公式：

$$P_n=A_n-R-U=I_n-H-R-U \tag{4-2}$$

式中，P_n——净生产量；

I_n——摄入量；

A_n——同化量；

R——呼吸消耗量；

H——排遗量；

U——排泄量。

在次级生产中，除了食物质量与动物的同化效率有密切关系外，温度对动物的次级生产影响极其明显，因为温度升高可使呼吸速率呈指数式增加。在低温条件下，虽然代谢消耗下降，但摄食、生长、繁殖的速率也随之下降。在高温条件下，动物需要消耗大量的维持能，影响生长速率，同时，高温可缩短动物生活史各个阶段的发育期，从而缩短其世代周期。所以，动物只有在适宜温度范围内，适当地提高温度虽然会增加呼吸消耗，但能加快生长发育速度。

此外，动物的次级生产还与个体大小有关。一般来说，个体小的动物具有相对较高的生长率，因为大个体动物需要较高比例的食物能量用于维持代谢消耗。至于种群数量的加倍时间，一般的规律：个体越小的动物，数量加倍所用时间越短；反之亦然。这个时间的长短可以作为动物群体产量的参考指标。在生态学上，常用生产量（production）和平均生物量（biomass）的比例，即 P/B 比值，来反映动物的次级生产水平。一般情况下，动物个体越小，P/B 比值越大；反之亦然。例如，细菌的 P/B 比值为 500 ～ 1000，浮游植物的为 100 ～ 500，浮游动物的为 10 ～ 30，鱼类的为 1 ～ 5。

广义的次级生产包括消费者和还原者利用初级生产量或次级生产量进行的同化作用，表现为动物、寄生物、真菌和细菌等的生长、繁殖和营养物质的贮藏。同初级生产一样，在各种形式的次级生产中，同样存在着有机物质的合成和分解 2 个过程。因此，在生态系统中，在物质初级生产过程中有分解（呼吸作用），在消费过程中有合成和分解，而在分解（还原）过程中也存在着分解和消费（微生物自身的增殖）。

次级生产是建立在初级生产上的，初级生产的净生产量中的一部分没有被次级生产所利用，而直接由还原者分解后释放到环境中去，这部分能量称为无效能。在人工生态系统中，要尽量降低无效能。

4.2.3　生态效率

无论是初级生产还是次级生产，都存在着能量转化和利用的效率问题。对于上下相邻的营养级位间的生态效率，根据林德曼（R. L. Lindeman）的结论，从下个营养级（低级，n）到上个营养级（高级，$n+1$），其能量的有效转化率约为 10%。也就是说，生产量的有效利用率在各营养级之间是相似的，而生态系统的总能量随营养级的上升而逐步递减，每经过一个营养级就会有 90% 的能量丢失，它们以各种形式散失到环境中。因此，各类生态系统中的营养级的级数一般不超过 5 级。林德曼效率是生态学中很重要的定律，也称 1/10 定律。注意，林德曼效率只适合描述消费者营养级，不适合描述初级生产营养级，因为它们对光的利用效率仅为 1%。林德曼效率的表达式为：

$$\text{林德曼效率}(\%)=(n+1\text{ 营养级的净生产量}/n\text{ 营养级的净生产量})\times 100\%$$
$$=(P_{n,n+1}/P_{n,n})\times 100\%$$

动物通过摄食真正进入动物消化道的部分为摄入量（I_n）；有些组织如毛和骨头不能利用，吃进后不能被消化吸收而被排泄，动物吸收的能量为同化能量（A_n）；同化后的能量除了用于呼吸和运动外，还用于排遗，余下的能量才是动物组织的生长量（P_n，净生产量）。

动物所摄入的能量（I_n）减去排泄的能量，等于同化能量（A_n）；而同化能量减去呼吸消耗能量和排遗的能量，就等于生长能量（P_n，净生产量）。不同捕食者有着不同的生态效率，差别很大。例如，蛇的利用效率比较高，它捕食猎物后进行整吞，并能够将动物的皮毛和骨头消化；在冬眠或食物匮乏季节，蛇可关闭消化系统的血管，以节约能量。

林德曼效率理论具有重要的现实意义。例如，人类在利用植物农产品时就要考虑到资源的利用效率问题。所有的植物农产品都是初级生产量，在发达国家和发展中国家就可采取不同的利用策略：如发展中国家人口数量巨大，资源相对紧张，建议食用原粮为主；而发达国家人口少，资源充足，可将部分粮食转化成肉、蛋和奶，然后加以利用。因为在粮食转化过程中，食物链每延长一级就会损失 90% 的能量。

此外，在营养级内部或在各营养级之间的生态效率，还有许多其他的表示方法，例如消费率、同化率、生长率等。

对于生态系统营养级之间的生态效率（林德曼效率），完整地从下一个营养级到上一个营养级之间，按照一定顺序将利用效率、同化效率和生长效率的乘积进行化简，即得到：

$$林德曼效率 = (I_{n,n+1}/P_{n,n} \times A_{n,n+1}/I_{n,n-1} \times P_{n,n+1}/A_{n,n+1}) \times 10\% = P_{n,n-1}/P_{n,n} \quad (4-3)$$

由于能量在通过各个营养级后将逐级减少，所以把通过各营养级的能流量由低到高绘成图，就成为一个金字塔形，称为能量锥体或能量金字塔，林德曼效率是其理论基础。同样，如果以各营养级的生产量或个体数目来表示，可以得到生产量锥体或数量锥体。这 3 种锥体合称为生态锥体。

4.2.4 能量流动的特点与途径

4.2.4.1 照射到地球上的太阳能量

生物圈中的所有有机体，其生存所需的能量都是由太阳供应的。唯一例外的是少数几种化学合成细菌，它们能借助无机物的氧化获得能量。太阳的能量来自其中的热核聚变过程，这种能量是以电磁波的形式通过宇宙空间输送到地球上来的，但不能全部到达地表。全球大气表面每年获得 5.4×10^{24}J 的太阳能量，其中，约 43% 由于反射和散射而折回宇宙空间，约 14% 为大气所吸收，只有约 43% 可以到达地表。

这里有下列几点值得注意。

①投射到地球上的太阳辐射的波长与反射到空间去的能量的波长，二者的光谱发生了位移。入射的太阳能约有 99% 波长是在 0.2 ～ 40μm 的光谱范围内（由紫外到可见光到红外）；被大气和地面所吸收的太阳能转变为热（红外）后再辐射到空间去，其波长就长得多了。如地面平均温度保持不变，则到达地面的能量必须与从地面反射到空间去的相等；另一方面，由于大气中二氧化碳浓度增加而发生的“温室效应”将反射出去的红外线吸收，以致使上述平衡受到破坏和地球的温度上升。

②太阳辐射中的紫外线大部分没有到达地表。这部分光谱有足够的能量能使化

学键断裂，因此各种生命系统都必须防护免于过分受其照射。上层大气中的氧分子被紫外线分解为氧原子，然后再和分子氧结合成臭氧；臭氧能强烈吸收紫外线从而起到了一种保护性滤层的作用，使紫外线不会过多地照射到地面上来。目前有人反对发展超音速飞机，除了噪声外，另一重要的原因是超音速飞机在大气平流层中飞行时会破坏臭氧保护层，以致人类受到过多的紫外线照射，使皮肤癌发病率急剧增加。通过大气层到达地球表面的那部分太阳能，最重要的功能是借绿色植物的光合作用转化为化学能，从而转入植物体内的有机物中去。

③达到地球表面的太阳能量中有小部分由地面立即反射回空间，还有一小部分转变为热量后再辐射回空中。进入大气的太阳能也不是完全被吸收，仍然有小部分再辐射回空中。因此，照射到地球的太阳能量只有不超过一半经常在生物圈内流动，作为所有生态系统的根本能源。

④地球表面各处的太阳能辐射量是不同的。它除了受到云量等临时性因素影响外，还受到所在纬度即太阳高度角和离地高度、四季的日照时间、向阳坡或背阳坡等因素的影响。因此，地球表面各处植物通过光合作用所固定的太阳能量差异很大。

4.2.4.2 生态系统中的能量流动途径

（1）水域生态系统

R. L. Lindeman（1942）在对美国 Cedar Bog 湖进行深入调查研究的基础上，发表了《生态学的营养动态概说》一文，开创了定量描述生态系统能量动态的工作，并指出生态系统营养动态的基本过程就是能量从生态系统的这一部分转移至另一部分的过程。而生产者是生态系统的能量基础。

R. L. Lindeman 的研究结果见图 4－1，表明进入生态系统的太阳辐射能为 497693.3J/（cm^2 • a），除去未吸收的辐射能 497228.6J/（cm^2 • a）外，总初级生产量为 464.7J/（cm^2 • a）；总初级生产量中能量的 21%，约 96.3J/（cm^2 • a）用于呼吸，被分解的为 12.5J/（cm^2 • a），还有 293.1J/（cm^2 • a）不能利用；剩下 62.8J/（cm^2 • a）作为下一营养级植食动物的食物而被利用。植食动物阶层也和总初级生产量类似，除分为呼吸、分解、未利用等部分外，余下 12.6J/（cm^2 • a）被肉食动物消化、吸收；肉食动物阶层约有 7.5J/（cm^2 • a）的能量用于呼吸代谢。肉食动物呼吸消耗远比生产者或者初级消费者要高，其能量利用率亦较植食动物高，这是一个显著的特点（图 4－1）。

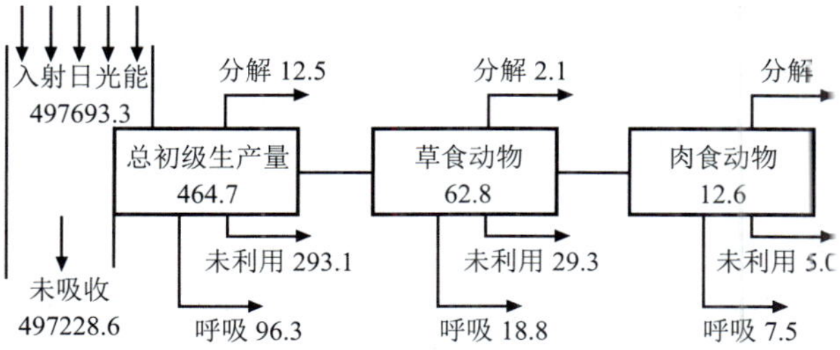

图4-1 生态系统能量流动定量分析［引自R. L. Lindeman，1942；单位：J/（cm²·a）］

R. L. Lindeman（1942）研究的结果表明，当太阳辐射能进入生态系统后，首先为生产者所吸收的辐射能即成为总输入能量。在通过植食动物、肉食动物等营养阶层时，能量在流动中有了转化。总的来看，这种能量流动和转化情况完全符合热力学第一定律和第二定律。

H. T. Odum（1957）在美国佛罗里达的银泉（Silver Spring）开展了能量分析工作。图4-2是以牧食食物链为主的银泉生态系统的能流。银泉中的优势生产者是有花植物慈姑、卵形藻、颗粒直链藻、小舟形藻及少量金鱼藻、眼子菜和单细胞藻类；植食动物是一些鱼类、甲壳类、腹足类以及昆虫的幼虫；肉食动物中有食蚊鱼、两栖螈、蛙类、鸟类、水螅和昆虫等；二级肉食动物有弓鳍鱼、黑鲈和密河鳖；此外，还有以动植物残体为生的细菌和一种小虾。图4-2表明，在一年中，每平方米水面能接受 1.72×10^9J 的太阳辐射能，生产者将 8.70×10^7J 的能量固定为总初级生产量，其效率相当于入射总能量的1.2%；植物的呼吸作用消耗 5.01×10^7J，所以其净初级生产量是 3.70×10^7J。草食动物每年每平方米可把 6.18×10^6J 的能量转给自身组织，呼吸作用消耗 7.9×10^6J；肉食动物每年每平方米有 3.0×10^5J 的净生产力，呼吸作用消耗 1.32×10^6J。

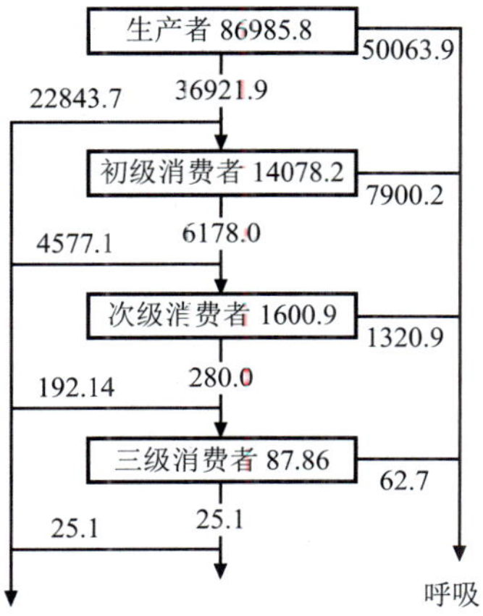

图4-2 银泉生态系统食物链能流分析［引自H. T. Odum，1957；单位：kJ/（m²·a）］

从银泉生态系统的能流分析中可以得出这样的结论：从生产者到草食动物的能量转化效率低于从草食动物到肉食动物的能量转化效率；储藏在肉食动物中的能量只占入射日光能的极小比例。

（2）陆地生态系统

F. B. Golley（1960）在美国密执安的弃耕地研究了能量沿食物链流动的情况。弃耕地的生产者是加拿大早熟禾（*Poa compressa* L.），植食动物是田鼠（*Microtus pennsylvanicus*），主要食鼠动物为鼬，即黄鼠狼（*Mustela rixosa*）。在这个较为简单的食物链中，生产者用于本身消耗的呼吸量（R）占总生产量的 15%，净生产量（NPP）占 85%；而田鼠和鼬的 R 占总摄食量的 70% 和 83%。田鼠和鼬都是恒温动物，大部分能量用于维持体温和其他生命活动，只有 2% ～ 3% 的同化能量用于生长和繁殖后代，这是恒温动物能量分配上的特点。同时，每一营养级所利用的能量与前一营养级所提供的可利用的能量相比是很少的。例如，田鼠只利用了植物净生产力的 0.5%（99.5% 未被利用），而鼬也只利用了田鼠生产量的 35%。鼬积累的能量仅仅是早熟禾光合作用固定能量的 1/440000。

到目前为止，生态系统水平上能量流动分析较有成就的是在水域生态系统方面，如 Cedar Bog 湖和银泉能流分析都是生态学的经典案例。

4.3 生态系统的物质循环

生命的维持不但需要能量，也依赖于各种化学元素的供应。如果说生态系统中的能量来源于太阳，那么物质则由地球供应。生态系统从大气、水体、土壤等环境中获得营养物质，通过绿色植物吸收，进入生态系统，被其他生物重复利用，最后再归入环境中，称为物质循环，又称生物地球化学循环。在生态系统中能量不断流动，物质也不断循环。能量流动和物质循环是生态系统中的两个基本过程，正是这两个过程使生态系统各个营养级之间的各种成分（非生物和生物）之间组成一个完整的功能单位。

没有外界物质的输入生命就会停止，生态系统也将随之解体。物质是能量的载体，没有物质，能量就会自由散失，也就不可能沿着食物链传递。所以，物质既是维持生命活动的结构基础，也是储存化学能的运载工具。生态系统的能量流和物质流紧密联系，共同进行，维持着生态系统的生长发育和进化演替。

物质循环可以分为生态系统内部的物质流动和生态系统外部的（即生态系统之

间的）物质流动，两者是密切相关的。生态系统内部的物质流动是指物质沿着食物链流动，但这种流动最初起源于外部的物流，最终还归还于外部。如某化学元素进入生态系统，最初供给初级生产者绿色植物，最后为消费者和生产者提供能源和食物。事实上，几乎所有的有机体，它们代谢活动的产物终将进入系统之间的生物地球化学循环。

分析森林生态系统中的物质流动，主要是分析其内部营养成分的循环，当然也需要与外部物质流动相配合。这种以物流的方式对各种有机体中运转速度的测定，特别注重组织中营养元素的分析，并与生物量、净生产量的测定相结合，同时还必须测定降雨带入土壤中的养分，以及生产者、消费者和分解者各营养级与土壤之间的养分输入与输出。

森林生态系统的养分在有机体内的含量各不相同。森林与土壤之间的循环中大部分硝酸盐和磷酸盐集中于树木中，而大部分钙则集中于土壤中。土壤中的养分则主要依赖于叶子等有机质的腐烂和根系吸收。植物与土壤之间的循环则是迅速而紧凑的。因此，土壤中的养分多寡直接影响植物的生产能力。

残落物的腐烂是养分归还于土壤的最主要形式。在许多植物中，某些养分在落叶之前就回到枝条组织中，也有某些元素直到叶落时还在叶内增加。

大量有机碳以残落物的方式落到地面，然后被土壤中的动物、细菌、真菌等分解者分解，并释放出能量归还给土壤。但残落物分解的速度差异很大，如落叶阔叶林和热带雨林的叶子比木材、针叶和硬木的残落物容易分解。同时，温度也影响腐烂速度，在寒冷气候比在热带气候腐烂的速度慢。

此外，由雨水从植物表面淋溶下来带到土壤中养分的量（淋溶作用）对养分的归还也有很大作用。对钾、钠等来说，从叶子和树皮冲洗进入土壤的量，比从落叶归还到土壤中的量要大，但是氮则相反，因为它流经植物体表面时被树皮和叶上的地衣、藻类和细菌吸收。

淋溶作用除了无机元素外，还有许多有机物从生产者表面被雨水淋溶到土中为其他有机体所利用。如蚜虫所分泌的糖分淋溶到土壤被土壤微生物所食，藻类排出的合成产物，在水中也可以作为其他水生生物的养料，许多单细胞有机体向水中排出各种有机物，同时又从水中吸收其他养分，进行物质交换。

生物地球化学循环是营养物质在生态系统之间的输入和输出，以及它们在大气圈、水圈和土壤圈之间的交换。从宏观上看，根据物质参与循环时的形式，可将循环分为水循环、气体型循环和沉积型循环三种类型，其中水循环是物质循环的核心。

从微观上看，生态系统中不断进行着物质循环，其中占原生质97%的碳、氢、氧、氮、磷、硫等元素的循环构成了生态系统的基本物质循环，其他生命必需的元素(如镁、钙、钾、硫等)也构成了各自的循环体系。主要有水、碳、氮、硫的循环，分别如图4－3～图4－6所示。

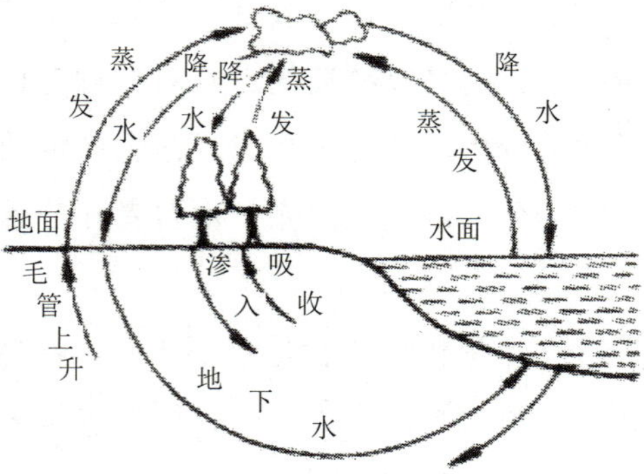

图4－3　生态系统的水循环

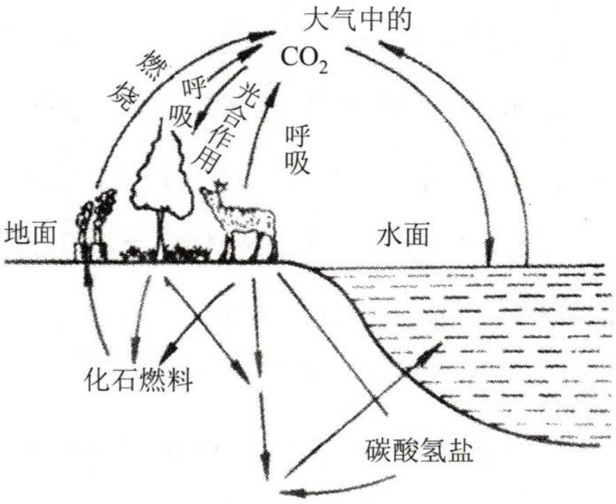

图4－4　生态系统的碳循环

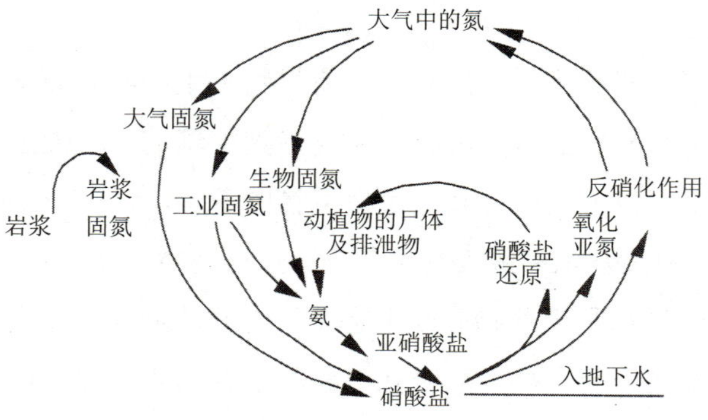

图4－5　生态系统的氮循环

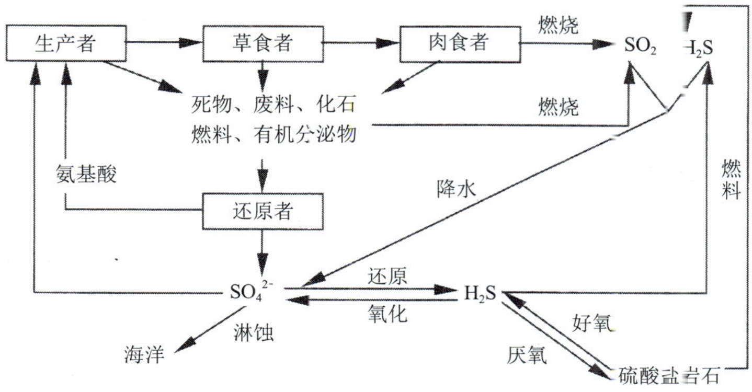

图 4-6　生态系统的硫循环

进一步研究表明，生态系统的能量流动和物质循环一起保持生态系统的平衡。图 4-7 给出了水生生物的生态系统中能量流动和物质循环情况。

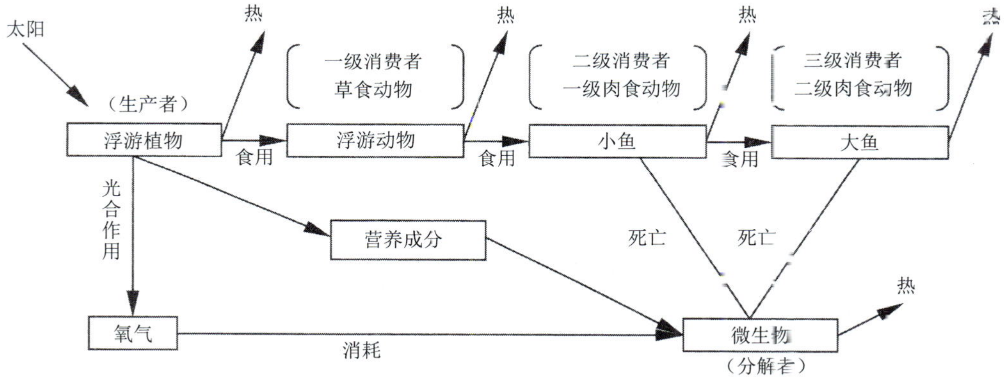

图 4-7　水生生物的生态系统及其能量流动和物质循环示意图

4.4　生态系统的信息传递与调控

4.4.1　生态系统中的信息联系

在生态系统中，种群与种群之间、种群内部个体之间，甚至生物与环境之间始终都存在着多种多样的信息联系与传递。同能量流和物质流一道，这种信息流把生态系统各组分联系成一个功能整体，并具有调节系统稳定性的作用。信息联系就是指在生态系统内部或各个亚系统内部和亚系统成员之间，对生态系统运动状态的各种表达方式。

在生态系统中，信息联系的类型分为两大类。

4.4.1.1 信息化的植物亚生态系统

关于植物亚生态系统的信息联系，参见个体生态学相关章节，此处不再详述。本节主要阐述以下 3 个方面的内容。

（1）阳光与植物间的信息联系

①光与植物形态建成：光不仅对植物个体的形态建成有影响，而且对群落内部的各种植物也具有形态建成的作用。

②光与种子萌发：有些种子的萌发需要光，但绝大多数种子是不需要光的。

③光与植物开花：在中高纬度地区，光对植物开花的诱导作用更加明显。

（2）植物与植物间的信息联系

①自毒作用：在农业生产连茬耕作时，豌豆和西瓜的自毒作用十分明显。农民为了克服西瓜的自毒作用，连茬耕作时可用南瓜或瓠子嫁接西瓜苗。

②他感作用：植物合成或分泌特殊的次生代谢物，抑制或干扰其他植物的生长。

③诱导作用：寄生生物与宿主之间联系紧密，像大豆根系分泌物可诱导菟丝子种子的萌发。据此，人们利用这种关系在播种前可巧妙地诱杀菟丝子。

（3）植物与动物间的信息联系

①机械防御：植物体表生长的棘、刺、腺毛和鳞片等具有防御功能。

②化学引诱：植物遭到害虫啃咬后，会释放出化学物质吸引害虫的天敌，从而减轻害虫的危害。有些依靠昆虫传粉的植物，其花朵释放特殊的气味吸引传粉者。

③色彩引诱：花瓣具有美丽的色彩以及神奇的花纹图案用来吸引传粉者。

④味觉防御：植物体通过合成有毒或苦味的次生代谢物，达到趋避害虫的目的。

⑤声波刺激：植物同样可以接收声信息，如跳舞草。实验证明，适当的声波振动有利于植物的生长。20 世纪末，美国有一个叫作“谎言终结者”的科研小组做过一个十分有趣的实验：将 5 组生长健壮的豌豆幼苗分别放在相互隔离的玻璃箱中，在保持相同的营养、水分和光照条件，给予不同的声波刺激，看看植物是否具有感知语言和音乐的能力，最后统计各组所收获的豌豆粒数以判断其反应强弱。实验设计如下：第一组保持非常安静，无任何声音；第二组播放古典轻音乐；第三组播放节奏感极强的迪斯科音乐；第四组播放一些赞扬和夸奖植物的话语；第五组播放谩骂和恐吓植物的话语。最后的结果出人意料：第一组收获的豌豆粒数最少；第三组收获的豌豆粒数最多；第二组、第四组和第五组几乎没有差别。

此外，植物对磁信息也有一定的反应，如果在磁场异常的土壤播种，作物会减产。

这是由于植物中的组织和细胞间存在着电位差。因此可以推测，植物是可以感受到电信息的。

4.4.1.2 信息化的动物亚生态系统

根据信息本身的属性，动物亚系统内的信息联系可分为以下4类。

（1）营养信息

在生态系统中，通过食物链或食物网上各节点的种群数量变化而传递的信息，称为营养信息。例如，三叶草（*Trifolium* sp.）依靠土蜂传粉，而土蜂的天敌是田鼠，因为田鼠不仅喜欢吃土蜂的蜜和幼虫，而且常捣毁土蜂的巢，所以土蜂的种群数量直接影响三叶草的传粉因子；而田鼠的天敌是猫。因此，在"猫—田鼠—土蜂—三叶草"这条食物链上能够传递相关的营养信息。如果发现当年的三叶草生长得很茂盛，则可以推测土蜂和猫的数量一定很多，而田鼠的数量很少。

（2）化学信息

在同一生态系统中的各个生物成员之间，通过代谢合成或腺体分泌的化学物质相互传递的信息，称为化学信息。化学信息主要是生命活动的代谢产物以及性外激素等，有种内信息素（外激素）和种间信息素（异种外激素）之分。化学信息在生态系统中是广泛存在的并深刻影响着动物种间和种内的关系，有的相互制约，有的相互促进，有的相互吸引，也有的相互排斥。在动物群落中，利用化学信息不仅可以进行种群间、个体间的识别，还可以刺激动物的性成熟和调节种群出生率。

近年来，对这方面的研究进展较快，逐渐形成了一个分支学科——化学生态学。例如，哺乳动物的外激素主要来源于一些特化的皮肤腺，分泌物气味各异，发挥化学信息的作用。

（3）物理信息

生物发出的声、光、电、色等都属于生态系统中的物理信息。这些信息对生物而言，同样具有警告、恐吓、排斥和吸引的作用，如鸟的鸣叫、狮和虎的咆哮、萤火虫的闪光、动物艳丽的羽毛等。

在生态系统中，声信息是一个非常重要的信息，尤其对动物而言。声信息的特点有多方位性、同步性、瞬时性以及具多变量。

光信息在生态系统中占有重要的地位。在光信息传递的过程中，信源可以是初级信源，也可以是次级信源，太阳是生态系统中光信息的主要初级信源。

在自然界中，许多动物存在放电现象。因此，有些动物可以利用电信息在生态系统中作为活动信号或交流信号。例如，南美洲有一种鱼叫长颌鱼，鱼群之间都靠放电进行信息交流，雌鱼在繁殖期也是通过放电向雄鱼发出信号的。

地球是一个大磁场，动物生活在其中，必然要受到磁力的影响。不同动物对磁场的敏感度是不同的，有些具有迁徙行为的动物依靠磁场定位。

（4）行为信息

在同一生态系统中的生物成员之间（同种动物或异种动物之间）时常会表现出各种行为方式，以表示挑战、威胁、识别、求偶等意图，或通过舔、触摸、振动来传递信息或情感，这些动物的许多特殊行为都可以传递某种特定的信息，即行为信息。动物行为学就是运用遗传学、生态学、进化论、物理学、化学和心理学等学科的理论与方法研究动物行为的一门新兴交叉学科。

4.4.2 生态系统的进化与演替

4.4.2.1 生态系统的进化

像生物有机体存在着个体发育和系统发育一样，生态系统也存在着“个体发育”和“系统发育”的问题，前者属于生态系统演替，后者属于生态系统进化。从大的地质历史时间尺度研究地球上各种生态系统的起源和发展过程，这称为生态系统进化。

地球约诞生于 45 亿年前，根据放射性同位素方法测定，目前已知的最早的生命痕迹的出现于 38 亿～ 34 亿年前，并在 35 亿年前形成了原始细菌。最先出现的细菌，结构较简单，是厌氧菌，当时大气中只有由化学反应产生的微量氧气，大量的氧元素在地壳演化的时期结合为二氧化硅（SiO_2）和水（H_2O）等氧化物，原始的厌氧菌利用当时水中溶解的有机物进行无氧糖酵解。这个时期，地球上还没有形成生态系统。在距今 35 亿～ 33 亿年前，厌氧菌分化为多种类型，它们在无氧的水体和地表繁殖。在太古代，随着厌气菌的兴盛和分化，光合放氧菌（藻）逐渐发展起来，氧化菌逐渐取代厌气菌。到这个时期，地球上出现了最原始、最简单的生态系统，因为有了光合作用可生产有机物，厌氧菌可利用有机物进行无氧糖酵解，完成简单的物质循环，生态系统只有生产者和还原者，但没有消费者。这个时间尺度从距今 35 亿年前后开始，到距今 20 亿年前后结束，历时共 15 亿年之久。

元古代早期，由于光合放氧菌的大量繁殖，蓝藻成为占优势的种类。因光合放氧作用盛行，故大气中的氧含量持续上升。在此条件下，好气菌逐渐繁盛并分化为多种多样的类型。这时形成了藻菌生态系统，此时生态系统中还是没有消费者。元古代中期，约在 15 亿年前，生物界开始出现飞跃性进化，从原核生物中分化发展出原始的真核生物，这就是原生生物类群。此时，地球上出现了最简单的捕食者。元古代后期，单细胞原生生物发展为多细胞群体，大型藻类在水体中繁盛起来；后生动物出现了海绵动物和低等无脊椎动物。从此，地球上有了比较完善的生态系统结构，具有了生产者、消费者和还原者，只是食物链比较简短而已。

古生代是各类植物和动物依次发生、兴旺和更替的时代。在古生代寒武纪，植物界大型的海生古藻类继续繁盛，地表增加了有机物积累。寒武纪是无脊椎动物各主要门类进化发生和兴盛的世纪。根据云南澄江寒武纪化石群中出现的奇虾可知，当时海洋中出现了大型食肉动物，生态系统的消费者的食物链得以大大延长。

当植物登陆后，特别是陆地生态系统形成之后，大大丰富了生物多样性。在生态系统中的 4 种类型的食物链中，捕食食物链是最基本的，也是出现最早的，自从有了异养动物就有了捕食食物链；碎屑食物链虽然主要发生在森林生态系统中，但海底也存在该类型食物链，考虑到生命刚形成时不会在深海里，那些位于海底以碎屑食物为食的动物是为了逃避浅海区的激烈竞争，才慢慢迁移到海底，过着“衣来伸手，饭来张口”的生活；寄生性食物链，毫无疑问是从捕食食物链进化来的，是次生的高级的能量利用方式；同样，腐生性食物链也是次生的高级的能量利用方式，因为腐生植物和食腐动物是为了避免生态位竞争而采取主动适应对策的。

另外，当被子植物在陆地上获得大发展后，有些植物又返回去适应水生环境，甚至在湖泊、河流、海洋中形成沉水植物群落。十分有趣的是，淡水中的苦草［*Vallisneria natans*（Lour.）H. Hara，水鳖科］和海水中的大叶藻（*Zostera marina* L.，大叶藻科）都是单子叶沉水植物，其植物营养体的形态几乎完全相同，均为细长带状的叶片。在不同的水域环境中，尽管面临不同的物理和化学条件，苦草和大叶藻仍然能够保持相似的形态特征，进一步证明了生物多样性的复杂性以及生物体对相似环境压力的适应性。然而，由于生长环境明显不同，它们在生殖对策上还是各自进化出能够高度适应环境的十分特殊的繁殖器官和繁殖策略。

4.4.2.2 生态系统的演替

对于任何一个具体的生态系统，在较短的时间尺度上都存在着发生、发育和演替的问题。从生态系统层次上来讲，群落演替实际上就是构成生态系统的生命成分亚系统的发育过程；当生物群落发展到顶极状态时，生态系统的环境亚系统与生命亚系统之间的关系也达到了高度协调的稳定状态。这种演替是有规律的，有一些指标可作为判断标准。

（1）生态系统的能量学特征

在生态系统发育早期，$P_g/R \geqslant 1$（P_g 为总初级生产量，R 为呼吸量）；而对于成熟稳定的生态系统，P_g/R 接近 1。因此，P_g/R 的比值成为反映生态系统相对成熟度的最好的功能性指标。当生态系统发育成熟后，其群落贮存的生物量最大，而新增生物量积累的速率减小到最低程度，同时生物群落的呼吸量也最高，即能量代谢处于动态平衡。

（2）物质循环的特征

随着生态系统的发育，营养物质的生物地球化学循环向着更稳定的方向发展。系统具有更强的网络联系和调控营养物质代谢的功能，矿物质营养循环由开放型过渡到封闭型（封闭是相对的），系统的物质输入量和输出量接近平衡。

（3）食物网的特征

发育早期的生态系统的食物链结构简单，食物网结构松散；随着生态系统的发育，食物链的节点增多，由单一直线式发展为由同资源种团组成的叉状结构，并以捕食食物链为主；当生态系统发育成熟后，各种群间的相互关系最为复杂，以碎屑食物链和腐生食物链为主。这种复杂的食物网的营养结构，对于生态系统环境的干扰或人为破坏具有较强的抵抗能力和自我调节能力。

（4）群落结构的特征

发育早期的群落的物种多样性低，生态位幅度宽，分层现象不明显且空间异质性低；当群落发育达到顶极时期，物种多样性增加，营养结构复杂化，种群间竞争更为激烈，导致生态位分化强烈，同时，各个种群的生活史更为复杂。

（5）选择压力

在生态系统发育早期，物种少，种群规模小，并且环境资源丰富，选择压力小，这种环境有利于那些具高增殖潜力种群的发展；但到了系统发育的中期和晚期，物种多样性增加，种群不断地扩张与竞争，资源紧张加剧，选择压力大，而这样的环境有利于低增殖潜力和较强竞争力种群的发展。因此，早期的生态系统以种群的个体数量增加为特征；而中晚期的生态系统则以种群的质量（即竞争力）的提高为目的，并且系统的反馈控制功能增强。

（6）稳态

生态系统发育成熟后，其稳定状态主要表现在：系统内部的生物间相互联系密切，系统内部共生现象较普遍，系统具有较强的自我调节功能。根据物质和能量输出系统时的信息是发生了正偏离还是负偏离，系统自身通过调节输入量，可以实现系统新的平衡。生态系统发育得越成熟，系统对外界干扰和破坏的抵抗力就越大，并具有较多的信息量和较高的熵值。任何生态系统对于外界的干扰和破坏后的抵抗力都是有一定限度的，这个最大抵抗力的极限叫阈值。阈值高，抵抗力高，系统的调节能力或修复能力也高，也就是说系统的稳态程度高。

生态系统的稳态是相对的、暂时的、有条件的，因为任何一个生态系统都是有生命周期的。随着生态系统的发育成熟，系统内部各亚系统之间以及各生态因子之间的关系都会发生变化，最终将被另一个生态系统所取代。

根据生态系统的能量收支状况，美国生态学家 E. P. Odum 将生态系统演替按照发育时期分为 3 个类型。

①增长型系统：系统的能量输入大于输出。

②平衡型系统：系统的能量输入近似于输出。

③衰老型系统：系统的能量输入小于输出。

4.4.3　生态系统的平衡

生态系统的平衡是相对的、动态的平衡，是指生态系统的结构与功能相互依存、环境负荷饱满、各组分间相互协调、群落的生产力最大、能量和物质的输入与输出近似相等、信息流畅且控制自如、自我调节能力（抗干扰能力）达到了生态阈值（阈限）的最高值，生态系统的这种稳定状态称为生态平衡，也称自然平衡。

生态系统在发育过程中会遇到干扰，而生态系统对干扰有一定的抵抗能力，但如果干扰程度超过了自身的抵抗能力就难以恢复。另外，系统对干扰的恢复速率也是不同的，这与系统的类型和特征有关。在生态学的相关研究中，生态系统的稳定性通常通过恢复力稳定性、抵抗力稳定性等指标来体现，这些指标能够直接反映生态系统对于外部干扰的抵抗能力和恢复能力，从而准确地评估生态系统的健康状况和稳定性。生态系统的平衡往往是通过负反馈调节作用实现的。负反馈是通过信息调节使系统偏离缩小并趋于正常的一种调节方式，而正反馈是通过信息调节使系统偏离进一步加大的恶性循环状态。

例如，水体受到污染达到致死浓度后，出现鱼死亡的现象；由于鱼的死亡腐烂加剧了水体进一步污染，结果出现较多的鱼死亡——这就是正反馈调节的一种恶性循环，使得系统偏离逐渐加大。当生态系统中有由野草、野兔和狼组成的食物链时，就是一个典型的负反馈调节系统：由于狼的数量下降，捕食压力减轻，野兔数量会迅速上升；野兔多了，食草作用加大，野草资源下降；由于草少了，野兔因食物缺乏而数量下降；当野兔数量减少后，吃草压力小了，野草资源又丰富了，接着野兔数量上升，狼的数量也跟着上升。

当一个生态系统被破坏失去平衡后，我们要认真分析关键因子，只有找准了问题所在，才能够进行人工干预以恢复生态系统平衡。如中国最大的淡水湖鄱阳湖，不仅是众多水生生物和候鸟的栖息地，还在调节气候、涵养水源方面发挥着重要作用。然而，在过去的几十年里，由于人类活动的不断干扰，鄱阳湖的生态系统面临了严峻的挑战，特别是1995年出于防洪和生态修复的考虑，专家建议在鄱阳湖蓄洪区进行植树造林，这一建议的背后是对土地资源的合理利用和生态系统恢复的美好愿景。

但实际上，在湖区进行的植树造林活动虽然初衷是为了生态修复，却最终却导致了未曾预料的生态问题：在植树后的10年里，鄱阳湖蓄洪区的杨树林生长旺盛，一望无际，这些树木虽然在一定程度上起到了防洪作用，但同时也占用了大量的水域面积，影响了湖泊的水文循环和生态系统的自然演替。更为严重的是，这些外来植被可能改变了土壤的结构和性质，对本地物种造成了竞争压力，甚至可能导致了部分物种的灭绝。也就是说，这10年的实践结果并未达到预期目标，相反，它可能破坏了湖区原有的生态平衡，对湖泊的自然环境和生物多样性造成了潜在威胁。

从生态学的角度来看，这一事件反映出了人类在对自然进行干预时可能出现的盲目性和对生态系统复杂性的认识不足。生态系统的平衡是多种生物和环境因素相互作用的结果，任何单一物种的大规模引入都可能打破这种平衡。因此，在进行生态修复或环境保护项目时，必须充分考虑生态系统的整体性和复杂性，避免“头痛医头，脚痛医脚”的简单做法。鄱阳湖植树事件的最终结果是政府下令彻底清除杨树林，以恢复湖泊的自然状态。这一决策无疑是正确的，但也给我们留下了深刻的教训：在未来的生态保护和修复工作中，我们应更加注重科学规划和综合评估，确保每一项措施都能真正促进生态系统的健康和可持续发展。

实际上，对待同一个生态学问题，不同的学者可能有不同的观点，因为他们在看问题时往往会从不同的视角去分析问题，甚至各自都能找到相关的生态学理论依据，只是所强调问题的侧重点不同而已。但作为一名真正的生态学家，在分析问题和解决问题时，不仅要全面地看问题，而且要能够预测事物发展的趋势。

4.5　生态系统生态学与自然资源管理

4.5.1　生态系统生态学在自然资源管理中的作用

4.5.1.1　生态系统生态学有助于资源的可持续管理

生态系统生态学在资源的可持续管理中发挥着不可或缺的作用，它为自然资源的管理奠定了坚实的科学基石，进而推动资源的持久利用。通过详尽剖析生态系统的构造与运行机制，我们能够更深入地洞察资源的流动路径和相互依存的网络，这样的洞察为资源管理者提供了有力的依据，使他们能够设计出更具远见的管理策略，以保障资源在满足当下需求的同时，也能兼顾未来的发展。

在生态系统生态学中，一个核心的观念便是生态系统的稳固性。研究干扰因素对生态系统稳定性的影响，有助于我们预测资源在受损后的恢复潜能，并为制定合理的管理对策提供支撑。举例来说，倘若我们知晓某个生态系统对某些外部扰动具有较强的抵御力，便可以利用这一特性，或是采取模拟性的手段，以降低这些“特定扰动”对关键资源的冲击。

不仅如此，生态系统生态学还着重强调了资源管理与生态系统完整性之间的内在联系。生态系统为人类提供了诸如水源、食物以及气候调节等至关重要的服务，深入探究这些服务的内在机制，对于资源管理者而言，是维护这些服务提供者健康、保障资源可持续性的关键。例如，通过精心保护森林生态系统，我们可以确保水源的品质与供应稳定性，从而满足人们的饮水和农业灌溉需求。

4.5.1.2　生态系统生态学有助于预测和应对气候变化对资源的影响

气候变化对自然资源造成了严重的威胁，但生态系统生态学为我们提供了预测和应对这些影响的有效工具。该学科深入探究了生态系统在面对气候变化时的反应和内部的自我调整策略，这些研究为我们揭示了气候变化下各种资源的可能状况。

在生态系统生态学的研究中，一方面深入探讨了生物多样性在气候变化中的角色：生物多样性可以增强生态系统的稳定性，从而缓冲气候变化带来的冲击。另一方面，该学科还研究了生态系统如何通过内部的物种间互动和生态位的调整来适应不断变化的气候。因此，维护和恢复生物多样性成为了对抗气候变化的关键举措。

通过全面理解气候变化对各类资源的潜在影响，相关部门能够更加明智地规划资源管理策略，这涵盖了农业实践、水资源管理和自然灾害防范等多方面。这不仅有助于降低气候变化对资源的负面影响，还能最大限度地抓住气候变化所带来的新机遇，例如开拓新的农业种植区或开发可再生能源。

4.5.1.3 生态系统生态学有助于优化土地利用规划

土地利用规划在资源管理中占据核心地位，而生态系统生态学则为完善这一规划提供了宝贵的支持：深入探索不同生态系统类型的特性、构造及其功能，管理者能够更精准地把握土地利用决策对生态系统的具体作用；借助生态系统生态学的研究，管理者可以准确地标定那些提供关键生态系统服务的区域，确保在土地规划过程中对这些区域实施特别保护。举例而言，湿地生态系统在净化水资源及调控洪水方面发挥着至关重要的作用，因此在土地利用的整体规划中，必须对其进行重点保护。

同时，对生态系统如何应对土地利用变化的理解，能够帮助管理者预见潜在的生态系统功能衰退和资源供应中断风险。此外，生态系统生态学的研究还为构建可持续城市和基础设施提供了宝贵的指引。如在进行城市规划时，充分考量生态系统的连续性和绿色基础设施的布局，将有助于管理者营造出更加健康、更具可持续性的城市生活环境，并有效降低对资源的过度依赖和压力。

生态系统生态学不仅关注生态系统的现状，还致力于探索如何通过科学合理的土地利用规划，促进生态系统的恢复与提升。例如，在规划中融入生态修复和再生设计的理念，可以助力受损生态系统的复原，增强其服务功能和生态价值。通过综合性规划，我们不仅能够保护现有的生态资源，还能够为未来创造更加丰富多样的生态系统，实现人与自然的和谐共生。

4.5.1.4 生态系统生态学有助于生态系统恢复和生物多样性保护

生态系统生态学为生态系统的复原与生物多样性的维护提供了核心指导原则和实施方法，该学科着重指出了生物多样性对于生态系统功能与稳固性的重要作用。通过深入研究生态系统的构造和运行机制，人们能够洞察受损生态系统的自愈能力并提出相应的修复措施。因此，保护和重建生物多样性成为了维系生态系统良好状态的关键举措。

此外，该学科特别强调了生态系统间的相互作用和功能性生态位的重要性。借助生态系统生态学的理论，人们能够追溯生物多样性下降的根本原因，掌握生物多样性恢复的原理，并评估各种保护与恢复策略的成效。通过维护生态系统间的联系，并为关键物种创造适宜的生存环境，能够有效地促进生物多样性的保护和生态系统的恢复。

4.5.2　生态系统生态学在自然资源管理中应用面临的问题

4.5.2.1　数据不足与不完整带来的挑战

在自然资源管理中应用生态系统生态学，往往需要庞大的数据支持以进行模型构建和决策。但现实情况是，许多区域和生态系统的相关数据并不充足或全面，这种数据的缺失对生态系统的监测与评估工作构成了阻碍，从而影响了资源管理者的决策效能。生态系统生态学的研究需要详尽的地理信息、生物多样性数据及生态系统服务价值的估算等，然而这些信息在很多场合下都难以获取或存在不一致性。此问题不仅增加了资源管理的不确定性，更有可能引导管理者制定出错误的政策与措施。因此，解决数据不足与不完整的问题，是当前生态系统生态学在资源管理方面所面临的重要挑战。

4.5.2.2　多样化的生态系统需求与管理目标

不同区域的生态系统都有其独特性和需求，这意味着生态系统生态学的研究方法和模型必须根据实际情况进行调整。举例来说，湿地生态系统与森林生态系统在提供生态服务及应对外部干扰时，都表现出截然不同的方式。因此，那些具有普适性的生态学模型在应用于不同地区的资源管理时，可能并不适用。同时，多样化的生态系统需求与管理目标也使资源管理者在权衡各方利益与目标时面临挑战。例如，在制定土地利用策略时，需综合考虑农业发展、生物多样性保护及水资源管理等多个层面，这就要求我们在自然资源管理中能灵活应用生态系统生态学的知识，以适应各地和各场景的实际需求。

4.5.2.3　生态系统响应的不确定性与时间滞后性

生态系统生态学面临的另一大挑战在于，生态系统的响应往往充满了复杂性和不确定性。由于生态系统同时受到气候变化、人类活动及自然干扰等多重因素的影响，这些因素的交织使得生态系统的响应变得难以预测。此外，生态系统的响应通常需要较长时间来显现，这与政策和管理决策所期望的即时效果之间存在矛盾。例如，恢复受损的生态系统可能需要数年甚至更长的时间，但政府和相关利益方通常希望尽快看到明显的成效。这种时间上的滞后性，要求资源管理者在制定管理策略时，必须权衡短期目标与长期目标。

4.5.2.4 社会经济与政治因素的影响

在自然资源管理中应用生态系统生态学，不可避免地受到社会经济与政治因素的影响。资源管理决策的制定不仅基于生态学原理，还受到政策导向、相关利益方的诉求及社会经济考量的影响。政策制定者、产业界和社区等都可能对资源管理决策提出自己的要求和利益诉求，这种多元化的利益和政治因素，可能导致资源管理决策的制定过程变得复杂并充满争议。例如，在决定是否保护某个生态系统或开发某种资源时，需要综合考虑环境保护、就业机会及经济增长等多个方面。这就要求我们进行跨学科的合作，并需要政策制定者展现出智慧，以确保资源管理决策既符合生态系统生态学的原则，又能满足社会与经济的实际需求。

4.5.3 生态系统生态学理论在自然资源管理中的应用策略

4.5.3.1 生物多样性保护

生态系统生态学揭示了物种与环境间错综复杂的交互网络。深入了解这些关系，为我们制定科学的保护策略以维护生物多样性提供了坚实基础。保护多种生态系统对于保持生态系统的稳定性和恢复力至关重要，同时，这些生态系统还能为技术进步提供支持。例如，多样化的生态系统不仅能为新材料和药物的研发提供潜在的资源，还能强化授粉服务，对农业的持续发展具有不可忽视的作用。

4.5.3.2 多元化的生态服务供给

随着生态系统生态学研究的深入，我们需要更加关注生态服务，并基于这些服务满足社会发展的多样化需求，如通过供给清洁水源、调节气候和净化空气等多元化的生态服务更科学地利用自然资源。生态系统生态学能有效评估这些服务的价值，并将其融入自然资源管理的决策过程中。借助先进的技术手段，管理者们可以对生态系统进行精准的模拟与监控，为生态可持续性发展奠定基础。例如，利用遥感和地理信息系统全面追踪土地利用的变化，进而评估其对生态服务的影响，使自然资源管理决策更加明智，从而确保整体环境的健康发展。

4.5.3.3 生态恢复与技术应对方案

人类活动导致的生态系统退化亟待恢复，生态系统生态学为我们提供了恢复受损生态系统的必要知识，同时，精准农业、基因工程和栖息地恢复技术等先进技术的应用，也在这一过程中发挥了重要作用。例如，精准农业利用数据驱动的方法优化资源利用，不仅最大限度地减少了对环境的不良影响，还显著提高了农业生产力。

4.5.3.4　应对和适应气候变化的策略

生态系统生态学在揭示生态系统如何应对气候变化方面发挥着关键作用。通过运用碳储存技术和气候建模等先进手段，我们可以有效减小气候变化的影响。此外，基于生态系统的适应策略，如湿地和红树林的恢复，可以为洪水、风暴等极端事件提供天然的缓冲，帮助社区更好地适应不断变化的气候条件。

综上所述，生态系统生态学在自然资源管理中的重要性不言而喻。它为我们提供了深刻的见解和科学的依据，有助于实现资源的可持续管理和保护。通过跨学科的合作与整合，采用可持续的管理原则、基于生态系统服务的管理方法，以及制定适应性的管理策略，我们能够更有效地平衡资源的利用和保护，从而满足当前和未来的需求。

然而，生态系统生态学在自然资源管理中仍然面临诸多挑战，如数据的不足与不完整、生态系统需求的多样性与管理目标的复杂性、生态系统响应的不确定性与时间滞后性，以及社会经济与政治因素的制约。为了克服这些挑战，我们需要持续的努力与广泛的合作，以确保资源管理决策既符合生态系统生态学的原则，又能满足社会与经济的实际需求。最终，通过深化对生态系统的认知并采取综合性的管理策略，我们可以实现资源的可持续利用，保护生态系统的完整性，同时维护人类社会的整体利益。这不仅有助于解决当前面临的资源管理难题，还能为未来的世代留下更为丰富和健康的自然遗产。

第 5 章　景观生态学基本理论及其应用

景观生态学是研究景观结构、功能和变化的科学。本章将介绍景观生态学的基本概念、景观的结构与功能，以及景观格局分析与生态规划的方法，探讨景观生态学在城市规划、土地利用和生态保护中的实际应用。

5.1　景观生态学的基本概念

5.1.1　景观与景观生态学的含义

5.1.1.1　景观的含义

一般意义上，景观是指一定区域呈现的景象，即视觉效果。这种视觉效果反映了土地及土地上的空间和物质所构成的综合体，是复杂的自然过程和人类活动在大地上的烙印。从更广泛的角度来看，景观不仅是自然景色的表现，它还包含了某一区域的综合特征，这包括自然、经济、文化等诸多方面。

在地理学和生态学中，景观有着更为具体的定义。地理学家可能将景观视为一个科学名词，定义为地表景象或综合自然地理区；生态学家则可能将景观定义为生态系统，强调景观中生物与环境的相互作用和整体性；而在艺术领域，景观则常被作为表现与再现的对象，与风景同义。此外，景观还具有类型概念，用于任何区域分类单位。例如，可以根据外部特征的相似性，将不同的地段归为同一类型的景观单位，如草原景观、森林景观等。这一概念强调了景观的规律性和分类意义。

5.1.1.2　景观生态学的含义

景观生态学是研究在一个相当大的区域内，由许多不同生态系统所组成的整体（即景观）的空间结构、相互作用、协调功能及动态变化的一门生态学新分支。它融合了生态学和地理学的理论和方法，以整个景观为对象，研究景观的结构、功能和动态变化。

景观生态学的核心在于研究景观中不同生态系统之间的空间关系、相互作用以及它们与环境的相互关系。这包括物质流、能量流、信息流与价值流在地球表层的传输和交换过程，以及生物与非生物以及与人类之间的相互作用与转化机制。通过这些研究，景观生态学旨在揭示景观格局和生态过程的相互关系及其动态变化规律。同时，景观生态学也关注人类活动对景观的影响以及景观的管理和保护。随着全球性资源、环境问题的日益突出，景观生态学在协调人类与自然关系、实现可持续发展等方面发挥着越来越重要的作用。它不仅是生态学的一个新分支，也是地理学与生态学之间的交叉学科，具有极强的实践性和应用价值（图 5 - 1、图 5 - 2）。

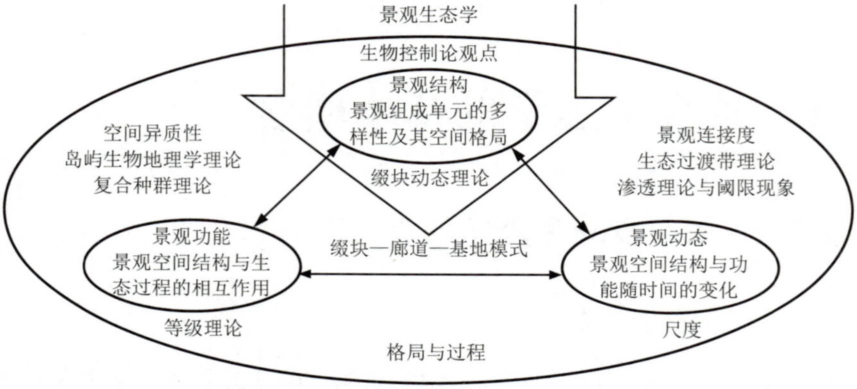

图 5 - 1　景观结构、功能和动态的相互关系以及景观生态学中的基本概念和理论（引自邬建国，2000）

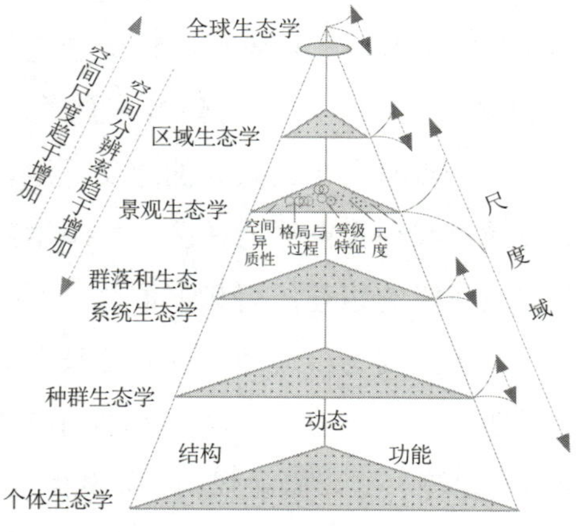

图 5 - 2　景观生态学与其他生态学科的关系以及一些突出特点（引自邬建国，2000）

5.1.1.3　景观与景观生态学的关系

景观和景观生态学之间存在着密切的联系。景观作为一定区域呈现的景象和综合体，是景观生态学研究的对象和基础；而景观生态学则通过运用生态学和地理学的理论和方法，深入研究景观的结构、功能和动态变化，以揭示其内在规律和相互关系。

具体来说，景观生态学通过研究景观中不同生态系统的空间分布和格局、相互作用和关系以及它们的动态变化过程，来揭示景观的整体性、复杂性和多样性。同时，它也关注人类活动对景观的影响以及如何通过科学的管理和保护措施来实现景观的可持续发展。

因此，可以说景观和景观生态学是相互依存、相互促进的关系。景观提供了丰富的研究对象和实践基础，而景观生态学则通过深入研究和实践应用来推动景观的可持续发展和保护。这种关系不仅有助于我们更好地认识和保护自然环境，也为我们提供了一种全新的视角和方法来应对全球性资源、环境等问题提供了重要的理论和实践支持。

5.1.2　景观生态学的主要概念

5.1.2.1　尺度

尺度是指在研究某一物体或现象时所采用的空间单位或时间单位。在景观生态学中，尺度用来衡量某一现象或过程在空间和时间上所涉及的范围和发生频率。简言之，尺度是观察和测量事物的“镜头”或“窗口”，它决定了我们能够看到和理解的生态现象的范围和细节。

在景观生态学中，尺度可以分为以下两类。

（1）空间尺度

空间尺度关注的是所研究生态系统的面积大小或最小信息单元的空间分辨率水平。例如，在景观生态学中，我们可以选择不同的空间尺度来研究，如点尺度（研究单个生态要素）、线尺度（研究线状地貌等空间特征）、面尺度（研究局部景观的空间格局）等。这些不同的空间尺度有助于我们全面理解生态系统的空间结构和功能。

（2）时间尺度

时间尺度关注生态现象或过程动态变化的时间间隔。在景观生态学中，时间尺度的选择对于理解生态系统的演替、恢复和稳定性等具有重要意义。例如，研究森林生态系统的长期演替可能需要几十年甚至上百年的时间尺度，而研究短期内的生态恢复则可能只需几年或十几年。

尺度在景观生态学中的重要性不言而喻。首先，选择合适的尺度是确保研究结果的准确性和可靠性的关键，尺度选择不当可能导致对生态现象的误解或忽视重要细节；其次，尺度还影响着我们对生态系统管理和保护策略的制定。例如，在较大尺度上制定的保护策略可能不适用于小尺度的生态系统管理。

在实际应用中，景观生态学家会根据研究目的和对象选择合适的尺度。例如，在研究城市绿地系统的生态效益时，可能需要采用城市或区域尺度；而在研究某个具体公园或绿地的生态功能时，则可能采用更小的尺度。此外，随着遥感技术和地理信息系统的发展，多尺度分析和建模已成为景观生态学研究的热点领域之一。

5.1.2.2　空间异质性和斑块性

（1）空间异质性

空间异质性是指生态学过程和格局在空间分布上的不均匀性及复杂性。它描述了一个区域内不同地点之间环境条件和生态特征的差异。这种异质性可以体现在多个方面，如土壤性质、植被类型、水资源分布等。空间异质性是景观生态学中的一个核心概念，它反映了自然景观的多样性和复杂性。

空间异质性的程度对生态系统的稳定性和生物多样性有着重要影响。高空间异质性通常意味着更多的生态位和更复杂的生态关系，为生物提供了更多的栖息地和食物来源，从而能够支持更多的物种共存，有助于生物多样性的维持。

以森林生态系统为例，空间异质性体现在不同树种在空间上的分布差异、林分密度的动态变化以及林下植被的丰富多样性等多个方面。在森林景观中，可能同时存在针叶林、阔叶林甚至混交林等多种类型的林分，这些不同类型的林分在空间上形成了一种镶嵌式的分布格局。此外，森林中的土壤性质、水分条件等也会因地理位置的不同而呈现出显著的空间异质性。这种空间异质性对于森林生态系统的稳定性和生物多样性至关重要。它提供了多种生态环境，使得不同的物种能够找到适合自己的栖息地。同时，空间异质性还有助于降低病虫害的传播速度和影响范围，因为不同类型的林分对病虫害的抵抗力和传播途径存在差异，能减缓病虫害的扩散速度。

（2）斑块性

斑块性是景观格局的基本组成单元，它指的是不同于周围背景的、相对均质的非线性区域。在自然景观中，斑块可以是由不同植被类型、土壤类型或地形特征等形成的独立区域。斑块的大小、形状、边界性质以及斑块之间的距离等空间分布特征构成了不同的生态带，对生态系统的过程和功能产生重要影响。斑块的定义和特性可以通过几个关键指数来描述。

①斑块数量（NP）：景观中斑块的数目。

②斑块密度（PD）：斑块的数量与景观面积的比值。

③最大斑块面积指数（LPI）：最大斑块占景观面积的比例。

④斑块形状指数（LSI）：斑块的形状越偏离正方形时，LSI 的值越大。

这些指数帮助我们更好地理解和分析景观中的斑块分布和结构，从而评估景观的异质性、连接度和生态功能。

斑块性在生态系统中起着至关重要的作用。首先，它为不同物种提供了特定的栖息地和繁殖场所；其次，斑块之间的相互作用和联系也影响着生态系统的物质循环和能量流动；最后，斑块性还是生物多样性维持的重要因素之一。

以草原生态系统为例，其多样性的植被类型（如禾本科草本植物、豆科植物等）与独特的地形特征（如丘陵、洼地等）共同形成了多个独立且独特的斑块。这些斑块在大小、形状和边界性质上都有所不同，从而构成了复杂的草原景观格局。这些斑块为不同的动植物提供了多样化的栖息地和食物来源。例如，某些昆虫可能更倾向于在特定的植被斑块中觅食和繁殖，而某些鸟类则可能选择在开阔的草地上筑巢。此外，斑块之间的相互作用也影响着草原生态系统的物质循环和能量流动。例如，风力和水力等自然过程会将一个斑块的物质和能量传递到另一个斑块中，从而维持生态系统的动态平衡。

（3）空间异质性与斑块性的关系

空间异质性和斑块性在景观生态学中紧密相连，斑块性是空间异质性的一种表现形式，它反映了生态系统中不同生境的分布和组合。

空间异质性描述了整个景观区域内环境和生态特征的不均匀分布，而斑块性则是这种不均匀分布的具体体现，而且它们都强调对尺度的依赖性。在一个具有高度空间异质性的景观中，通常会存在多个不同类型的斑块，这些斑块相互交织、相互影响，共同构成了复杂的生态系统。例如，森林斑块可能与周围的草地、湿地或农田斑块形成鲜明对比，为不同物种提供了多样化的栖息地。

5.1.2.3　格局与过程

（1）格局

通常指的是景观的空间格局，即景观要素在空间上的排列和组合方式。这些要素包括不同类型的斑块、廊道和基质等，它们在空间上呈现出特定的分布模式和相互关系。格局是景观异质性的具体体现，反映了各种生态过程在不同尺度上的综合作用结果。

影响基本生态过程的空间格局基本参数有 4 个，分别为斑块大小、斑块形状、斑块密度和斑块的分布构型，除了这 4 个主要参数外，空间格局还包括空间异质性、空间相关性和空间规律性等内容。这些方面共同构成了生态系统的空间结构并影响着各种生态过程。例如，空间异质性高的区域通常生物多样性也更高，因为不同的微环境为多种物种提供了适宜的栖息地。

（2）过程

过程是指景观中发生的各种生态相互作用、物质流动和能量传递的动态变化。这些过程包括物质循环、能量流动、生物交互作用以及时间演替等，它们共同维持着景观生态系统的稳定和功能。

根据涉及的主要生态要素和机制不同，生态过程可以分为多种类型。

①物质循环过程：如水循环、碳循环和营养物循环等，它们将物质从生态系统中转移到环境中或其他生态系统中，维持着生态系统的结构和功能。

②能量流动过程：主要指光能转化为化学能并被生物利用的过程，这是生态系统运转的基础动力。

③生物交互作用过程：包括竞争、捕食、寄生和互利共生等关系，这些关系构成了生态系统中的食物链和食物网，维持着生态系统的稳定和多样性。

（3）格局与过程的关系

在景观生态学中，格局与过程是密不可分的。格局决定了过程的发生条件和空间范围，过程则不断改变着格局的状态和特征。两者相互作用、相互影响，共同推动着景观生态系统的演化和发展。例如，在森林生态系统中树木的空间分布格局（格局）会影响风、光照等资源的分布，进而影响树木的生长和繁殖（过程）；而这些生长和繁殖过程又会逐渐改变树木的空间分布格局（格局的变化）。因此，在研究景观生态学时需要综合考虑格局和过程两个方面，以全面理解生态系统的结构和功能。

5.1.2.4 景观多样性

景观多样性是生态学中的一个核心概念，它涵盖了斑块多样性、类型多样性和格局多样性 3 个方面。这一概念体现了生态系统中不同景观元素和生态系统的空间结构、功能机制和时间动态的多样化或变异性。

（1）斑块多样性

斑块多样性是指景观中斑块的数量、大小和形状的多样性和复杂性。景观中斑块的数量和大小对生态过程有着显著影响。数量众多的斑块提供了更多的生态位，支持更多的物种共存。同时，斑块的大小也影响着物种的分布和生产力水平。一般来说，大型斑块能够支持更多的物种，因为它们提供了更广阔的生活空间和资源。此外，大型斑块还有利于保护内部物种免受外部干扰，从而维持生态系统的稳定性。

斑块的形状同样重要。形状复杂的斑块具有更长的边缘，增加了与其他生态系统的接触面积，促进了物质和能量的交换。这种边缘效应不仅丰富了物种多样性，还增强了生态系统的抵抗力。同时，不同形状的斑块对风和光照等环境因素的分布也有显著影响，从而间接影响生物的生长和繁殖。

斑块作为景观的基本组成单元，其多样性直接影响着生态系统的稳定性和功能。

（2）类型多样性

类型多样性是指景观中不同类型的丰富度和复杂度。这种多样性不仅体现在不同的植被类型、土壤类型中，还包括各种生态系统之间的相互作用和联系。

①植被与土壤多样性：景观中的植被类型和土壤类型是构成类型多样性的基础。不同的植被类型提供了不同的生态环境，支持着多样化的生物群落。而土壤类型的多样性则直接影响着植被的分布和生长状况，进而影响着整个生态系统的结构和功能。

②生态系统相互作用：在复杂的景观中，不同类型的生态系统之间存在着密切的相互作用，包括物质交换、能量流动以及生物间的竞争与合作等。这些相互作用共同维持着生态系统的平衡与稳定，并促进了生物多样性的发展。

（3）格局多样性

格局多样性关注的是景观类型空间分布的多样性以及不同类型之间的空间关系和功能联系。这种多样性对于生态系统的整体功能和稳定性具有重要影响。

①空间分布与镶嵌：景观中的不同类型往往以特定的方式镶嵌在一起，形成了复杂的空间格局。这种格局影响着物种之间的迁移、扩散以及物质和能量的流动。例如，农田、森林和水体等不同类型的镶嵌方式直接影响着生态系统的生产力和稳定性。

②功能联系与动态过程：功能联系包括食物链、物质循环和能量流动等生态过

程。一个健康的生态系统需要这些过程保持平衡和稳定，而格局多样性正是维持平衡的关键因素之一。

5.1.2.5 景观边界与边缘效应

（1）景观边界的概念与特性

景观边界是指在特定时空尺度下，相对均质的景观之间存在的异质性过渡区域。这些边界不仅是两种或多种景观类型之间的简单分隔线，也是具有复杂生态功能和特性的地带。它们可能由自然因素（如地形变化、土壤类型差异等）或人为活动（如土地利用方式的改变等）形成，对生态系统的物质循环、能量流动和生物多样性有着重要影响。

景观边界的特性主要包括以下几个。

①过渡性：边界是两种或多种景观类型之间的过渡区域，它具有介于相邻景观类型之间的特性，既不是纯粹的这一类型，也不是纯粹的那一类型，而是两者的融合与过渡。

②动态性：景观边界不是静态的，而是随着时间和环境条件的变化而发生变化。例如，季节性的气候变化、土壤侵蚀、植被演替等自然过程，以及人类活动的干扰，都可能导致景观边界的移动或性质的改变。

③生态功能重要性：景观边界通常具有丰富的生物多样性，因为这里是不同生态系统的交汇点，提供了多样化的生态环境和生态位。此外，边界区域也是物质循环和能量流动的重要通道，对维持整个生态系统的稳定和平衡起着关键作用。

（2）边缘效应的概念与表现

边缘效应最初是指群落交错区物种丰富度增加的现象。在景观生态学中，边缘效应是指斑块边缘与内部生境方面的差异，以及边缘种与内部种分布上的差异。这种效应在生态交错区（也称为生态过渡带或边缘）表现尤为明显，这些区域是相邻两种景观要素直接相互作用的场所。

边缘效应的表现主要包括以下几种。

①生物多样性增加：由于边缘区域提供了多样化的生态环境，因此往往能够吸引和容纳更多的物种。这些物种可能包括边缘特有的物种、适应多种环境的广适性物种以及从相邻生态系统中扩散而来的物种。

②生态过程强化：在边缘区域，物质循环、能量流动等生态过程往往更加活跃。例如，风、水等自然因素在边缘区域的交互作用可能更加复杂，从而促进了物质的

混合和交换。

③微气候变化：由于边缘区域的环境条件与相邻生态系统有所不同，因此可能形成独特的微气候环境。这种微气候环境可能对植物生长、动物行为等产生显著影响。

5.1.2.6 斑块—廊道—基底模式

斑块—廊道—基底模式是景观生态学中的一个基本模式，用于解释景观空间结构。这一模式由美国生态学家福尔曼（R. Forman）和法国生态学家戈德伦（M. Godron）在观察和比较各种不同景观后提出，被广泛认可为适用于荒漠、森林、农田、草原、郊区及城市等各类景观的通用框架。该模式有助于分析和判别景观结构，理解结构与功能的关系，以及为改变景观提供了一种通俗、简明和可操作的“空间语言”。

斑块—廊道—基底模式不仅为景观生态学提供了理论基础，还深刻影响了我们对自然与人类活动相互作用下景观变化的认识。在这一框架下，斑块作为景观中的异质空间，可以是森林中的空地、农田中的池塘，也可以是城市中的公园，它们以其独特的生态功能和价值镶嵌在基底之中，并通过廊道进行交流，成为景观多样性的重要体现。

（1）斑块

斑块是指不同于周围背景的、相对均质的非线性区域，它反映了系统内部和系统间的相似性或差异性。在自然界中，各种等级系统都存在着时间和空间的斑块化。不同斑块的大小、形状、边界性质以及斑块的距离等空间分布特征，构成了不同的生态带，进而影响着生态系统的差异和生态过程。例如，在森林景观中，一个由特定树种组成的林分就可以被视为一个斑块，这片林分的面积、形状以及与周围环境的对比度，都会对其内部的生物多样性和生态过程产生影响。同样，在城市环境中，一个公园或者一个住宅小区也可以被视为一个斑块，其内部的环境条件、植被覆盖、人口密度等都会与周围环境形成对比。

（2）廊道

廊道在景观生态学中是指不同于周围景观基质的线状或带状景观要素。根据廊道的形态和功能，可将其分为线状廊道、带状廊道和河流廊道等。廊道在生态系统中起着连接不同斑块、促进物种迁移和能量流动的重要作用。自然界中的河流、山谷、林带等自然廊道不仅促进了物种的迁移与交流，还维护了生态系统的稳定性与连续性。以河流为例，它作为一种典型的廊道类型，不仅为水生生物提供了栖息地，还通过水流连接了上游和下游的生态系统。此外，在城市规划中，绿化带或道路绿化也可以被视为廊道，它们为城市居民提供了休闲空间，同时也有助于改善城市环境。

（3）基底

基底是景观中最广阔、连续的部分，构成了景观的基本骨架。在大多数情况下，基底的变化往往伴随着景观整体格局的演变，基底对景观的整体结构和功能起着主导作用。例如，在森林景观中，广袤的森林区域就是基底，它决定了该景观的主要生态特征和功能；而在城市景观中，密集的建筑群和道路网络可能构成基底，对城市的整体环境和生态过程产生深远影响。

高尔夫球场常被视为绿地空间，但由于其内部存在大片的草坪和人造障碍物，因此也可能破坏原有的生境连通性，然而，通过合理规划和管理，高尔夫球场也可以成为实践斑块—廊道—基底模式的典型案例。例如，在高尔夫球场的边缘种植乔木、灌木和草本植物形成自然的廊道，这些廊道不仅美化了环境还提供了动物迁移的通道；同时，球场内部的各个球洞区可以视为不同的斑块，它们通过廊道相互连接并与周围的自然环境相融合。

因此，斑块—廊道—基底模式不仅是分析景观结构的有效工具，更是指导景观规划与管理的重要理论依据。在城市化进程不断加快的今天，如何合理利用斑块、廊道与基底的关系，构建城市绿地网络，建设生态友好型城市景观，已成为亟待解决的问题。通过运用斑块—廊道—基底模式，可以有效地增加城市中的生态连通性并提升城市生态环境质量。例如，在城市中设置不同的生态斑块如湿地、森林和草地等，并通过具有植被覆盖的廊道将这些斑块连接起来形成一个完整的绿地网络。这样的规划不仅为城市居民提供了休闲和娱乐的场所，还能有效地促进物种的交流和迁移，从而维护城市生态系统的稳定性和多样性。

5.2 景观的结构与功能

5.2.1 景观格局

5.2.1.1 景观格局的概念

景观格局一般指其空间格局，即大小和形状各异的景观要素在空间上的排列和组合，这包括景观组成单元的类型、数目以及空间分布与配置。它是景观异质性的具体体现，又是各种生态过程在不同尺度上作用的结果。简言之，景观格局揭示了景观要素如何在空间中分布和相互关联。

景观格局的研究在生态学中占有举足轻重的地位，特别是在景观生态学中，它被视为一个核心的研究焦点。这一概念强调空间异质性、生态学过程和尺度的相互关系，这是景观生态学与其他生态学科的主要区别之一。通过研究景观格局，我们可以更深入地理解生态学过程，并预测生态系统的动态变化。

5.2.1.2　景观格局的类型与特点

景观格局的类型多样，可以从不同的角度进行分类。但最常见的是根据景观要素的空间分布关系来划分，如均匀型分布格局、团聚式分布格局、线状分布格局等。这些格局类型反映了不同的生态学过程和空间异质性。

①均匀型分布格局：在这种格局中，某一特定类型的景观要素之间的距离相对一致。例如，在中国北方的农村，由于人均占有土地相对平均，村落往往是均匀地分布于农田之间，形成了一种典型的均匀型分布格局。

②团聚式分布格局：这种格局中，同一类型的斑块会聚集在一起，形成大面积的分布。例如，在许多亚热带农业地区，农田往往聚集在村庄附近或道路一侧，形成明显的团聚式分布。

③线状分布格局：同类型的斑块或生态系统呈线形排列。这种格局在自然景观和人为景观中都很常见，如河流、道路或输电线路的沿线分布。

这些格局类型在自然界中广泛存在，且随着时间和空间的变化而演变。此外，景观格局还具有多层次性和动态性。多层次性体现在不同尺度上，从微观到宏观，景观格局都表现出不同的特点和规律；动态性则指景观格局随着时间的推移而发生变化，这种变化可能由自然因素（如气候变化、地质运动）或人为因素（如土地利用变化、城市化进程）驱动。

5.2.1.3　景观格局的生态学意义

景观格局作为景观异质性的具体表现，对生态系统的功能和动态具有重要影响。首先，景观格局影响着物种的分布和迁移。不同的景观格局类型可能为不同的物种提供适宜的栖息地或迁移通道。其次，景观格局还影响着生态系统的物质循环和能量流动。例如，在线状分布格局中，河流等线状要素可能成为物质和能量流动的重要通道。最后，景观格局也是生态系统管理和保护的重要依据。通过分析和优化景观格局，我们可以更有效地保护生物多样性、恢复退化生态系统并促进生态系统的可持续发展。

5.2.2 影响景观格局形成的主要因素

景观格局的形成是一个复杂的过程，受到多种因素的共同影响。

5.2.2.1 自然因素

自然因素对景观格局的形成起着至关重要的作用。这些因素包括气候、地形、水文等，它们对地表植被、土壤种类和水系统的分布、数量和质量产生深远影响。

（1）气候

气候条件决定了植被的生长周期、种类和分布。例如，热带雨林气候下的景观格局通常呈现出茂密的植被覆盖，而干旱气候地区则可能形成荒漠或草原景观。

（2）地形

地形的起伏和变化直接影响植被的分布和类型。在山区，随着海拔的升高，植被类型会发生显著变化，形成明显的垂直地带性景观格局。而在平原地区，地形较为平坦，景观格局可能更加均匀。

（3）水文

水资源的分布和流动对景观格局的形成也有重要影响。河流、湖泊等水体的存在往往决定了周边植被的类型和分布。例如，湿地生态系统通常围绕水体形成独特的景观格局。

以黄土高原为例，该地区的地形复杂，沟壑纵横，气候干旱且降水集中。这些自然因素共同作用下，形成了独特的黄土高原景观格局，包括梁峁、沟壑、塬面等多种地貌类型，以及与之相适应的植被分布。

5.2.2.2 人类活动

人类活动是影响景观格局形成的另一重要因素。随着人口的增长和社会的发展，人类活动对自然景观的干预越来越强烈。

（1）城市化

在城市化进程中，大量的自然土地被转化为建设用地，城市扩张导致景观格局的显著变化。例如，城市绿地的减少、道路和建筑物的增加等都会改变原有的景观格局。

（2）农业活动

对景观格局的影响主要体现在农田的开垦和农作物的种植上，农田的整齐划一和农作物的季节性变化都会形成特定的景观格局。

（3）林业和草场管理

森林砍伐、植树造林以及草场的放牧和管理等活动都会直接影响景观格局的形成。例如，大规模的森林砍伐可能导致森林景观的破碎化，而植树造林则有助于恢复和构建新的森林景观格局。

以长江三角洲地区为例，随着城市化进程的加速，该地区原本的农田和湿地景观被大量建设用地所取代，形成了新的城市景观格局。同时，农业活动的集中和规模化也改变了农村地区的景观格局。

5.2.2.3 自然资源利用与保护政策

政府对自然资源的合理利用和保护所制定的政策对景观格局的形成也具有重要意义。

（1）土地利用政策

政府通过制定土地利用规划和政策来引导土地资源的合理利用。例如，限制建设用地无序扩张、保护基本农田等政策措施都有助于维护良好的景观格局。

（2）生态保护政策

政府设立自然保护区、生态公园等，旨在保护特定区域的自然景观格局免受人类活动的破坏。这些政策措施对于维护生物多样性和生态平衡具有重要意义。

（3）税收政策

政府通过调整税收政策来引导企业和个人的行为，从而间接影响景观格局的形成。例如，对环保行为提供税收优惠，对破坏生态环境的行为加征税收等。

以三江源国家公园为例，政府通过设立自然保护区并实施严格的生态保护政策，有效保护了该地区的自然景观格局和生物多样性。这些政策措施对于维护三江源地区的生态平衡和可持续发展具有重要意义。

5.2.3 斑块的结构和功能特征

5.2.3.1 斑块的主要类型和成因

在景观生态学中，斑块是指与周围环境在外貌或性质上不同，并具有一定内部均质性的空间单元。斑块在自然界中广泛存在，对生态系统的结构和功能产生重要影响。

（1）斑块的主要类型

根据斑块的起源和特性，可以将其分为干扰斑块、残留斑块、环境资源斑块和引入斑块 4 种主要类型。

①干扰斑块：主要是由于局部性的干扰事件形成的，如森林中小范围的树木死亡。这种干扰可能是自然的（如风暴、病虫害）或人为的（如砍伐、火灾）。干扰斑块通常具有较短的寿命，随着干扰事件的消失而逐渐消亡。然而，如果干扰反复发生或持续时间较长，斑块可能会持续存在。例如，森林中因病虫害导致的局部树木死亡区域，或者因山火形成的烧焦地带。

②残留斑块：当大面积的土地受到干扰（如森林大火、农业转换等），只有局部区域未受干扰而幸存下来，形成残留斑块。残留斑块通常包含了原始的生态系统特征和物种组成，因此具有较高的生态价值。然而，由于周围环境的改变，这些斑块可能面临孤立和退化的风险。例如，大火后森林中幸存的未燃烧区域，或者城市化进程中保留的小块自然绿地。

③环境资源斑块：是由于环境资源（如土壤类型、地形条件、水分状况等）在空间分布上的不均匀性导致的。这些斑块反映了自然环境的长期演变和地理特征。环境资源斑块通常具有较为稳定的边界和较长的寿命。它们对生态系统的物种组成和分布具有重要影响，往往成为特定物种的栖息地或迁徙通道。例如，草原上的湿地斑块，或者山区中的特定土壤类型区域。

④引入斑块：是由于人类有意或无意地将动植物引入某些地区而形成的局部生态系统。这种引入可能是为了农业、园艺、观赏等目的。引入斑块通常具有明显的人工特征，其物种组成和结构与周围的自然环境有区别。这些斑块可能对当地的生态系统产生正面（如提供新的生态服务）或负面（如引入外来入侵物种）的影响。例如，城市中的绿化带、公园或植物园，以及农田中的外来作物种植区。

（2）斑块的成因分析

斑块的成因多种多样，可以归纳为自然因素和人为因素两大类。自然因素包括气候变化、地形地貌、自然灾害等；人为因素则包括农业活动、城市化进程、工业污染等。这些因素通过改变局部环境的物理、化学和生物条件促使斑块的形成和发展。

以森林生态系统为例，不同类型的斑块在该系统中均有体现。如森林火灾后形成的残留斑块，保留了原始的植被和土壤特征；而由于土壤类型差异形成的环境资源斑块，则可能为特定物种提供独特的栖息地；此外，人为引入的树种也可能形成引入斑块，改变森林的物种组成和结构。

5.2.3.2 斑块的结构特征和生态学功能

斑块作为景观生态学的基本组成单元，其结构特征和生态学功能对于理解和管理生态系统具有重要意义。以下将从“种—面积”关系理论和岛屿生物地理学理论、边缘效应、斑块结构与生态系统过程，以及斑块形状及其生态效 4 个方面进行详细叙述。

（1）“种—面积”关系理论和岛屿生物地理学理论

“种—面积”关系是指随着区域面积的增加，物种数量也相应增加的现象，岛屿生物地理学理论进一步量化了这一关系，提出物种丰富度（S）与岛屿面积（A）之间的数学关系。这一理论不仅适用于真正的岛屿，也可扩展至任何被隔离的生态系统斑块，包括森林片段、湿地等。根据该理论，斑块面积越大，所能支持的物种数量通常也越多，因为更大的面积提供了更多的生态位和资源，从而允许更多的物种共存。

岛屿生物地理学理论还强调了隔离程度对物种丰富度的影响：一个相对孤立的斑块可能由于缺乏基因流和物种迁移而受到限制，导致物种多样性降低；相反，与周围生态系统有良好连接的斑块则可能拥有更高的物种多样性。

（2）边缘效应

边缘效应是指在两个或多个不同性质的生态系统交互作用处，由于生态因子的差异和协同作用而引起的系统组分及行为的较大变化。在斑块结构中，边缘效应表现为斑块边缘与核心区域在物种组成、生产力、生物多样性等方面的显著差异。

边缘效应可以是正面的，如提高生产力和物种多样性；也可以是负面的，如导致某些物种的消失或生态失衡。这种效应的强度取决于斑块的大小、形状、边界性质以及与周围环境的对比度等多种因素。

在生态系统中，边缘效应可能促进不同生态系统之间的物质、能量和信息交流，从而增强生态系统的韧性和适应性。但过度的边缘效应也可能导致生态系统破碎化和生物多样性丧失。

（3）斑块结构与生态系统过程

斑块结构对生态系统过程具有重要影响：第一，斑块的大小和分布可以影响物种的迁移和扩散。大型斑块通常能支持更多的物种和更复杂的生态关系，而小型斑块则可能限制物种的生存空间和资源获取。第二，斑块的形状和边界特性也会影响生态系统的物质循环和能量流动。例如，复杂的斑块形状可能增加边缘长度，从而增强边缘效应的影响。第三，斑块的边界渗透性也会影响物种之间的交流和生态系统的稳定性。第四，斑块的空间配置（如聚集度、连接度等）对生态系统的整体功能和稳定性具有关键作用。高度聚集的斑块可能促进物种之间的相互作用和基因交流，而分散的斑块则可能导致生态系统服务的碎片化。

（4）斑块形状及其生态效应

斑块形状是影响其生态学功能的重要因素之一，不同形状的斑块对物种多样性、生态系统过程和景观美学价值等具有显著影响。

一般来说，形状规则的斑块（如圆形、正方形）具有较低的边缘效应，因为它们的边界相对简单且易于管理，但这种形状的斑块可能限制了物种多样性和生态系统复杂性。相比之下，形状不规则的斑块（如狭长形、弯曲形等）具有更高的边缘效应，因为它们提供了更多的生态位和栖息地类型，从而支持更高的物种多样性。此外，斑块形状还会影响生态系统的物质循环和能量流动。例如，在狭长形的斑块中，物质和能量可能更容易沿着长轴方向流动，而在圆形或方形斑块中则能更加均匀分布。

5.2.4 廊道、网络与基底的结构和功能特征

5.2.4.1 廊道的结构和功能特征

在景观生态学中，廊道作为一种特殊的景观元素，扮演着连接、分隔以及多种生态服务功能的角色。廊道指不同于两侧基质的狭长地带，具有通道和阻隔的双重作用。所有的景观都会被廊道分割，同时又被廊道连结在一起，其结构特征对一个景观的生态过程有强烈的影响。

（1）廊道的类型

廊道在形式上可分为多种类型，这些类型主要基于其空间布局、构成材料和功能特点。常见的类型有 3 种。

①绿色带状廊道：这类廊道通常以自然景观为主，如公园廊道、风景林带廊道和防护林带廊道。它们以绿色植被为主体，形成连续的生态走廊，有助于维护生物多样性和提供生态服务。

②绿色道路廊道：这类廊道主要沿道路分布，包括道路绿化廊道和林荫休闲廊道。它们不仅美化了道路环境，还提供了生物迁移的通道。

③绿色河流廊道：这类廊道与河流紧密相关，如滨河公园廊道、滨河绿带廊道

和滨江绿带廊道。它们对于保护河流生态系统、净化水质和提供休闲空间具有重要作用。

从功能角度，廊道还可以分为自然型生态廊道、娱乐型生态廊道、文化型生态廊道和综合型生态廊道。这些分类体现了廊道在生态保护、休闲娱乐和文化传承等方面的多重功能。

（2）廊道的结构特征

廊道的结构特征对于其生态功能的发挥至关重要。以下是一些关键的廊道结构特征。

①廊道长度：廊道的长度影响其生态连通性和物种迁移的能力。较长的廊道通常能提供更连续的生态空间，有助于物种的长距离迁移。

②廊道宽度：宽度决定了廊道内部生态环境的多样性和稳定性。较宽的廊道能容纳更多的生物群落，提供更丰富的生态位。

③廊道曲度：曲度影响着廊道的生态功能和美学价值。弯曲的廊道能增加边缘效应，提供多样化的生态环境。

④内部主体与道路的连接关系：决定了廊道的可达性和使用效率。良好的连接关系能促进生物和人类的流动与交流。

⑤周遭嵌块体的位置与环境坡度：这些因素影响着廊道与周围环境的相互作用，合理的位置和环境坡度有助于廊道与周围生态系统的协调共生。

（3）廊道的功能特征

廊道在景观生态中具有多种功能，这些功能对于维护生态系统的稳定性和提供生态服务至关重要，其主要功能如下。

①生物多样性保护：廊道作为生物迁移的通道，有助于维护生物多样性。它们为物种提供了迁徙、繁殖和觅食的空间，促进了生物种群的基因交流。

②生态连接与分隔：廊道在景观中起到了连接和分隔的双重作用。一方面，它们连接了不同的生态系统，促进了生态流的传递；另一方面，它们也分隔了不同的生态区域，维持了生态系统的独特性。

③过滤污染物与水土保持：绿色廊道能够通过植被的吸收和过滤作用，减少地表径流中的污染物；同时，植被的根系也有助于固定土壤，防止水土流失。

④微气候调节：廊道中的植被可以通过蒸腾作用调节周围环境的温度和湿度，改善微气候条件。

⑤休闲与审美价值：廊道作为城市绿地的重要组成部分，为市民提供了休闲游

憩的场所；其独特的景观设计也提升了城市的美学价值。

5.2.4.2 网络与基底的结构和功能特征

在景观生态系统中，网络与基底是构成整个系统的两大基础元素。网络主要由廊道、斑块等景观元素通过一定的空间关系连接而成，形成复杂的生态交错区，而基底则是景观中面积最大、连通性最好的部分，它构成了景观的背景。这两者在结构和功能上各有特点，同时又相互影响，共同维持着景观生态系统的稳定性和多样性。

（1）网络的结构和功能特征

①结构特征：具体如下。

连接性：网络通过廊道、斑块等元素的相互连接，形成了一个错综复杂的系统。这种连接性不仅体现在地理空间上，还体现在生态过程中，如物质循环、能量流动和信息传递等。

多样性：网络中的元素种类和数量众多，包括不同类型的廊道（如河流、道路、绿带等）和斑块（如森林、湖泊、农田等）。这种多样性为生态系统提供了丰富的生境和生态位，有助于维持生物多样性。

层次性：网络结构具有明显的层次性，从微观的个体生态关系到宏观的景观格局，各个层次之间相互关联、相互影响。

②功能特征：具体如下。

生态流通道：网络作为生态系统中物质、能量和信息流动的重要通道，促进了生态系统内部的交流和循环。例如，动物可以通过廊道进行迁移和觅食，植物种子可以通过风、水等媒介在网络中传播。

生物多样性维护：网络的多样性和复杂性为生物提供了多样的生境和避难所，有助于保护生物多样性；同时，网络中的廊道和斑块可以作为生物的栖息地或繁殖场所。

生态服务提供：网络结构通过调节气候、净化水质、提供休闲空间等方式为人类提供多种生态服务。例如，城市中的绿带和公园等绿色网络元素可以改善城市环境，提高居民的生活质量。

（2）基底的结构和功能特征

①结构特征：具体如下。

广阔性：基底作为景观的背景，通常占据较大的面积，是景观中最主要的组成部分。这种广阔性为生态系统提供了稳定的基础。

连续性：基底在空间上通常具有较好的连续性，这使得它能够在生态系统中发挥重要的连接和支撑作用。

均质性：相对于网络中的其他元素，基底在性质上通常较为均一，这有助于维持生态系统的稳定性和可预测性。

②功能特征：具体如下。

生态支撑：基底为生态系统中的其他元素提供了必要的环境和资源支持。例如，森林基底可以为动植物提供栖息地和食物来源。

环境调节：基底通过其广阔的面积和连续的空间分布，对气候、水文等环境因素具有重要的调节作用。例如，大面积的森林基底可以调节气温、增加降水等。

资源储备：基底作为生态系统中的主要组成部分，通常蕴含丰富的自然资源，如木材、药材等。这些资源对于人类的经济和社会发展具有重要意义。

（3）网络与基底的关系及相互影响

在景观生态系统中，网络和基底之间并非孤立存在，而是相互关联、相互影响的。网络中的廊道和斑块可以嵌入到基底中，形成复杂的生态交错区；基底也为网络中的元素提供了必要的环境和资源支持。这种相互关系使得整个生态系统更加稳定、多样和具有韧性。

5.2.5　景观镶嵌体格局与生态过程

景观镶嵌体即由各种不同类型的生态系统所组成的地理空间格局，是生态学研究中的重要概念。这种镶嵌体格局与生态过程之间存在着密切的联系，二者相互影响，共同塑造着自然界的多样性与复杂性。

5.2.5.1　景观镶嵌体格局的特点

景观镶嵌体格局是指在一定地域范围内，不同类型的生态系统（如森林、草原、湿地等）相互交错、嵌套而形成的复杂空间结构。这种格局具有以下几个特点。

（1）斑块粒度与景观的粗粒、细粒之分

景观镶嵌体中的斑块，其大小、形状和分布构成了格局的基本单元。斑块粒度即斑块的平均直径，是衡量景观粒度的重要指标。

粗粒景观通常由较大的斑块组成，这些斑块可能对应大片的森林、草原或农田等。这种格局在生态上可能意味着较高的生态系统稳定性和较低的边缘效应。

细粒景观则由许多小斑块组成，这增加了景观的异质性，可能有利于某些特定物种的生存，但同时也可能增加生态脆弱性。

（2）景观的镶嵌性与缀块性

镶嵌性是景观的一个关键空间特性，它描述了不同类型的景观单元在空间上的聚集和分布。这种聚集可能基于地理、水文、地形等自然因素，也可能受到人类活动的影响。

缀块性则更侧重于描述景观中特定类型的斑块如何与其他类型相互作用，以及它们如何镶嵌在整个景观中。例如，一个森林斑块可能被草原或湿地缀块所包围，这种特定的缀块组合会影响该森林斑块的生态过程。

（3）边缘效应与生态交错区

在景观镶嵌体中，不同生态系统的交界处往往形成生态交错区，因为受益于两个或多个相邻生态系统的资源，这些区域具有丰富的生物多样性。

边缘效应在这些交错区尤为显著，可能导致物种丰富度的增加、生态位的扩展以及生态系统之间物质和能量的更频繁交换。

（4）水平与垂直结构

景观镶嵌体不仅在水平方向上展现出复杂的格局，在垂直方向上也有层次分明的结构。例如，森林生态系统中的树冠层、灌木层和地被层各自构成了一个独特的生态位。

这种水平和垂直的复杂性共同构成了景观镶嵌体的三维结构，为生物提供了多样化的生存空间和资源。

（5）动态性与稳定性

景观镶嵌体不是静态的，而是随着时间和空间的变化而演变的。自然灾害、气候变化和人类活动都可能导致景观格局的改变。尽管如此，许多景观镶嵌体也表现出一定的稳定性，这得益于其内部各生态系统的相互作用和平衡。例如，湿地可以吸收和净化来自相邻农田或城市的污染物，从而维持整个镶嵌体的生态健康。

5.2.5.2 生态过程与景观镶嵌体格局的相互作用

生态过程是指在生态系统中发生的物质循环、能量流动和信息传递等一系列活动。这些过程与景观镶嵌体格局之间存在着密切的相互作用。

（1）物质循环

在景观镶嵌体中，不同生态系统之间的物质循环相互影响。例如，在森林和草原的交界地带，土壤中的营养物质可能会随着水流、风力等自然过程而迁移，从而影响两个生态系统的物质平衡。

（2）能量流动

能量在景观镶嵌体中的流动也是复杂多变的。太阳能通过光合作用被植物吸收，进而转化为生物能，并通过食物链在不同生物之间传递。这种能量流动受到景观镶嵌体格局的影响，因为不同生态系统的生物组成和食物链结构各不相同。

（3）信息传递

在景观镶嵌体中，生物之间以及生物与环境之间的信息传递也是至关重要的。例如，鸟类的迁徙、昆虫的授粉等行为都会受到景观格局的影响，并反过来影响生态系统的结构和功能。

以某地区的森林—草原—湿地镶嵌体为例，该地区的森林生态系统为动植物提供了丰富的栖息地和食物来源；草原生态系统则以其开阔的空间和丰富的草本植物为特点，支持着大量的草食动物和昆虫的生存；而湿地生态系统则在水文循环、净化水质等方面发挥着重要作用。这 3 个生态系统通过河流、风力等自然过程紧密相连，共同维持着该地区的生态平衡。在这个镶嵌体中，物质循环、能量流动和信息传递等生态过程不断进行着。例如，森林中的枯枝落叶会随风飘落到草原上，为草原提供养分；草原上的昆虫可能会飞到森林中授粉或寻找食物；湿地则通过吸收和净化水流中的污染物来维护整个镶嵌体的水质安全。

5.3 景观格局分析与生态规划

5.3.1 景观格局分析

景观格局分析是景观生态学中的重要内容，它主要研究景观的结构组成特征和空间配置关系。这种分析有助于我们更好地理解生态学过程，确定产生和控制空间格局的因子及其作用机制，并比较不同景观的特征及其变化。

5.3.1.1 景观格局分析的基本步骤

①明确研究目的和方案：在进行景观格局分析之前，首先需要明确研究的目的和方案。这包括确定研究的区域、尺度以及关注的生态问题等。

②收集和处理景观数据：景观数据的收集是景观格局分析的基础。数据可以来

源于野外考察、测量，也可以利用遥感技术获取。这些数据需要经过处理，转换为适合分析的形式，如栅格化数据或矢量化数据。

③选用适当的景观格局研究方法：根据研究目的和数据特点，选择合适的景观格局分析方法。常见的方法包括指数分析法、分级分析法和空间模型分析法等。

④分析结果解释与综合：在完成景观格局分析后，需要对结果进行解释和综合。这包括识别景观格局的特征、揭示其空间结构和功能组织，以及探讨景观格局与生态过程的关系等。

5.3.1.2 景观格局分析的具体方法

（1）指数分析法

①景观多样性指数：用于衡量景观中不同类型的丰富度和分布均匀度。例如，香农多样性指数（Shannon′s diversity index）就可以反映景观中斑块类型的多少以及各类型斑块所占比例的均匀程度。数值越高，表示景观多样性越丰富。

②景观破碎化指数：用于评估景观被分割的程度，反映人类活动对自然景观的干扰情况。比如，可以用斑块数量、平均斑块大小等指标来衡量。当破碎化指数增加时，通常意味着景观受到了更多的干扰和分割。

③景观优势度指数：用于确定景观中占主导地位的类型。该指数有助于识别哪些斑块类型在景观中占据优势，从而了解其对整体景观格局的影响。

④边缘密度指数：可以量化景观中不同类型斑块边缘的复杂程度，边缘密度高意味着更多的生态交互和边缘效应。

（2）分级分析法

①景观类型划分：首先，根据研究目的和数据分辨率，将景观划分为不同的类型，如林地、草地、水域等。

②斑块大小和形状的分级：进一步根据斑块的大小和形状进行分级，这有助于理解不同尺度的生态过程和功能。例如，大型斑块可能对维持生物多样性更为重要，而小型斑块可能在增加景观连通性方面发挥作用。

③层次结构分析：在分级的基础上，分析不同层次景观格局的特点和相互关系。这可以帮助揭示景观格局的空间结构和功能组织，以及它们如何影响生态过程。

（3）空间模型分析法

①斑块扩散模型：模拟斑块如何随时间扩散，以及不同斑块之间的相互作用。这对于预测物种扩散和生态系统恢复等生态过程非常有用。

②斑块连接模型：分析斑块之间的连接性，评估景观的连通性和物种迁移的潜力。这对于理解生态流的运动和生态系统的稳定性至关重要。

③斑块生长模型：模拟斑块如何生长和变化，以及这些变化如何影响景观的整体格局。这有助于预测未来景观的发展趋势，并为管理策略提供依据。

通过运用这些具体方法，景观格局分析能够更全面地揭示景观的空间结构和功能关系，为生态保护、城市规划和资源管理提供科学支持。每种方法都有其独特的适用范围和局限性，因此在实际应用中需要综合考虑，选择最适合的方法组合来深入分析景观格局。

5.3.2 景观生态规划

景观生态规划是一项系统性工程，它整合了景观生态学的原理及多学科知识，旨在优化区域景观生态系统的整体格局。这种规划方法通过研究景观格局与生态过程以及人类活动对景观的影响，构建出区域景观生态系统优化利用的空间结构和模式。这不仅确保廊道、斑块、基质等景观要素的数量和空间分布达到合理状态，还保障了信息流、物质流与能量流的畅通，并赋予景观一定的美学价值，使其更适宜人类居住。

5.3.2.1 景观生态规划的目标与原则

景观生态规划的总目标是改善城市景观结构、强化城镇景观功能，进而提升城镇环境质量，并推动城镇景观的持续发展。具体目标则涵盖安全性、健康性和舒适性等多个方面。

为实现这些目标，景观生态规划应遵循以下原则。

①生态环境优先原则：在规划过程中，应优先考虑保护和改善生态环境，确保生态系统的健康和稳定。

②景观多样性原则：维护和增强景观的多样性，促进生物多样性的保护和生态系统的恢复力。

③可持续性原则：规划应考虑长远的社会、经济和生态影响，确保景观的可持续发展。

④整体规划设计原则：从整体上考虑景观的布局和设计，实现景观要素之间的协调与和谐。

⑤地域化原则：规划应充分考虑地域特色和文化背景，使景观与当地环境相融合。

⑥综合性原则：综合考虑多种因素，包括自然、经济、社会和文化等，以制订全面的规划方案。

⑦人本化原则：规划应以人为本，满足人们的需求和期望，创造宜居的景观环境。

5.3.2.2 景观生态规划的内容与方法

景观生态规划通常包括以下几个步骤。

①确定规划范围与目标：明确规划区域及需解决的问题，并根据政府决策部门的要求设定具体目标，如自然保护区设计、自然资源的合理开发或当前不合理的景观格局调整等。

②景观资料的搜集：包括生物（如植被、野生动物）和非生物（如地理、地质、气候、水文和土壤）两方面的数据收集。同时，还要了解景观的生态过程及与之相关联的生态现象，以及人类对景观的影响程度。

③景观生态分类和制图：基于收集到的资料，结合规划目标和原则，选取影响景观格局、分布规律、演替规律的主导因子进行分类，并制作景观生态类型图。

④景观生态适宜性分析：针对不同类型的景观进行资源质量评价以及与相邻景观类型的关系分析，确定各景观类型的适宜性和限制性，同时进行经济效益、生态效益和风险分析。

⑤景观生态规划与设计：根据景观生态适宜性分析的结果，构建合理的景观结构，以满足景观生态系统的环境服务、生物生产及文化支持三大基础功能。

位于墨西哥湾沿海平原生态区内的休斯顿水牛河植物园，是一个典型的景观生态规划案例。休斯顿水牛河植物园历史上曾受到自然灾害如飓风和历史性干旱的影响，导致显著的树冠损失和生态破坏。为了恢复和稳定该区域的生态系统，工作者们进行了一系列的景观生态规划工作。第一，现状分析与数据收集：对现场进行取样分析，解释树冠损失的原因，并收集有关粉质黏土壤和草原环境条件的数据；同时，利用基准库存数据和生态适应性来确定潜在的景观类型。第二，景观生态分类与制图：根据收集到的数据和信息，对植物园区域进行生态分类，并制作出详细的生态类型图，以展示多元化和弹性的生态系统马赛克式布局。第三，生态修复与规划：规划方案包括恢复和稳定河岸走廊，加强种植以提供强化的本土种植空间，并沿着水牛河改善水质。第四，还计划重新塑造景观，使其在接下来的 40 年中演变成一个更可持续的生态系统。具体措施包括保留枯树并为野生动物栖息地加强种植，以及发展下层林地植被的层次。

5.4　景观生态学在城市规划、土地利用和生态保护中的应用

5.4.1　景观生态学在城市规划与管理中的应用

景观生态学作为生态学的一个重要分支，研究景观的结构、功能和动态变化，对于城市规划与管理具有深远的指导意义。随着城市化进程的加快，如何将景观生态学的理念和方法融入城市规划与管理中，实现城市的可持续发展，已成为当代社会关注的焦点。

5.4.1.1　城市景观质量与价值评价

城市景观作为城市文化的重要组成部分，其质量与价值评价是衡量一个城市发展水平和居住舒适度的重要指标。以下将从城市景观质量的评价指标、景观生态价值体系和景观视觉容量三个方面进行深入阐述。

（1）城市景观质量的评价指标

城市景观质量的评价指标是多维度的，它们共同构成了评价城市景观是否优质、是否能满足人们生活和审美需求的标准体系。这些指标包括但不限于如下内容。

①景观美感度：这是评价景观质量最直观、最基本的指标。它涉及景观的构成要素如地形、植被、水体等的视觉美学效果，以及这些要素之间的和谐性和整体性。一个美感度高的城市景观能够给人们带来愉悦的视觉体验，提升城市的整体形象。

②景观可游度：这一指标主要考察景观对于市民和游客的吸引力。它涵盖了景观内的休闲游憩设施、场所的质量，以及景观文化的丰富程度。一个可游度高的景观能够吸引更多的人停留、游览，并促进人们与景观的互动。

③景观生态环境质量：是评价景观质量的重要方面，它反映了景观的生态效益和环境质量。包括气候特征、生物多样性、绿地率、绿化覆盖率等多个影响因子。一个优质的生态环境不仅能够提供清新的空气、减少噪声和污染，还能为城市中的生物提供适宜的栖息地。

这些评价指标相互关联、相互影响，共同构成了城市景观质量的综合评价体系。在实际应用中，可以根据不同城市的具体情况和需求，制定相应的评价标准和权重分配。

（2）景观生态价值体系

景观生态价值体系是对景观在生态环境中所具有的价值进行系统性评估的框架。它主要包括以下几方面。

①生态服务功能价值：景观作为生态系统的一部分，具有重要的生态服务功能，如净化空气、调节气候、保持水土等。这些功能对于维护城市的生态平衡和可持续发展具有重要意义。

②生物多样性价值：景观中的生物多样性是评价其生态价值的重要指标之一。丰富的生物多样性不仅能够增强生态系统的稳定性和抵抗力，还能为人类提供丰富的自然资源和科研价值。

③文化教育价值：景观往往承载着丰富的历史文化信息，是城市文化的重要载体。通过景观的规划和设计，可以传承和弘扬城市的文化特色，同时为人们提供教育和科普的场所。

④经济社会价值：优质景观能够吸引游客和投资，促进旅游业和相关产业的发展，从而带动城市的经济增长。此外，良好的景观环境还能提高居民的生活质量，增强城市的吸引力。

在构建景观生态价值体系时，需要综合考虑上述几方面的价值，并根据实际情况进行权衡和取舍，以实现景观生态价值的最大化。

（3）景观视觉容量

景观视觉容量是一个相对复杂的概念，它涉及人们对景观的视觉感知和审美体验。简单来说，景观视觉容量是指某一景观在视觉上能够容纳的信息量和美感度，这一指标受多种因素影响，包括景观的构成要素、空间布局、色彩搭配以及观察者的主观感受等。

为了提高景观的视觉容量，可以从以下几方面入手。

①优化空间布局：通过合理的空间布局使景观的各部分能够和谐共存，形成一个有机整体。这不仅可以提升景观的美感度，还能增加其视觉容量。

②丰富构成要素：在景观设计中融入多样化的构成要素，如地形、植被、水体、建筑等，可以增加景观的层次感和视觉变化，从而提高其视觉容量。

③注重色彩搭配：色彩是影响视觉容量的重要因素之一。通过合理的色彩搭配，可以营造出不同的氛围和风格，增强景观的视觉效果。

④考虑观察者需求：景观的设计应充分考虑观察者的需求和感受。一个能够满足不同人群审美需求的景观，其视觉容量自然也会得到提升。

5.4.1.2 景观生态学在城市规划中的应用

城市规划是城市化进程里关键的一环，而景观生态学为城市规划提供了全新的视角和方法。以下将详细阐述景观生态学在城市规划中的应用，包括树立景观生态规划的理念、合理规划和建立多样化的城市景观格局、保护生物多样性以及基于生物多样性理论的植物配置设计。

（1）树立景观生态规划的理念

景观生态规划的理念强调，在规划过程中应充分考虑生态系统的完整性、稳定性和可持续性。这一理念对于指导城市规划实践具有重要意义。

城市是一个复杂的生态系统，不仅包括建筑物、道路等人工设施，还包括绿地、水体等自然景观元素，这些元素共同构成了城市的景观格局，影响着城市的生态环境和生活质量。因此，树立景观生态规划的理念，就是要在规划过程中注重保护和恢复自然生态系统，促进人工环境与自然环境的和谐共生。

为了实现这一理念，城市规划者需要具备跨学科的知识和视野，充分了解景观生态学的原理和方法，同时，还需要加强与生态学家、景观设计师等相关领域的合作与交流，共同推动城市规划的生态学转向。

（2）合理规划和建立多样化的城市景观格局

建立多样化的城市景观格局是景观生态学在城市规划中的重要应用之一。多样化的景观格局有助于提升城市的生态环境质量，增强城市发展的可持续性。

在规划过程中，应注重保护和利用现有的自然景观资源（如山水、林地、湖泊等），通过合理的空间布局和设计，将这些自然景观元素融入城市之中，形成独具特色的城市景观。还可以结合城市的历史文化和地域特色，打造出具有辨识度的城市景观标志。此外，建立多样化的城市景观格局还需要注重绿地系统的规划。绿地作为城市生态系统的重要组成部分，具有调节气候、净化空气、提供休闲空间等多重功能。因此，在规划中应合理布局各类绿地，形成点、线、面相结合的绿地网络，以满足不同居民的需求。

杭州市在规划过程中充分考虑了景观生态学的理念。例如，通过保护和恢复西湖、西溪湿地等自然景观，提升了城市的生态环境质量。杭州市还建设了多条生态廊道，如滨江公园、运河公园等，增强了城市各生态系统之间的联系。这些举措不仅提升了杭州市的居住品质，还使其成为国内外知名的旅游胜地。

（3）保护生物多样性

生物多样性是城市生态系统的重要特征之一，也是评价城市生态环境质量的重要指标。在城市规划中，保护生物多样性是景观生态学的重要应用之一。

第一，规划者需要对城市的生物多样性现状进行全面调查和分析，了解城市中的动植物种类、分布及其生态环境需求。在此基础上，采取有针对性的保护措施，如设立自然保护区、生态公园等，为野生动植物提供适宜的栖息地。

第二，城市规划还应注重生态廊道的建设。生态廊道作为连接不同生态系统的桥梁，对维护生物多样性的连续性具有重要意义。通过建设绿带、公园等生态廊道，可以增强城市各生态系统之间的联系，促进生物多样性的交流与传播。

第三，城市规划还需要加强对市民的生态教育，提高市民对生物多样性的认识和保护意识。通过开展各种生态教育活动，引导市民参与生物多样性保护工作，共同营造宜居、生态友好的城市环境。

（4）基于生物多样性理论的植物配置设计

植物配置设计是城市规划中的重要环节之一。基于生物多样性理论的植物配置设计旨在通过合理的植物选择和搭配，提升城市的生态环境质量和美学价值。

在植物配置设计中，应注重选择乡土树种和适应性强的植物种类，它们能更好地适应城市的生态环境条件，提高成活率和生长质量；通过对植物合理的搭配和布局还可以营造出丰富多彩的植物景观效果；此外，基于生物多样性理论的植物配置设计还需要注重植物的季节变化和空间层次感，通过选择不同季节具有观赏价值的植物种类，可以营造出四季有景、处处有景的城市景观效果。通过合理的空间布局和层次划分，可以形成丰富的植物群落结构，提高城市的生态环境质量。

5.4.1.3 景观生态学在城市管理中的应用

随着城市化进程的快速发展，城市管理面临着越来越多的挑战。景观生态学作为一门综合性学科，为城市管理提供了全新的视角和方法。以下将详细阐述景观生态学在城市管理中的应用，包括在城市景观质量和评价、城市空间结构和景观规划、建立城市景观绿色网络系统、城市空间扩展的廊道效应以及科学、合理规划管理城市等方面的具体应用，同时探讨景观生态学中的三要素（斑块、廊道、基质）如何在城市管理中发挥作用。

（1）应用于城市景观质量评价中

景观生态学在城市管理中的重要应用之一是对城市景观质量的评价。应用景观生态学的理论和方法可以更加科学、客观地评估城市景观的优劣，为城市管理提供决策依据。具体来说，景观生态学可以帮助我们评估城市景观的多样性、连通性和可持续性，从而判断城市景观是否满足居民的生活需求和审美期待。

在评价过程中，可以利用景观指数、生态足迹等工具对城市景观进行定量分析，同时结合居民的感知和满意度进行综合评价。这样不仅可以全面了解城市景观的现状和问题，还可以为城市景观的优化和提升提供有针对性的建议。

（2）在城市空间结构和景观规划中的应用

城市空间结构是城市管理的核心内容之一。景观生态学强调空间结构的合理性和生态性，提倡在城市规划中融入生态学理念。应用景观生态学，可以优化城市空间布局，提高城市的生态功能和居住舒适度。

在景观规划中，应充分利用自然景观资源，如山水、植被等，打造出具有生态美感的城市空间。还应注重人工景观与自然景观的协调与融合，避免过度开发和破坏自然环境。科学合理规划景观，可以提升城市的整体形象和品质，增强城市的吸引力和竞争力。

辽宁省营口市在规划中充分考虑了水体景观的多样性和复杂性，通过对河流、坑塘、水库等水体景观的保护和恢复，营口市提升了城市的生态环境质量。同时，营口市还注重建设用地景观的稳定性，通过合理的城市规划，确保了城市建设用地的扩张与生态环境的保护相协调。

另一个典型的案例是河北省沧州市的城市规划。沧州市应用景观生态学原理，通过对土地利用类型的分析，规划出了一系列生态保护区、生态恢复区和生态开发区。这些区域的划分旨在保护和恢复自然生态系统，同时满足城市发展的需求。此外，沧州市还通过建设绿带、公园等生态廊道，提升了城市的整体生态环境质量。

（3）建立城市景观绿色网络系统

绿色网络系统是城市生态建设的重要组成部分。建立完善的绿色网络系统可以增强城市的生态功能，提高城市居民的生活质量。景观生态学在建立城市景观绿色网络系统中发挥着重要作用。

首先，可以利用景观生态学的原理和方法对城市绿地进行科学规划和布局，确保绿地的连通性和可达性；其次，可以通过生态廊道、绿色步道等建设，将各个绿地连接起来，形成一个完整的绿色网络系统。这样不仅可以为城市居民提供更多的休闲和娱乐场所，还可以有效改善城市的生态环境质量。

（4）城市空间扩展的廊道效应

随着城市化的推进，城市空间不断扩展。在这个过程中，廊道作为连接不同城市空间的桥梁和纽带，发挥着重要的作用。景观生态学强调廊道在城市空间扩展中的生态效应和功能。通过科学合理的廊道规划和建设，可以促进城市空间的有机连接和协调发展。同时，廊道还可以作为生态走廊，为野生动植物提供迁徙和繁衍的通道，保护生物多样性。因此，在城市管理中应充分利用廊道的生态效应和功能，推动城市的可持续发展。

（5）科学、合理规划管理城市

景观生态学为城市管理提供了科学、合理的规划方法。通过运用景观生态学的原理和方法，可以制定出更加符合生态学原理的城市规划方案和管理措施。

具体来说，可以利用景观生态学的空间分析技术对城市空间进行模拟和优化；通过生态系统服务功能评估来确定城市发展的优先级和方向；还可以利用景观生态学的恢复生态学理论来指导城市受损生态系统的修复和重建工作等。这些科学、合理的规划管理方法有助于提高城市管理的效率和效果，推动城市的可持续发展。

（6）景观生态学三要素的运用

景观生态学中的三要素——斑块、廊道和基底在城市管理中发挥着重要作用。在城市规划中，斑块是指与周围环境在外貌或性质上不同，并具有一定内部均质性的空间单元，如城市中的公园、湖泊等；廊道是指不同于两侧基质的狭长地带，如城市道路、河流等；基底则是景观中分布最广、连续性最大的背景结构，如城市的建筑群、街区等。

在城市管理中，应充分考虑这三要素的配置和布局。例如，可以通过合理规划斑块的大小和位置来优化城市空间结构；通过建设生态廊道来增强城市的连通性和可达性；还应注重基底的质量提升和生态保护工作，以确保城市的整体生态环境质量。

5.4.2 景观生态学的发展及在国土空间规划中的应用

5.4.2.1 现代景观生态学的发展与技术应用

（1）数据源与技术进步的推动作用

近几十年来，遥感和地理信息系统的迅猛发展使现代景观生态学的研究深度与广度得到了显著提升。传统数据源如航片、卫片，已逐步被更先进的技术所取代或补充，例如无人机近地面遥感技术能够捕获更高分辨率的影像，而高分辨率高光谱卫星影像则提供了更为详尽的地表信息。此外，激光雷达点云技术使大范围、高精度的地形数据获取成为可能。这些技术的集成应用极大地丰富了景观生态学的基础数据源。

（2）大数据处理平台的支撑

随着网络技术和数据存储技术的不断创新，大数据处理平台如 GEE（google earth engine）和 PIE（pixel information expert）等应运而生。这些平台不仅实现了全国乃至全球尺度上的景观生态学分析，而且通过其强大的云计算能力和海量的卫星影像数据库，大幅提升了数据处理的速度和效率。特别是 GEE 平台，它使得针对全球尺度的森林、农田、湿地和城市等景观的长期研究变得触手可及。

（3）分析方法的革新

传统的景观生态学格局研究主要依赖景观格局指数和地统计方法。但随着机器学习、图像识别、数据挖掘等技术的引入，特别是当前 AI 大模型技术的发展，极大地推动了景观生态学在分析方法上的进步，使得研究更加深入和精准。景观生态学的分析方法正经历着前所未有的革新。

（4）格局与过程研究的深化

当前，景观生态学研究正日益关注格局与过程的关系，其中，过程研究涵盖了生态环境、社会经济和人类福祉等多个层面。早期研究主要基于实地调查和采样，而近年来的研究则更多地依赖模型手段，如水文过程模型 SWAT、大气过程模型 WRF-CMAQ 以及生态服务价值评估模型 InVEST 等。这些模型有效地探讨了景观格局及其动态变化与相关过程的耦合关系。

未来，基于长时间序列观测数据、过程模型和 AI 大数据等技术手段的研究将成为景观生态学的发展方向，多维度、多尺度和多过程的研究将有助于更全面地理解景观生态系统的运作机制。此外，随着不同学科的理论和技术的进步，景观生态学将迎来更多的研究视角、数据获取手段和生态环境过程机制的解析方法。

5.4.2.2　景观生态学在国土空间规划中的应用

国土空间规划包含主体功能区划、“三区三线”划定和国土空间生态修复等一系列内容，包括承载力评估、国土空间适宜性分析和“三线”科学划定等多方面的技术需要。在国土空间规划中，景观生态学通过研究景观的空间结构、生态过程及其相互影响，帮助规划者更好地理解和预测自然和人为因素对景观的影响，从而实现资源的合理开发、利用和保护。

具体来说，景观生态学在国土空间规划中的应用包括以下几方面。

①空间格局与结构优化：景观生态学强调景观的整体性、异质性、多样性和连通性。在国土空间规划中，通过优化景观结构，如调整斑块、廊道和基质的分布，可以提升生态系统的稳定性和生物多样性，同时满足人类的需求。

②生态安全格局构建：景观生态学帮助识别和保护生态敏感区域，构建生态安全格局，确保生态系统的完整性和连通性。这有助于预防和减轻自然灾害，保障生态安全。

③土地整理与规划：在土地整理和规划中，景观生态学提供了一种宏观的视角，帮助规划者理解不同土地利用方式对生态系统的影响，从而实现土地的可持续利用。

以下将从生态安全格局、格局过程耦合关系，以及边界与尺度效应这三个景观生态学的核心研究议题出发，深入探讨它们在国土空间规划中的实际应用与影响。

（1）生态安全格局与国土空间规划

生态安全格局是景观生态学的核心议题之一。生态安全格局是指在景观和区域等尺度上，生态系统和土地利用类型的形状、比例和空间配置，对维护或控制特定地段的某种生态过程有着重要的意义。而国土空间规划是对土地利用的规划，是生态安全格局的实现途径。生态安全格局构建依赖对研究区格局和生态过程相互作用机制的深入研究，需要对关键的斑块、廊道及基底的空间关系进行优化，以维护和控制某些生态过程，从而保护生态系统结构功能的完整性和稳定性，维持生态系统服务，维护区域生态安全。

生态安全格局构建最初以生物多样性保护为目标，随着社会、经济、环境和生态等综合人地关系研究的深入，研究重点逐步转向以自然生态系统为主，耦合社会经济协同发展趋势，在全球变化和人类活动扩张带来潜在生态问题的背景下，进行土地利用格局优化，以维护区域生态安全、生态系统功能及其可持续发展。

在生态建设的宏伟蓝图中，生态安全不仅是基础性的保障，更是我们不懈追求的核心价值之一。它如同一道坚不可摧的防线，守护着自然环境的和谐与稳定，确保生态系统的完整性和可持续性。如我国已经建立的防护林体系，在维护多尺度自然生态过程和区域生态安全中起着重要作用，包括防风固沙、水源涵养、生物多样性维持等。2020 年我国发布了《全国重要生态系统保护和修复重大工程总体规划（2021—2035 年）》，明确了以“三区四带”为核心的全国重要生态系统保护和修复重大工程总体布局，包括青藏高原生态屏障区、黄河重点生态区、长江重点生态区、东北森林带、北方防沙带、南方丘陵山地带、海岸带，也是我国未来的生态安全总体布局；我国划定总面积约 315 万 km^2 的生态保护红线，覆盖了我国全部 35 个生物多样性保护优先区域，进一步强化了国家“三区四带”生态安全屏障的总体布局。在区域和城市尺度上，生态安全格局通过生态基础设施的形式呈现，特别是在生态城市规划、海绵城市建设和绿地规划等方面。

国土空间规划是对多种土地和城市规划进行整合的“多规合一”，生态安全格局的应用主要体现在了“三区三线”划定、“自然保护地体系”和“国土空间生态修复”研究中，在第一轮的国土空间规划中，“源—汇”景观理论及最小累计阻力模型使用最广泛。

陈利顶等基于大气污染中的“源—汇”理论，提出了“源—汇”景观的概念和理论，将景观类型划分为“源”和“汇”进行生态格局与过程研究，“源”和“汇”景观分别指促进和阻止相对于某一特定生态过程的景观类型，判断依据为景观类型在生态过程演变中所起正向还是负向作用。引入之初主要应用领域为流域水文及非点源污染、生物多样性保护和城市热岛效应格局优化应对等领域，当前在城市相关研究和国土空间规划中得到普遍应用。当前，“源—汇”景观理论方法在国土空间规划及相关研究中得到了广泛应用。

最小累计阻力模型是生态安全格局构建中应用最广泛的方法，通过构建生态阻力面，借用水文分析中河流提取的技术手段，分析各生态源地之间物种迁移或生态流的最低累计阻力路径，从而确定格局优化的关键路线和关键点，构建生态安全格局，该方法易于理解、可操作性强。

此外，电路模型、斑块重力模型和蚁群模型也被应用到生态安全格局的构建中，用于提取生态廊道的空间边界。

不同的生态格局识别方法各具优势与局限。在源地识别方面往往把森林、湿地等自然生态系统或自然保护地直接列为源地，主观意识较强，依赖于研究者的先验知识。应用生态敏感性、脆弱性及特定生态过程时，如某种动物的生境，有针对性设定源地更为合理。最小累计阻力面构建方法方便简洁，但指标权重为人为设定，未来应针对研究的生态过程，参考客观指标构建最小累计阻力面，如引入夜间灯光强度、生态系统状态、AOI 兴趣点密度等。蚁群模型能够更好地应对数量较大的生态源地斑块重力模型可有效分析斑块间相互作用强度及相对重要性，但是这两种方法不擅长识别生态廊道，在生态安全格局构建研究中有一定局限性，未来多种方法的综合应用及结合机理模型明确生态过程的研究或为发展方向。

（2）格局过程耦合关系与国土空间规划

景观格局和过程是景观生态学主要特色和核心理论之一，对景观可持续利用和管理至关重要。景观格局指景观的空间结构特征，包括在斑块、类型和景观水平的表现；生态过程是不同景观类型或生态系统内部之间物质流、能量流和信息流的动态特征；格局是过程的载体，过程反馈塑造格局，景观格局与生态过程相互作用形成景观整体动态。我国景观格局与过程的研究方向涵盖了自然生态系统和人工生态系统，包括：流域格局与水环境过程、森林景观和农业景观格局过程与生态系统服务、城市景观格局过程与规划、三维格局与环境过程等方向。

景观格局与生态过程耦合量化研究的主要技术手段包括实验、定位观测、统计分析和模型模拟。实验和观测方法多应用于较小时空尺度的研究上，而大时空尺度研究由于工作量原因多采用基于遥感等技术的统计分析与模型模拟方法。当前，格局与过程耦合研究除生态过程外已开始注重社会经济和文化过程，向以可持续为目标的综合性研究方向发展，为空间规划和管理提供了科学有力的支撑和依据，维护供给、调节、文化与支持服务的和谐与平衡，最终实现人类福祉。景观生态学的进一步发展在很大程度上取决于实现景观格局与过程的全面科学整合。

国土空间规划中包含生态、生产、生活的“三生空间”优化、“三区三线”划定、“山水林田湖草沙”生命共同体构建，其核心理念为通过国土空间优化调整，保障生态环境、社会经济、文化等各方面的协调可持续发展，正是景观生态学格局过程的核心研究范式。省级和市级的国土空间规划编制指南提出的专题研究包括开发保护格局优化、生态保护修复、国土综合整治以及“以水四定”（以水定城、以水定地、以水定人和以水定产）等。专题研究的核心都是格局对过程的影响，科学的研究技术路线需要格局过程耦合关系的定量评估，以支撑国土空间科学的规划和决策。

（3）国土空间规划中的边界与尺度效应

国土空间规划以行政界线为规划边界，包括省、市、县等多个尺度。不同级别的国土空间规划侧重点不同，省级规划侧重主体功能区规划，包括社会经济和生态环境保护方向性目标及区位；市级规划侧重于区内不同主体功能区落地，包括城市化发展区、农产品主产区、重点生态功能区、工业园区布局和生态环境管控分区等；县级规划则以不同方面具体项目空间位置布局为重点。

以行政单元为边界的空间规划有利于空间管理的有效实施，但在空间规划和设计过程中往往只关注区域内的问题和风险，对所处地理区位的自然过程整体性考虑不足，特别是对整体生态环境背景、气候变化下面临的风险、流域上下游生态过程机制和协同治理等方向考虑不足。在考虑不同过程空间规划专题研究中应选择规划区域的不同边界，如水文环境过程的研究应以流域为边界，应对气候变化研究应采用更大的气候区边界，生态安全和恢复研究应考虑生态功能分区或生态脆弱带区域边界等。

空间规划中格局构建不仅限于传统意义的生态系统的健康和完整，更重要的是通过规划构建多视角下的格局—过程优化耦合及格局—过程—尺度的规划研究范式。现阶段空间规划前期分析对格局—过程有一定关注，但对格局—过程—尺度的综合研究尚缺乏。空间规划中尺度多基于规划的行政边界进行确定，缺少多尺度分析和基于生态过程的内在特征尺度识别。景观格局优化方案实现了在何种尺度、何种等级系统下的优化，缺少多尺度、多等级的权衡分析，因而，格局—过程关系优化的多尺度、多等级研究仍有待深化。

5.4.2.3 景观生态学在国土空间规划中应用的展望

景观生态学是地理学和生态学的交叉学科，现代景观生态学不断吸纳各学科最新进展，如遥感学、系统学和统计学等，以景观为载体关注格局—尺度—生态—社会—可持续性等相互作用为研究方向。国土空间规划是对国土空间资源保护和利用的科学谋划，是对人类生产生活活动以及自然生态系统的空间组织和落地布局，景观生态学能够在多个方面为我国的国土空间科学规划与治理提供有效的支撑，详述如下。

（1）整体生态效应最优化设计

党的二十大报告提到："生态环境保护发生历史性、转折性、全局性变化"，要坚持"山水林田湖草沙"一体化保护和系统治理，谋划生态环境保护大格局，实现美丽中国目标。落实到国土空间规划中需要以主体功能区为核心，明晰山、水、林、田、湖、草、沙、矿山、城市以及海洋等关键空间要素的时空分布特征，识别关键生态要素和生态过程，系统规划国土空间生态保护与修复，优化空间要素的空间配置，以发挥整体生态效应，保障区域生态安全。

现代生态学包括景观生态学研究多为对研究对象的"解构"过程，即不断通过细化研究目标的特征加以研究，以解决或回答某一方面的科学问题。生态学科研究的解构与细化源于现代科学对于还原主义的强化，认为复杂系统以及复杂事物可以被化解为小的组成部分来加以理解和描述；而景观生态学在国土空间规划中的实践却完全不同，更加强调"整体"性，政府管理部门及规划者面对的问题永远是着眼于某一区域的“整体”决策，不仅限于生态环境问题，同时包括人口、经济、产业、交通和能源等各个方面的综合考虑。

景观生态学以综合视角研究景观的结构、功能、发生演变规律及其与人类社会的相互作用，进而探讨景观优化利用与管理保护的原理和途径。景观生态学在国土空间规划中的应用应继续加强全域国土空间视角的生态要素系统性关联研究，应加强山、水、林、田、湖、草、沙等多种类型自然或人工生态要素的空间变化依存关系研究；推进能够包含社会系统各要素定量研究及其耦合机制、驱动因素探索；发展能够耦合生态、环境、社会多过程机制的模型及技术方法；同时，应借鉴新兴的技术和方法推动耦合机制的研究，如人工智能（AI），大数据和定量遥感等先进手段。

在首轮国土空间规划中，区域生态安全格局构建方法被广泛应用于总体保护格局设计中，作为识别国土空间生态保护与修复优先区的重要途径之一。但很多格局构建过程案例只是基于现状的土地利用和地形等数据进行的简单分析，没有真正考虑到生态环境过程。较好的案例基于对生态重要性（如水源涵养、水土保持、生物多样性维持等）和生态敏感性（土壤侵蚀、沙化风险等）的分析，识别生态源地、廊道和重要节点，然而，此类案例尚缺乏对社会经济过程的耦合，其结果对于空间管理的综合性可能会带来一定偏差。区域生态安全的研究应综合多种空间要素的保护或修复目标，综合考虑社会、经济、生态和环境等目标，明晰区域内关键影响机制过程，突破传统基于空间叠加方法的格局构建手段，实现面向区域综合或主导过程的格局构建。

（2）尺度效应需要关注

自然界特别是地球表层地理和生态的等级组织性是尺度现象存在的根本原因。不同尺度存在互馈作用，较高尺度决定较低尺度的基本特征，对低尺度有约束作用。较低尺度为高尺度提供基础机制过程，影响和决定着高尺度的功能和机理。格局与过程的准确理解和量化需要对其尺度依赖性进行充分认识。尺度效应与尺度推绎是景观生态学研究的核心议题和面临的挑战，研究不同尺度特征下格局与过程之间相互表现和机理是研究尺度问题的必然途径。

在狭义景观生态学概念中，空间尺度为几平方千米到几百平方千米，目前景观生态学的研究从景观遗传学的微观尺度到人类视角下的全球尺度，均可视为研究尺度；时间尺度从传统十年到几十年的研究尺度拓展到从小时或日尺度到百年甚至千年尺度。由于数据和技术手段等限制，大量的研究案例集中于传统的空间和时间尺度，随着遥感大数据和云计算等技术的发展，近年来全球尺度长时间序列的研究不断涌现。针对尺度问题的相关研究包括采用景观指数、空间统计和小波分析等案例，但多尺度、跨尺度、尺度转换及特征尺度下格局与过程的相关研究仍然需要加强，特别是尺度转换的研究是相关研究中的难点。

国土空间规划均以行政边界进行空间格局和管控设计。虽然我国很多行政边界以河流或山脊等自然界线为线，但在首轮国土空间规划中不同尺度的规划主导因素为经济和产业发展，生态格局和修复中更多针对本级行政的现实问题，对该尺度下的特征水文和生态等自然过程考虑较少，更缺乏该区域在更大尺度（如流域和生态功能区）下的综合特征和更小尺度特征自然过程维持的分析。由于自然和人为要素格局与过程的多尺度、跨区域（行政边界）特征，国土空间规划中不同尺度的生态安全格局、绿色基础设施和生境网络分析设计如何衔接与耦合尚未形成有效的解决方案。

多重尺度具有不同层级相互影响和制约的特性，其复杂性决定了尺度相关研究的难度。景观生态学未来在应用方面应侧重不同过程的特征尺度、不同尺度下的主导过程、尺度级联和尺度推绎的理论和方法学发展。然而，格局和过程的多尺度传导方法尚不明确，与自然过程相关的不同社会生态过程的多尺度耦合关系有待进一步探索。技术方法可尝试应用基于机理过程的空间模型，特别是可以考虑多尺度的相关模型方法，如水文模型、大气模型和土地利用变化模型等。

（3）区域生态网络优化

景观生态网络是指以线性廊道对不同类型的斑块进行链接或形成线性网格，以实现生态系统服务流动、动物迁徙通道、区域生态安全维持及社会、经济、文化、审美等多种功能。在联合国可持续发展目标和应对气候变化风险的背景下，国土空间生态网络的构建是实现生态系统可持续发展和区域生态安全的有效途径，如保护地廊道网络设计、农田防护林网建设、河流联通工程、城乡蓝绿空间优化等。

基于生境—廊道框架的生态网络提供了增强生态系统连通性的有效手段，深化了对复杂系统恢复的认识，开辟了衡量生态恢复成果的新途径。传统生态网络构建研究多基于生态安全格局建构技术体系，应用最小阻力模型、电路理论、蚁群算法等技术识别的生态廊道及生态关键节点，其生态建设或修复能够显著提升区域生态网络的联通性。

生态源地、生态廊道和关键节点都是国土空间生态保护与修复的优先对象。生态源地识别是生态网络构建的前提，已有研究案例常以植被覆盖和土地利用类型差异为基础，采用专家打分的指标评估方法划定生态源地，虽操作简单，但缺少对自然过程考虑，难以验证。当前有研究案例以生态保护红线范围划定生态源地，同样缺少对自然过程的考虑，应加强应用机理过程模型的方法，如水文过程模型 SWAT、大气过程模型 WRF-CMAQ、水土流失模型 RUSLE、土地利用预测模型 CLUE-S、生态系统服务模型 InVEST 等。生态廊道宽度阈值的判别和划定方法的相关研究案例较少，这些研究多基于传统的景观生态学研究中树篱、河道绿化和道路绿色等。

对边界效应进行宽度设置、对模型模拟或空间分析网络中直接的宽度效应和阈值的研究还很缺乏，这些是未来研究的重点之一。景观生态网络设计研究案例多基于情景模型及模型分析完成，与控制实验相结合对设计效果进行验证，并发展有效表征网络连通性和生态效应的新指标，以及如何增强整体生态效应，是未来研究的重点和挑战。

（4）其他需要关注的方向

景观生态学学科应用，特别是在国土空间规划中的应用还有很多需要不断深入探索的方向，如阈值判定、不确定性分析、社会经济文化空间耦合关系等方向都值得关注。

生态安全阈值是稳定生态系统在生态保护的措施下能够抵抗外界干扰的临界值，生态恢复阈值则指非稳定生态系统在生态修复的措施下恢复至稳定状态的临界值。国土空间规划中生态用地规模阈值是决策者和规划者关注的重点。区域生态安全需要多少生态绿色面积或比例能够起到生态屏障维护作用，不同区域和尺度下维持至少多少生态用地都是未来研究需要关注的重点问题。如全国当前划定生态保护红线面积不低于 315 万 km^2，其中陆域生态保护红线面积不低于 300 万 km^2，海洋生态保护红线面积不低于 15 万 km^2，从全国到县乡各个尺度生态保护红线面积是否能够保证区域生态安全需要深入探索。

生态学由于其复杂多样的影响因素，在定量研究过程中的不确定性难以避免。当前景观生态学研究案例中不确定性研究相对较少，主要包括方法学、模型预案分析和景观风险等方面的探索。在景观生态研究和应用实践中，推动景观格局与生态过程相互作用关系中的各种不确定因素来源、传导过程和应对措施等相关研究，将有力推动其在国土空间规划定量分析中的应用。

国土空间规划的重要目标之一是促进人地和谐，确保居民福祉持续提升。在这一进程中，居民对周边环境的感知成为了一个至关重要的方面。为了实现这一目标，我们需要借助跨学科的相关方法与知识，深入推进并完善景观深层关怀的内涵体系、方法体系及其形成机制的研究。

景感生态学是景观生态学的一个新兴分支，以可持续发展为核心目标，依托生态学的基础理论，综合考虑自然要素、物理感知、心理反应、社会经济、过程与风险等多个维度，致力于土地利用规划、建设与管理的研究。景感生态学正处于持续发展之中，随着相关理论和方法的成熟，未来有望形成一套典型景感营造的技术流程导则或规范。这些导则或规范将为国土空间规划提供定量的科学支持，特别是在小尺度的景观设计、土地整治和城市更新等领域发挥重要作用。

第 6 章　全球生态学与环境问题

全球生态学关注全球范围内的生态问题与环境变化。本章将深入探讨全球气候变化对生态系统的影响、全球生物多样性保护与可持续利用的策略，以及生态学在全球环境治理中的重要作用。

6.1　全球气候变化与生态系统响应

6.1.1　全球气候变化对生态系统的影响

尽管科学界对于全球变暖的看法并非完全一致，但根据政府间气候变化专门委员会（IPCC）2013 年发布的第五次报告，气候系统的持续变暖已是不争的事实。自 1950 年以来，气候系统的许多变化在过去的几十年甚至上千年中都是前所未有的。1880—2012 年，全球海平面和陆地的平均温度呈现出线性上升的趋势，总体上升了 0.85℃，特别是 2003—2012 年的平均温度，相较于 1850—1900 年的平均温度，已经上升了 0.78℃。值得注意的是，1983—2012 年这 30 年间的温度高于之前任何一个 30 年，尽管我们缺乏更早的详细历史记录，但这 30 年很可能是过去 800 ～ 1400 年中最热的 30 年。

1901—2010 年，全球平均海平面上升了 19cm，同时，冰川的融化速度相较于 20 世纪 90 年代也显著加快。报告数据显示，自 20 世纪 50 年代开始，地球上的极端天气事件，如强降雨、极端高温、洪水和干旱等，都在持续增加，给人类社会带来了灾难。预测表明，在全球范围内，未来强降雨的强度和频率都将上升，而某些地区也将面临更为严重和频繁的旱灾，4 ～ 5 级的热带风暴的发生次数也可能会增加。

据预测，对气候变化较为敏感的南亚地区，将成为气温上升速度最快的地区之一。预计 2046—2065 年，尼泊尔、不丹、印度北部、巴基斯坦以及中国南部等地区的温度将上升 2 ～ 3℃，而到了 2081—2100 年，这些地区的温度甚至可能上升 3 ～ 5℃。随着气候的不断变暖，高温天气将会变得更加频繁，且持续时间也会更长。

IPCC的报告进一步推断，近几十年来，由人类活动导致的全球气温上升已经对地球上多个大洲的动物及其生物学过程产生了显著影响。在分析的29000个数据系列中，有近90%的数据显示其变化与全球变暖的预期影响一致。特别是在温度增幅最大的区域，观察到的物理和生物学响应也最为显著。科学家们为了更准确地评估人类活动对气候变化的影响，将影响因素分解为自然和人为两大类。人为因素的影响主要包括化石燃料的燃烧、农业活动、森林砍伐、工业生产、外来动植物的引入以及土地利用变化等。

随着气温的不断攀升，动植物的栖息地正在遭到破坏。已经有记录显示，一些物种开始向北方或更高海拔的地区迁移。例如，白鲸、蝴蝶和北极熊等动物的活动范围已经发生了变化。此外，在一些地区，春天的到来时间提前，这影响了鸟类的迁徙时间、鱼类的洄游时间和产卵时间，以及植物的生长周期和农业的春耕时间。对北半球卫星图像的分析表明，自1980年以来，植物的生长季节正在稳步延长。

尽管许多物种在过去已经适应了环境的变化，但IPCC的气候变化专家们对当前环境变化的速度表示担忧。他们预测，在更长远的时间尺度上，这些变化的幅度将会随着时间的推移而进一步加剧。更令人担忧的是，洪水、虫害、疾病的传播、野火以及干旱等其他干扰因素也可能随之发生。这些额外的挑战中的任何一个都可能对某个物种或其生态环境造成毁灭性的破坏。特别是高山和极地地区的物种，在气候变化的影响下显得尤为脆弱。随着其他物种向北方或更高海拔地区的迁移，这些物种的栖息地正在不断缩小，它们几乎无处可逃。

基于大量确凿的证据，绝大多数科学家已经不再质疑全球变暖的真实性，并且认识到人类对此负有责任。IPCC的科学家们一致认为，当前这些剧烈变化中最为严峻的问题是它们发生得实在太快了。这些变化正在以比地球过去一亿年所经历的速度还要快的速度发生。即便人类能够适应这种快速的变化并迁移到新的地区生活，动物及其依赖的生态系统却难以适应。因此，人类今天所作出的选择和行动将决定其他生命及其生态系统未来的命运。

6.1.2 全球气候变化对森林生态系统的影响

6.1.2.1 全球变暖效应对森林的影响

全球气候变暖对森林生态系统的影响深远且复杂。随着温度的上升和降雨模式的变化，森林面临着前所未有的挑战。这些变化并非对所有森林产生一致影响，有些森林可能会逐渐消亡，而有些则可能扩展其地域范围。大气中二氧化碳浓度的变化也在其中扮演着重要角色。若森林种群无法适应这些气候变化，那么它们将面临灭绝的风险。

根据 IPCC 的研究指出，21 世纪全球至少有 1/3 的现存森林将受到气候变化的不利影响。气候变暖可能迫使动植物物种以超出其自身生理极限的速度进行迁移或适应，这将不可避免地扰乱整个生态系统。此外，在未来的气候变化条件下，森林遭受火灾的频率和强度都会增加，同时更易受到病虫害的侵袭。

全球变暖对森林的影响既直接又间接。温度上升、降雨模式改变以及极端天气事件等都会对特定的树木和动物种类产生直接影响。即使是微小的变化也可能影响森林的生长和存活，尤其是那些处于生态系统边缘的部分，因为这些地区的生存条件已经处于临界状态。随着气温的升高，蒸散作用会导致更多的水分损失，从而加剧干旱，植物可利用的水分减少。同时，水温的变化也可能干扰植物的开花时间和结果时间，对其生长造成不利影响。当森林所依赖的季节性降雨模式发生改变时，森林的生存也会受到威胁。例如，在森林需要水分时却出现水分供应不足的情况，从而引发干旱和水分胁迫；而在水分过多时，则可能发生水淹和泥石流等灾害。

森林的年龄和结构在决定其对水分状况变化的快速响应中起着重要作用。成熟或老龄的森林拥有更为发达的根系，与年轻或受到干扰的森林相比，它们更能耐受干旱的侵袭。同时，不同的植物种类抵抗力有差异，某些物种相较于其他物种具有更强的抗逆性。

二氧化碳浓度的升高也对森林产生着重要影响。在高二氧化碳浓度环境下，一些植物表现出更高的水分利用效率；然而，随着时间的推移，它们对二氧化碳的吸收速率可能会逐渐降低。

从短时间尺度（如 50 ～ 100 年）来看，全球变暖所导致的变化主要集中在生态系统功能方面；而从更长时间尺度来看，森林类型的更替将变得更为显著。北方针叶林将受到最大的冲击，其面积可能会大幅减少，因为全球增温对极地地区的影响最为显著。一些脆弱的温带森林可能会逐渐岛屿化或分隔成多个森林斑块，这与城市和农业用地扩张导致的森林破碎化现象相似；山地或高海拔地区的森林也面临着类似的威胁——随着它们不断向上迁移，最终可能会面临无处可去的境地。

全球气候变暖对森林生态系统产生了深远的影响。根据世界自然基金会（WWF）的研究，这种影响主要体现在 5 个方面。

第一，干扰增加，由于极端气象事件、降雨模式及温度变化的频繁发生，森林生态系统遭受了前所未有的冲击。这导致森林破碎化加剧，彼此孤立的生态系统也在发生改变。第二，森林生态系统可能出现简单化趋势。若全球变暖持续严重，生长缓慢的物种可能会被速生的短命野草和其他入侵物种所取代，进而导致原有物种多样性减少，景观逐渐退化。第三，物种迁移成为一个显著现象。由于气候变暖，物种被迫向更高纬度或更高海拔地区迁移。然而，目前对于物种迁移的具体速度尚不清楚。第四，林龄下降也是一个值得关注的问题。全球变暖对森林树木造成胁迫，导致老龄树木死亡，年轻树木占据其位置。这种变化对森林生物多样性产生了负面影响。第五，灭绝风险增加。对于那些脆弱的森林生境来说，全球变暖可能导致它们永远消失，具体如下。

（1）北方针叶林

在各类森林中，北方针叶林受全球变暖的影响尤为显著。由于两极地区对气候变暖的敏感性更高，预计到 22 世纪，该地区的温度将上升 5 ～ 10℃甚至更高。这种升温将对生活在此的物种造成不利影响，可能导致北方针叶林中 24% ～ 40% 的物种消失。同时，温带森林和草地物种可能会入侵并取代原有的北方针叶林植被。

北方针叶林植被被挤出原区域，它们可能会在 22 世纪向两极迁移 300 ～ 500km。然而，迁移过程中将面临诸多挑战，如冻原区域土壤的贫瘠、种子扩散速率的限制以及迁移耐受范围的问题等。此外，全球变暖还可能导致昆虫侵袭和野火频发等风险增加。

（2）热带雨林

热带雨林是对诸如过度放牧、砍伐、耕作及焚烧等人为干扰极为敏感的生态系统。随着地球温度的上升，将自然生态区域转化为农耕用地和大规模的砍伐行为，已成为热带雨林当前面临的最大威胁。据联合国粮农组织的研究显示，每隔数年，便有与爱尔兰岛或南加州面积相当的热带雨林被改作他用。这一现象在发展中国家尤为严重。

即便不考虑全球变暖的因素，单纯的森林砍伐也会对热带雨林造成深远的影响。因为随着热带雨林面积的缩减，会导致降雨量减少和气温上升。这种变化足以使亚马逊雨林（地球上现存的最大热带雨林）在 21 世纪末转变为热带稀树草原（萨瓦纳）。亚马逊雨林覆盖了近 60% 的巴西国土，拥有全球 1/5 的淡水资源，并孕育了世界上近 30% 的动植物种类。因此，如果不采取行动来减缓或阻止全球气候变暖和森林砍伐，预计到 2100 年，当地温度将上升 5 ～ 8℃，降雨量将减少 15% ～ 20%。在这种情况下，亚马逊雨林有可能退化为萨瓦纳。

不仅亚马逊雨林面临这样的危机，全球范围内的热带雨林也正加速被砍伐，以腾出空间用于农业、畜牧业、采矿和木材生产。当这些森林被砍伐或焚烧时，大量的二氧化碳会重新释放到大气中。事实上，热带雨林砍伐所释放的二氧化碳量占人为排放总量的 20%，这使热带雨林砍伐成为全球变暖问题中的一个重要方面。

在热带雨林中，即使温度仅上升 1℃，也会对鸟类的繁殖周期、植物的生长周期、病害模式以及地表径流量产生影响。全球气候变暖正在破坏生态平衡，尽管物种在努力适应这些变化，但它们的进化速度远远跟不上环境的变化。例如，过去鹦鹉会根据高蛋白食物来源的可用性来调整其繁殖时间。而全球变暖已经改变了植物的开花和结果周期，这可能导致鹦鹉的繁殖季节被调整到一年中不利于筑巢的时间段。鹦鹉作为野生动物中的一种，目前已经属于最濒危的鸟类之一。据统计，31% 的热带雨林物种已处于濒临灭绝的边缘。

6.1.2.2 森林对全球变暖的适应

针对全球变暖对森林生态系统的影响，世界自然基金会（WWF）提出了一系列具体的适应策略。

①保护和恢复森林生态系统：WWF 强调保护现有森林的重要性，并倡导通过恢复退化的森林地区来增加森林覆盖率。这有助于维护森林的生态功能，如碳储存、气候调节和生物多样性保护。

②推广可持续的森林管理实践：WWF 提倡采用可持续的森林管理实践，确保森林资源的合理利用，同时减少对生态系统的负面影响。这包括控制砍伐活动、促进森林再生和采取环保的林业操作方式。

③加强生态系统的恢复力：通过保护和恢复生态系统的完整性，可以提高它们对气候变化的抵抗力。例如，恢复湿地、洪泛区等自然生态系统，有助于减轻洪水等自然灾害对森林生态系统的影响。

④提高公众意识和教育：WWF 致力于提高公众对气候变化和森林保护的认识，通过教育活动引导人们更加珍惜和保护森林资源。

⑤合作与政策支持：WWF 还倡导与政府、社区和其他组织合作，共同制定和实施针对气候变化的适应策略。此外，WWF 还支持制定有利于森林保护和可持续利用的政策和法规。

6.1.3 全球气候变化对草原生态系统的影响

天然草原占据全球陆地面积约 1/4，构成世界植被的重要一环。全球变暖引发的任何变化都可能对全球主要的生态系统产生深远影响。草原的分布和健康状况主要受制于降雨和火灾，而这两个因素在全球气候变暖的背景下可能变得更加极端，使得草原面临前所未有的挑战。草原不仅为人类和家畜提供食物来源，还为众多野生动物提供栖息地。更为重要的是，草原在碳储存、维持生物圈健康和生态平衡中扮演着关键角色。若草原生态系统受到破坏，整个生态系统都可能失衡，带来一系列负面后果。

6.1.3.1　草原的重要性和脆弱性

草原的植物群落主要以禾本植物、非禾本植物以及一些木本植物为主，而草食动物则是其主要的动物群体。根据气候特点，草原可分为温带和热带两种类型。温带草原，如北美大平原，拥有高度的物种多样性，这是数百万年来自然演化的结果。相比之下，农耕地的生物多样性则因种植作物单一性较低。

草原对碳的储存至关重要，尤其是在土壤中。然而，随着人类活动的不断扩展，大量草原被开发为农田，导致草原面积缩减，生物多样性下降。据估计，全球约 70% 的草原已出现退化，过度放牧是主要原因。

温带草原主要分布在北回归线和南回归线附近，包括北美大平原、非洲草原、欧亚草原和南美潘帕斯草原等。这些区域的草本植物因适应干旱、火灾和放牧等压力而占据优势。木本植物则主要生长在水分条件较好的河谷地区。

热带草原位于赤道附近，受热带干湿季气候影响。这里的草本植物高大茂盛，但全球变暖导致的沙漠化威胁着这些区域的生态安全。

根据政府间气候变化专门委员会（IPCC）的研究，草原因其结构和功能特点，在全球气候变化中显得尤为脆弱。外来物种入侵、干旱胁迫以及野火的频繁发生，都可能对草原生态系统造成破坏。此外，全球变暖还可能导致草原土壤中碳、氮含量的减少，进而影响植被的再生能力。

6.1.3.2　全球变暖对草原的影响

随着全球气候的变化，草原生态系统正面临着前所未有的挑战。大气环流模型（GCMs）的预测表明，草原将会遭遇更极端的气候条件，如白天温度更高、夜间温度更低，以及降雨模式的改变。这些变化对草原的生态平衡产生了深远影响。

近年来，全球变暖导致的夜间高温现象尤为引人关注。特别是在晚冬和早春季节，夜间高温已经显著改变了气温格局，使最终霜冻日期提前了 2 周。这种温度变化模式对本地草本植物的萌发产生了影响，导致它们比入侵植物和有害植物萌发得更晚。这种情况加剧了物种入侵问题，因为入侵植物能够更早地吸收土壤中的水分和营养物质，抑制了本地物种的生长。

对于那些降雨量预期增加的草原地区，如美国西部，虽然不会面临缺水和高温导致的干旱问题，但营养循环的加速可能促进更多入侵物种的扩张。而对于炎热的沙漠草原，如澳大利亚以及美国和墨西哥的某些地区，频繁的强降雨和骤发洪水预计将导致更严重的土壤侵蚀和营养流失。这些变化对那些已经受到沙漠化和野火影响的草原生态系统来说，无疑是雪上加霜。

此外，全球变暖还通过影响土壤中碳和氮的含量来对草原生态系统产生负面影响。尽管大气中 CO_2 含量的升高和温度的上升可能会在初期增加植物的数量，但长期来看，这将导致土壤中碳和氮的减少。这对依赖富氮植物为食的草食动物来说是一个严峻的问题，不仅影响家畜的健康，也对长期摄食草原植物的野生动物造成威胁。

气候变化给草原带来的威胁是多方面的。持续的全球变暖通过减少降雨量使草原逐渐转化为沙漠，而人类为满足不断增长的人口需求、农作物种植和畜牧养殖需求而寻找更多水源的行为，也进一步加剧了草原生态系统的退化。

值得注意的是，在某些情况下，全球变暖可能会使一些草原生态系统变得更加湿润。研究显示，在生长季早期，增温实际上增加了草地样地的土壤水分含量，这一意外发现强调了动植物在调节气候变暖影响中的重要作用。尽管如此，这并不意味着气候变暖对草原整体而言是有利的。

生产力较低的草原与生产力较高的草原在碳储存方面存在差异。低生产力草原，如靠近山脉或在高纬度地区的草原，储存的碳较少；而高生产力草原虽然储存了更多的碳，但频繁的放牧活动也导致了更多的甲烷和氧化亚氮排放，使它们更容易受到全球变暖的影响。

对于北美及其草地而言，干旱已经不再是罕见现象。极端干旱不仅影响农作物生长，还会导致表层土壤变干并被风带走，湖泊和其他淡水水体蒸发加速等一系列环境问题。

牧场占据了世界陆地表面的很大一部分，从生态学角度来看，它们与森林具有同等的重要性，如何将这些牧场恢复为健康、高生产力和正常运行的草原是一项至关重要的任务。成功实现这一目标将有助于储存大量的碳并减少碳排放量。如果草原不能得到恢复或者由于农耕和城市开发而退化，则将导致大量的 CO_2 被释放到大气中加剧全球变暖。

除了退化和沙漠化问题外，草原还面临着向北迁移的挑战，这将使原本富饶的农场向北迁移至加拿大等地，从而使农作物生产变得更具风险和困难，全球粮食供应也会因此受到威胁。

6.1.3.3　草原对气候变化的适应

草原在应对气候变化中发挥着重要作用，通过采取有效的保护和管理措施，草原可以变成应对气候变化的积极因素。草原在固碳方面有着不容忽视的作用，然而这一点尚未被足够重视，应采取有效保护措施，让草原变成应对气候变化的积极因素。可采取的具体措施包括：通过退耕还林还草，恢复和增加草原植被覆盖，减少土壤侵蚀和荒漠化；根据草原的承载能力合理规划畜牧业，避免过度放牧导致的草原退化；建设人工草场，通过人工种植和养护，增加草原面积和生产力；利用金融工具支持草原保护和恢复项目，促进可持续发展。这些措施的实施有助于提高草原的碳汇能力，减少气候变化对草原生态环境的负面影响，同时促进当地经济的发展和居民生活水平的提高。

随着全球气候的不断变化，土地管理者在适应这些变化并采取负责任的管理策略方面，面临着越来越大的挑战。在全球范围内，多个地区如澳大利亚、美国加利福尼亚以及美国西部山区，草原生态系统的恢复工作已经迫在眉睫。为了恢复草原的生态功能，需要采取一系列综合性的恢复措施。这些措施可能包括限制家畜放牧，以减轻草原的承载压力；积极移除已经入侵的外来物种，以防止它们进一步侵占本地物种的生存空间；以及重新播种本地物种，促进草原生态系统的自然恢复。另外，物种入侵已成为一个不容忽视的问题，其传播途径包括但不限于牲畜、越野车辆、巡逻和道路维护人员，以及户外旅行者无意中携带的种子。为了防止外来物种入侵并破坏生态平衡，必须在它们形成稳定型种群之前采取及时有效的应对措施。因此，制订一套科学且实用的土地管理计划显得尤为重要。

6.1.4　全球气候变化对海洋生态系统的影响

在全球气候变暖的背景下，海洋环境的脆弱性愈发显现。这种影响并非仅限于极地地区，随着温度的持续攀升，其他海域的生态系统同样面临严重威胁。

全球变暖对海洋环境的影响是多方面的，涉及温度变化、海岸生态改变以及风暴路径偏移等。其中，温度上升和海平面抬高是最为直观的两个变化，而其他影响则更为错综复杂，取决于它们与海洋环境中其他因素的相互作用。

根据 IPCC 的数据，预计到 2100 年，地表温度将比 1990 年高出 1.4 ～ 5.8℃。这意味着海面温度也将随之上升，尤其是在冬季的高纬度地区，温度增幅可能会达到过去 1 万年来的最高点。这种快速的温度变化将导致河口和海洋生态系统发生急剧变革，而物种可能难以适应这种迅速的变化。

IPCC 的数据还显示，20 世纪全球平均海平面已经上升了 10 ～ 20cm，并且目前海平面每年仍在以 0.08 英寸（约 0.2cm）的速度上升。到 2100 年，这一数字可能会再增加 9 ～ 88cm。这一上升趋势主要由两个因素驱动：一是海洋水体的热膨胀，随着温度升高，水体体积会增大；二是陆地冰川和冰架的融化。此外，未来全球降雨量预计会增加，尤其是冬季降雨，同时北半球中高纬度地区的风暴活动也将更为频繁。

美国皮尤全球气候变化研究中心（Pew Research Center）发布了一系列关于气候变化关键问题的研究报告，涵盖了经济和环境影响以及可能的政策解决方案。该中心指出，全球变暖对河口和海洋生态系统的主要影响包括温度变化、海平面上升以及淡水供应、风向和风暴活动的改变，在这些脆弱的生态系统中 温度变化具有直接且显著的影响；对于海洋生物而言，温度直接影响其生物学行为，如海洋动物的繁殖、生长、行为和死亡，而海平面上升和风环流变化则对海洋产生更长期的影响。

全球气候变化对海洋生态系统的影响可以从以下几方面进行深入探讨。

（1）极端温度对生物体具有致命影响

即使温度仅比它们适应的环境高出几摄氏度，也可能对许多物种构成威胁。例如，在某些情况下，即使温度仅上升 1℃，也可能对某些海洋生物造成严重伤害。1976—1977 年，美国洛杉矶附近的海湾水温突然上升 1℃，导致岩礁性鱼类种类减少了 15% ～ 25%。此外，温度升高还可能对生物体的生命功能和生理学因素产生负面影响，如干扰新陈代谢、生长和行为，以及影响繁殖时机和幼虫发育。

（2）温度还对生物体的分布区域和种群规模有影响

例如，北美西海岸的近海水域较为温暖，而远离海岸的海域则较为凉爽，这种温度差异形成了一个著名的渔业资源丰富区。此外，温度差异还会影响物种间的相互关系，如捕食、寄生和在资源竞争中形成的其他种间关系。如果温度变化改变了生物的分布，那么生态系统中的捕食者、被捕食者、寄生者和竞争者之间的平衡也将被打破。因此，物种间的平衡、食物链、生物行为以及整个生态系统的平衡都将面临重新调整。

全球气候变暖通过干扰生理事件的发生时机，对物种间的相互作用产生了深远影响。一个显著的例子是多种物种繁殖周期的改变。气温的上升打乱了食物供应与鸟类繁殖时间的同步性。对于那些迁徙的候鸟来说，这是一个严峻的问题。这些候鸟依赖于在到达繁殖地时能有特定的食物供应。如果气温上升导致它们的迁徙时间提前，而食物供应的时间并未相应提前，那么这些鸟类就可能面临食物短缺的困境，进而影响它们的存活率。

此外，温度也直接影响水体的含氧量。随着水温的升高，水体中的氧气含量会降低。如果全球变暖的趋势持续下去，海洋生物可获取的氧气量将逐渐减少，这对它们的生存构成严重威胁。

（3）海平面上升带来的后果

海平面上升的后果因地而异，受到地理位置、上升速率以及不同生态系统的生物化学响应等多重因素的影响。陆基冰川和极地冰雪的融化是导致海平面上升的主要原因。海平面上升后海岸线将随之发生改变，海水会淹没原本的沼泽和红树林区域，灌入土壤之中。这些原本不含海水的湿地，在海水上升后，其中的植物可能因无法适应新的盐度环境而死亡。同时，这些湿地也是许多野生动物的栖息地，海平面上升无疑会破坏它们的生存环境。

（4）城市化进程的加速已引发湿地消失风险

在海岸线附近，城市化进程的加速已引发湿地栖息地潜在消失的风险，此情况严重限制了生物向内陆地区的自然迁移路径，这将带来灾难性的后果。湿地是海岸生态系统生物生产力的关键组成部分，尤其是沼泽地，承载着多项至关重要的生态服务功能，包括为野生动物提供居住地、繁殖地、育幼场以及庇护所。湿地作为地球生态系统的重要一环，其破坏将影响到营养物质的转移和供应、能量流动及本地物种可利用的栖息地。这可能导致一些稀有、受威胁和濒危的动物，如美国短吻鳄、佛罗里达灰熊等面临灭绝的风险。

（5）全球变暖影响着海洋环境的风环流

风环流主要由地球表面温度的不均匀分布引起，特别是赤道和极地之间的温度梯度。然而，在全球变暖的条件下，极地温度的增幅可能会更大，从而减小赤道和极地之间的温度梯度，这将削弱全球的风环流，进而影响由风驱动的表层洋流。表层洋流的减速可能会对大洋和滨海生态系统的结构与功能产生负面影响，例如，减速的洋流可能无法将营养物质带到需要的地方。

温度和盐度的相互作用驱动着海水的运动，将世界各大洋紧密地联系在一起。这种联系使得热量能够在全球范围内进行传输。海水密度由海水的温度和盐度共同决定，当海面受热不均匀或者蒸发、降水不均匀时，海水的温度和盐度就会发生改变，进而造成海水密度分布不均匀。温度越低、盐度越高，海水密度就越大，低温高盐的海水因密度大会向下沉，高温低盐的海水因密度小则会向上升，这种密度上的差异是推动大洋海水运动的主要原因。

在所有海水运动中，最重要的莫过于热盐环流系统，它通常被形象地称为“大洋输送带”。热盐环流是指由于海水不同区域之间密度差异造成的海流，是被海水密度梯度驱动的深层环流。热盐环流也被称为大洋环流传输带，它控制着全球约 90% 的水体，是调节全球气候的关键纽带。在这个系统中，北大西洋表面冷而致密的海水会下沉到海洋深处，然后经过印度洋和太平洋，最终又通过表面流回大西洋。这个循环过程需要数个世纪的时间来完成，是调节地球上大陆之间热量的关键循环之一。洋流在赤道地区吸收热量后上升到大洋表面，并通过湾流以及穿过欧洲西海岸的北大西洋暖流向北移动。这股洋流使得欧洲西海岸的气候变得比同纬度的其他地区更为温暖。当这股洋流到达北冰洋后，它会冷却并携带在海洋表层吸收的营养物质、氧气和二氧化碳沉入海洋下层。

热盐环流系统的主要作用包括维持全球气候平衡、促进海洋生物生存和物质循环，它能够输送大量的热量、淡水和营养物质，对全球气候起到非常关键的调节作用。此外，热盐环流对海洋生物的生存也起到了重要作用。它通过输送营养物质到生产力高的区域，支持了海洋生物的食物链和生态系统。热盐环流的变动会影响海洋中的盐度和温度分布，从而影响生物的分布和繁殖。

2023 年，哥本哈根大学物理学家彼得·迪特莱夫森（Peter Ditlevsen）和统计学家苏珊妮·迪特莱夫森（Susanne Ditlevsen）在《自然通讯》上发布了一项最新研究，其核心观点令人震惊：在温室气体排放持续的情况下，地球的大西洋经向翻转环流（atlantic meridional overturning circulation，AMOC）——一个携带热带暖水北向前往北大西洋的巨大洋流系统——可能在 21 世纪中或可能在 2025 年后的任意时间崩溃，且崩溃时间不晚于 2095 年。一旦这一关键的气候系统崩溃，地球很可能迎来一个前所未有的极寒时代。大西洋经向翻转环流，作为地球气候系统中不可或缺的构成元素，其潜在的崩溃将有可能诱发极端天气事件的频繁发生，以及海平面的显著上升，从而引发一系列严峻的环境挑战。

（6）海洋酸化的影响

海洋酸化是一个由人类活动引起的现象，具体指的是海洋持续吸收大气中由人类活动排放的 CO_2，进而导致海水 pH 的不断下降。据德国全球变化问题咨询委员会的研究显示，海洋目前储存的 CO_2 量已是大气的 50 倍，更是陆地生态和土壤的 20 倍，凸显了海洋作为 CO_2 的重要储存库和长期汇聚地的角色。

由于大气与海水的压差作用，部分由人类活动产生的CO_2会渗入表层海水，并随着时间的流转，被洋流带往海洋深处。目前，海洋年吸收碳量约为2.0×10^9t，这大约占据了人类活动碳排放量的30%。而根据IPCC的数据，1800—1995年，海洋已累计吸收了约1.18×10^{11}t的碳，这相当于化石燃料燃烧所排放CO_2的48%，或占人类活动总排放量的27%～34%。

如今，甚至在深达1000m的海域也能检测到人类活动产生的CO_2。尽管由于海水的垂直混合过程较慢，这些CO_2还未沉至海底，但在北大西洋地区，由于其特有的海水垂直混合条件，人们已在3000m深的海域中检测到了这种CO_2的存在。

CO_2在海洋中的化学特性与其在大气中截然不同。在大气中，它是化学中性的，但一旦溶解于海水，便会激活其化学性质，导致海水pH值降低，即发生海洋酸化。

自18世纪工业革命至今，海洋的pH已下降了约0.11。在工业革命前，海水的pH为8.18，呈微碱性，但随后其酸性持续上升。根据IPCC的模型预测，若大气中的CO_2浓度在2100年增至6.5×10^{-4}mL/m^3，那么与此前工业革命时期相比，海水的pH将下降0.30。若CO_2浓度进一步攀升至9.7×10^{-4}mL/m^3，则pH将下降0.46。

现有证据表明，海洋酸化的主要诱因是人类活动，包括燃烧化石燃料、砍伐森林以及土地利用方式的转变。其中，受影响最为严重的是热带和亚热带的珊瑚。海洋酸化对这些珊瑚礁生态环境构成了严重威胁。同时，浮游生物作为许多鱼类和其他海洋生物的主要食物来源，也受到了不小的冲击。

全球气候变暖导致珊瑚礁丧失。珊瑚礁，这个有时被称为海洋中的“热带雨林”的生态系统，为众多海洋生物提供了栖息地，包括各种鱼类、海龟、鲨鱼以及其他丰富多样的海洋生物。此外，珊瑚礁还吸引着世界各地的潜水爱好者前来探访五彩斑斓的海底世界。然而，珊瑚虫对温度的适应性非常有限，仅仅比夏季最高温高出1.1℃的水温就足以让它们排出共生的虫黄藻并变白，即发生“白化”现象。若此现象持续，珊瑚虫最终将死亡。

目前，全球已发生多起严重的珊瑚白化事件，约16%的珊瑚礁受到了严重破坏，甚至有些生长了千年的古老珊瑚也因升温而死亡。热带海洋温度上升、酸化加剧以及更频繁的风暴活动，使全球的珊瑚礁都处于岌岌可危的状态。珊瑚礁的丧失对沿海经济将是一个巨大的打击。

海水吸收CO_2会导致海水中的碳酸根饱和度下降，进而影响到钙化作用，这是珊瑚虫形成骨骼的关键过程。此外，海洋酸化还对那些紧附在礁石上生长的藻类造成负面影响，这些藻类在珊瑚礁的建设中扮演着至关重要的角色，它们像黏合剂一样将珊瑚礁连接在一起，对维持整个珊瑚礁生态系统的稳定至关重要。

6.1.5 全球气候变化对农业生态系统的影响

农业，作为对气候变化反应最为敏锐的行业之一，其敏感性主要源于各类作物在气候变迁中的显著差异反应。这种差异来源于多种因素，包括作物类型和品种、土壤性质、病虫害问题，以及二氧化碳对作物的直接影响。此外，二氧化碳浓度、气温、水分压力、矿物质营养、空气质量和作物的适应能力之间的相互作用也各不相同。二氧化碳浓度的适度上升在某些情况下能够激发作物的生长潜力，提升产量，但这一正面效应往往难以全面抵消极端高温与干旱等极端气候事件所带来的深刻负面影响。这些差异根植于多重因素交织的复杂网络，涵盖了作物类型与品种的多样性、土壤性质的特异性、病虫害的侵袭挑战，以及二氧化碳对作物生长的直接影响。为了适应这些变化，农田管理和畜牧业可以采取一系列策略，例如调整播种时间、优化施肥策略、改进灌溉方法、选择更适合的品种以及优化动物品种选择。

气候变化对不同纬度地区的作物产量影响也各不相同：在热带地区，由于气温已经接近某些作物的耐高温极限，并且该地区的农业主要依赖雨水灌溉，因此即便是轻微的温度上升也可能导致作物减产，特别是在降雨量显著减少的情况下，热带作物的产量可能会受到严重影响。尽管具有自适应能力的作物在气候变化条件下可能表现得更好，但其产量仍然可能低于当前气候条件下的水平。

作为农业大国的中国，在气候变化的大背景下，未来的农业生产将面临几个关键挑战。

首先，农业生产的稳定性面临潜在威胁，可能导致农作物产量大幅波动。据预测，到 2030 年，由于全球变暖的影响，中国的种植业总产量可能会下降 5% ~ 10%，尤其是小麦、水稻和玉米等核心粮食作物，预计将普遍面临减产压力。然而，如果能及时采取有效的应对措施，那么 2030—2050 年间的气候变化可能不会对全球以及中国的粮食安全构成重大威胁。

其次，农业生产的布局和结构或将经历深刻变革。随着气候变暖，中国的农作物种植制度预计将发生重大转变。至 2050 年，多熟制种植模式的地域分布或将发生剧烈变动，同时农田面积可能大幅缩减并趋向集中化。例如，目前在华北地区广泛种植的小麦品种（强冬性）可能需要被其他类型（如半冬性）的小麦品种所取代。

最后，农业生产条件的改变可能导致农业成本显著增加。气候变暖会加速土壤有机质的分解，从而削弱土壤肥力，肥料的使用量可能需要增加。同时，农药的使用量也可能上升，进一步导致整体农业投入的增加。为了应对这些挑战，提高水土资源的利用效率将成为农业适应气候变化的关键策略。

6.2 全球生物多样性保护与可持续利用

自从地球上孕育出生命以来，物种便踏上了不断迁徙的征途。在远古人类迁徙的波澜壮阔中，众多物种亦随之远行，其中不乏如今遍布全球的农作物。这些农作物，作为人类迁徙途中有意传播的种子，助力人类在全球多样且复杂的自然环境中稳健生存与繁荣发展。然而，时至今日，物种的扩散却成了威胁环境的生物入侵现象。为什么长久以来一直进行着的、常常对人类发展有益的生物入侵，会成为当前诸多环境问题的根源？解答这个问题需要了解生物多样性的知识。

6.2.1 生物多样性

生物多样性是指生命形式的多样性，通常表现为一个地区的物种数量或遗传类型的丰富程度。生物多样性通过生物演化发展而来，并受到物种间的相互作用和环境的影响。

生物多样性可细化为 3 个层面：首先是遗传多样性，它涵盖了特定物种、亚种或种群内部遗传特征的总体丰富性。在基因工程与 DNA 研究的新视角下，遗传多样性意味着 DNA 中碱基对序列、基因总数及活性基因总数的全面体现。其次是生境多样性，即在给定单位面积内，栖息地类型的多样性与复杂性。最后是物种多样性，这一层面进一步细分为物种丰富度、物种均匀度及物种优势度 3 个维度：物种丰富度直观反映了区域内物种的总数；物种均匀度则衡量了物种间相对分布的均衡程度；而物种优势度则特指区域内某一或某些物种在数量或影响力上的显著优势。

为深入理解物种多样性，需清晰把握物种丰富度、物种均匀度与物种优势度之间的微妙差异与内在联系。例如，假定存在两个生态群落，各自包含 10 个物种，且总个体数均为 100：在第一生态群落中，1 个物种有 82 个个体，而其余 9 个物种则各自仅有 2 个个体；在第二生态群落中，10 个物种个体数量相同，即每个物种都有 10 个个体。面对这两个生态群落，如何科学评估它们之间的物种多样性？通常的想法可能认为，由于两个群落的物种数量相同，因此它们的物种多样性也应相当。然而，深入观测后，我们不难发现，第二生态群落实际上展现出更为显著的多样性特征。在第一群落中，由于某一物种的个体数量占据了压倒性优势，因此在多数情况下，观察者只能观测到这一主导物种，而其他物种则难以察觉。这意味着，如果仅凭物种数量来评估多样性，观察者可能需要经过详尽的研究才能确认第一群落与第二群落在物种数量上的等同性；而第二群落则不同，它能够在较短时间内就展现出丰富的物种多样性，使观察者能够直观地感受到不同物种的存在。

这个例子表明，只计算实际存在的物种数量不足以描述生物多样性，不同物种的相对概率同样影响着物种的多样性。故而生态学家把一个地区的物种总数称为物种丰富度；物种的相对丰富度称为物种均匀度；最丰富的物种称为优势种，用这 3 个指标综合衡量一个区域的生物多样性。

6.2.1.1　地球上物种的数量

世界上的物种数量极其庞大，目前人类已经命名的物种高达 150 万种，但科学估算显示，实际存在的物种可能超过 300 万种。在热带稀树草原、雨林等尚未充分探索的自然环境中，新物种仍在不断被发现，这进一步增加了准确判断地球物种总数的难度。

6.2.1.2　生物的进化历史

（1）生物的进化史

在自然界的演变中，生物的进化史犹如一部波澜壮阔的史诗，记录着生命从简单到复杂、从低级到高级的壮丽历程：从远古的海洋泡沫中孕育出的最初生命形态，到如今地球上纷繁复杂的生物群落，每一步都是挑战与奇迹。从单细胞生物到多细胞生物，从水生到陆生，生物们不断适应着新的环境，发展出了各种各样的生存策略。有的生物选择了快速繁殖以数量取胜，有的则进化出了强大的防御机制以抵御天敌，还有的则发展出了复杂的社交行为以协作生存。

在这个过程中，遗传与变异成为了推动生物进化的两大动力。物种进化本质上是指种群里的遗传性状在世代之间的变化。在物种繁殖的过程中，基因经复制传递到子代，基因突变可使性状改变，进而造成个体之间的差异；新性状随着基因在种群中继续传递，物竞天择，适者生存，带有可以适应自然条件性状的物种得以生存发展，而不带有适应自然条件性状的物种则被淘汰。遗传保证了生物种群的稳定性，使得生物能够继承先辈的优良基因；而变异则为生物种群带来了多样性，使得生物能够适应更加复杂多变的环境。通过自然选择的作用，那些适应环境的变异被保留下来，并逐渐在种群中扩散开来，最终形成了新的物种。

（2）生物大爆发

在大约 5.42 亿年到 5.3 亿年前的寒武纪时期，生物快速进化，节肢动物、蠕形动物、海绵动物、脊索动物等一系列与现代动物形态基本相同的生物突然集体出现，地球呈现一片繁荣景象。这一现象被称为寒武纪生命大爆发。对于生物大爆发的解释，不同学派持不同态度。

达尔文生物进化论认为，生物进化的过程是通过自然选择和遗传变异两个缓慢的过程逐渐实现的。然而，像寒武纪生命大爆发这样短时间内大量物种的突变式增长却并不符合达尔文的生物进化论。目前，生物学界试图从有性生殖和生物收割者的出现这两个方面探索寒武纪生命大爆发的原因。

有性生殖假说认为，在寒武纪之前，地球上的生命主要依赖于无性生殖进行繁衍，这种方式虽然简单直接，但难以避免遗传上的局限与退化。然而，在寒武纪时期，有性生殖这一革命性的生殖方式逐渐出现，它带来了基因重组的无限可能，使生物种群能够迅速适应多变的环境，并演化出更加复杂多样的生命形态。有性生殖在生物的进化过程中有着极其重要的作用，它为个体间的基因交流创造了条件，为遗传变异的发生提供了可能，从而进一步增加了生物的多样性。有性生殖的兴起，如同为生命进化注入了一股强大的动力，推动了寒武纪生物多样性的急剧增加。

生物收割者假说认为，寒武纪生物大爆发之前的生物主要是初级生产者，不存在明显的食物链、竞争关系和阶级性，进化非常缓慢。蓝藻等食用原核细胞的原生动物的出现和进化成为寒武纪生命大爆发的关键，这些收割者促使营养级金字塔向两个方向迅速发展：较低层次的生产者中出现了许多新物种；而在金字塔顶端又增加了新的收割者，丰富了营养级的多样性。生物收割者的出现，打破了原有生态平衡，它们以其他生物为食，通过捕食、寄生等手段，对生态系统中的生物种群进行筛选与重塑，迫使生物种群不断进化以适应新的生存压力。整个生态系统的生物多样性的不断丰富，最终导致了寒武纪生命大爆发。

有性生殖的引入被认为是推动寒武纪生命大爆发的一个重要因素。在这一时期，生物界开始广泛采用有性生殖方式，这种生殖方式不仅增加了遗传的多样性，还促进了生物体对环境变化的适应能力。通过基因重组和交换，有性生殖为生物进化提供了丰富的原材料，使得生物种群能够更快地适应复杂多变的生态环境。

与此同时，生物收割者的出现也对寒武纪生命大爆发产生了深远的影响。这些收割者通常具有强大的捕食能力和高效的能量利用机制，它们通过捕食其他生物来获取能量和营养，从而推动了生物链的形成和发展。生物收割者的存在加剧了生物间的竞争，但也促进了生物种群的多样化和适应性进化。它们作为生态系统中的顶级捕食者，对维持生态平衡和推动生物进化起到了至关重要的作用。

除了有性生殖和生物收割者的出现外，寒武纪生命大爆发的原因还可能涉及到环境因素的变化。例如，海洋环境的改变、气候的变化、大气成分的变化等都可能对生物进化产生影响，这些变化可能为生物进化提供了新的机遇和挑战，推动了生物种群的多样化和适应性进化。总之，寒武纪生命大爆发的原因是一个复杂而多元的问题，涉及生物进化、生态环境、气候变化等多个方面。目前，生物学界正在不断深入研究这一问题，以期揭示更多关于生命起源和进化的奥秘。

（3）生物大灭绝

在生物进化的进程中，曾发生了6次生物大灭绝，每一次灭绝，都是对生态系统的一次彻底洗牌，也是生命适应力与顽强生命力的展现。第一次发生于大约4.45亿年前的奥陶纪末期，称为奥陶纪大灭绝。奥陶纪大灭绝造成了约85%的物种灭绝。学界普遍认为，这次物种灭绝是由全球气候变冷造成的。地球于4.45亿年前被一颗极超新星释出的伽马射线击中，损失了一半左右的臭氧层，太阳释出的紫外线袭击地球，导致地面及近海面的大量生物死亡。被打乱的空气分子重新组合形成带有毒性的气体，遮挡了阳光中的热量，导致全球温度降低。除此之外，这个时期的多次大规模的火山爆发，可能也导致了全球气候变冷，大量生物因无法生存而灭绝。

第二次生物大灭绝发生于3.65亿年前的泥盆纪晚期，被称为泥盆纪大灭绝。该次灭绝过程持续了几百万年，造成了约75%的生物灭绝。科学家推测，3.77亿年前，大量高温气体从西伯利亚地区的海床裂缝中喷出，海水温度大幅升高；岩浆喷涌而出，岩浆中的有毒物质与海水发生化学反应，使海水发生酸化，大量海洋生物因不耐高温或无法呼吸而死亡。5000年后，海水中的污染物和温室气体扩散到了大气中导致全球气温迅速升高。130万年后发生的火山喷发使得火山灰和有毒气体遮天蔽日。地球陷入了约200万年的长夜之中，海洋生物因无法适应低温而大量死亡。

第三次生物大灭绝，史称二叠纪大灭绝，发生在距今约2.5亿年的二叠纪末期。此次灾难性事件堪称史上最大规模的物种灭绝，约96%的地球生物因此消失。二叠纪末期，全球气候骤变，气温先降后升，伴随着海平面的剧烈波动：海平面下降时，海底有机质暴露并被氧化，不仅消耗了大量氧气，还释放了二氧化碳，加剧了温室效应；随后，气温回升，海平面上升，对陆地生物构成了毁灭性打击。同时，陆块间的碰撞形成了庞大的盘古大陆，阻断了海洋水汽向内陆的渗透，导致内陆地区干旱加剧，许多物种因无法适应而灭绝。此外，两次规模空前的火山爆发更是雪上加霜，岩浆覆盖广袤地区，释放出二氧化硫及甲烷等有害气体，使全球气温在短时间内飙升至惊人的 70℃。另外，长期的酸雨侵袭进一步恶化了环境，土壤酸化严重，植物生存空间被大幅压缩，进而导致大气中氧气含量急剧下降。这一系列连锁反应共同构成了二叠纪大灭绝的惨痛图景。

第四次生物大灭绝发生于 2 亿年前的三叠纪晚期，被称为三叠纪大灭绝。三叠纪大灭绝造成了近 76% 的物种灭绝，其中主要是海洋生物灭绝。此次生物大灭绝的原因尚不清楚，据推测，可能与陨石撞击、火山喷发、海水缺氧等原因有关。

第五次生物大灭绝发生于 6500 万年前的白垩纪末期，称为“恐龙大灭绝”。白垩纪末期发生了地球史上第五次生物大灭绝事件，75% ～ 80% 的物种灭绝。这次大灭绝结束了统治地球长达 1.63 亿年之久的恐龙时代。大部分科学家认为，这次灭绝事件是由小行星或彗星撞击地球、长时间的火山爆发、大规模的海退等原因造成的。恐龙的消失为哺乳动物及人类的最后登场提供了契机。

第六次生物大灭绝是人类经历的第一次物种大灭绝，此次灭绝由人类活动引发。人类对自然资源的肆意开发造成动植物栖息地破坏，气候变化，生态环境污染，外来物种入侵，使许多物种灭绝或濒临灭绝。科学家估计，如果没有人类的干扰，在过去的 2 亿年中，平均每 1.1 年会有 1 种脊椎动物灭绝，平均每 27 年会有 1 种高等植物灭绝。由于人类的干扰，物种灭绝速度比自然灭绝速度快 100 ～ 1000 倍。如今，地球或正处于第六次生物大灭绝前期，最终有可能导致地球上数以百万计的动植物物种消亡。

六次生物大灭绝如同警钟长鸣：在自然的力量面前，人类的力量或许微不足道，但人类的影响力却足以撼动整个地球生态的根基。如果没有及时的反思与行动，那些曾经繁盛的物种，那些与我们共享这个星球的生命，将逐一消失在历史的尘埃之中。

（4）生物分类

生物在进化过程中分化为不同的类别，而人们通常根据生物之间的演化关系或特征的相似性将其分为类群。这些类群从大到小依次为界、门、纲、目、科、属、种。美国生物学家魏泰克将生命分为五个界，分别是动物、植物、真菌、原生生物和原核生物。

生物分类与环境保护之间存在密切的关系。 生物分类不仅有助于我们更好地理解和保护生物多样性，还能促进生态系统的稳定和恢复。通过合理的生物分类，我们可以更好地管理自然资源，减少环境污染，保护生态环境。

比如，生物多样性最重要的指标之一是物种总数，而生物保护的首要目标之一应该是将物种数量保持在目前已知的最大值。地球上大多数物种是昆虫于（66.8 万～ 100 多万之间）和植物（48 万～ 53 万之间），还有许多真菌（大约 10 万）和原生生物（8 万～ 20 万之间）。相比之下，哺乳动物数量只有 4000 ～ 5000 种，约占所有动物数量的 0.5%。如果一个物种的总数是衡量一个物种重要性的唯一标准，那人类就不重要了。

6.2.2　生物演化

在生物的起源问题上，达尔文在 19 世纪提出了生物演化理论。生物演化是指生物种群在世代与世代之间通过遗传变异和环境选择逐渐适应环境的过程，即一个种群世代间遗传特征的变化。它可以产生新的物种，即不再能与原始物种的成员一起繁殖，但可以在新的物种内部彼此繁殖的种群。是否能进行生物演化是区分生命与非生命的重要特征。

在生物学领域，“生物演化”是一个不可逆的单向进程，任何物种的灭绝都标志着该物种在自然界中的永久消逝。生物演化研究的辉煌成就，在很大程度上，应归功于现代分子生物学与基因工程技术的飞速发展。当前，人类已解锁了众多物种的完整 DNA 序列，并持续不懈地探索着更多物种的遗传奥秘。

依据生物演化的核心理念，新物种的诞生是资源激烈竞争与个体间环境适应差异双重作用下的产物。随着环境的持续变迁，唯有那些能够灵活适应环境变化的个体才能生存下来，并继续繁衍。正如达尔文所深刻阐述的：“在个体为了生存而进行的斗争中，任何细微的生理结构、习惯或本能的变异，都影响其能否更好地适应新的环境条件，都影响其活力和健康。”在这场生存之战中，成功适应环境的变异个体将享有更高的生存概率，而这些变异特性若能被其后代继承，即便这些后代在数量上显得微不足道，也同样具备更强的生存潜力。

6.2.2.1　生物演化中的四个关键过程

生物演化包括四个关键过程，分别是突变、自然选择、迁移和地理隔离、遗传漂变。

（1）突变

是指基因的变化。基因存在于细胞的染色体内，每一段基因都携带着遗传信息。这些基因共同构成了个体的基因型，即个体或族群的特有的基因组成。

基因是一种复杂的化合物——脱氧核糖核酸（DNA），而 DNA 则是由化学信息单元组合形成的密码。这种信息单元如同信息“字母表”，DNA 的“字母表”包含 4 个字母，它们分别对应着一种被称作碱基的特定含氮化合物：腺嘌呤（A）、胞嘧啶（C）、鸟嘌呤（G）和胸腺嘧啶（T）。碱基在 DNA 中总是成对出现，它们通过精妙的排列组合，形成了一段段由 4 个碱基长链构成的基因序列。这些序列的特定组合方式，决定了基因中蕴含的信息如何被细胞解读，进而指导特定化合物的生成。

一般情况下，DNA 会在细胞分裂时复制，使得每个新细胞得到相同的基因，但有时增殖过程中的错误会改变 DNA，进而改变遗传特征；有时外部因素与 DNA 的接触会改变 DNA，比如暴露在 X 射线和 γ 射线的辐射之下会使 DNA 断裂或改变其化学结构；一些化学物质和病毒也会改变 DNA。DNA 的这种变化被称为突变。在某些情况下，有突变的个体与其亲本有很大的不同，以至于无法与其原本物种的正常后代进行繁殖。这标志着一个新物种的诞生。

（2）自然选择

个体内的突变是持续产生的，而不是顺着环境条件做出适应的结果。突变对个体的影响有利有弊：经过突变的个体有可能比同类更适应环境，也有可能在环境中处于劣势。

突变并不总是对生物体有益的，无论新物种是否比它的亲代物种更加适应环境，创造新物种的突变都会产生。在物种内部，当基因发生变化时，部分个体可能因此展现出更强的环境适应性——这些具有更佳生理特性的个体，在生存和繁殖上占据优势，从而能够留下更多的后代，这些后代在下一代中所占的比例逐渐增大，且同样表现出更强的环境适应性——这一过程称为自然选择。环境的具体特征在这一过程中起着决定性作用，它们决定了哪些遗传特征能够留下更多的后代。综上所述，经过长时间的自然选择，生物的特征会发生改变。这些变化不断积累，当现代物种无法再与具有原始 DNA 结构的个体进行繁衍时，新的物种就诞生了。

（3）迁移和地理隔离

迁移是地质时期的一个重要演化过程。有时由于地质活动，同一物种的两个种群在地理上彼此隔离了很长一段时间，这段时间里两个种群可能会在自然选择过程中发生很大的变化，即使它们重新接触也无法再次共同繁殖。这表示有两个新物种从原始物种演化而来。

此外，地理隔离的丧失也会导致一个新物种的诞生：当一个物种的一个种群迁移到已被另一种群占领的栖息地时，该栖息地的基因频率就会因此改变，两个物种的基因相互融合，产生新的物种。

（4）遗传漂变

指的是一个种群中基因频率的变化。遗传漂变的发生具有偶然性，与该基因型是否适应环境无关。在小群体中，某些带有特殊基因的个体的生育、迁移和死亡等事件都可能使该群体的基因频率产生随机变动。

始创效应是遗传漂变产生的一种途径，即一小部分个体从一个较大的种群中分离出来，这一小部分个体的遗传变异通常比原始物种少得多，而且被分离的种群的性状将受到偶然事件的影响。在始创效应和遗传漂变中，个体也可能难以更好地适应环境，甚至根本不能适应环境。

6.2.2.2　生物演化与生物多样性

生物演化的规则是简单的，从最普遍的细菌繁衍到最前沿的基因工程技术都遵循生物演化的简单逻辑；但生物演化的结果又是复杂的，生物在不同环境下演化出多种多样的特征，组成了复杂的生物多样性。

生物多样性的形成是多重因素共同作用的结果。

一方面是物种对环境适应能力的不同，在生物演化过程中，物种朝着适应环境的方向演化出不同的特性，但物种对环境的适应能力具有复杂性。同一种环境条件对于不同的生物来说具有不同的威胁，能对一个物种产生威胁的因素并不一定会对另一个物种也造成威胁，而各个物种面对威胁时的适应策略也各不相同，这推动了生物多样性。

另一方面，自然环境本身也在不断变化，气候、地质、水文等因素的持续和突发性变动往往会显著改变物种的栖息地环境或造成地理隔离，引发遗传漂变和始创效应，迫使物种演化出新的特征，推进物种多样性的变化丰富。生物演化是动态的过程，生物演化创造出新的物种，而现有物种的生物演化速度如果不足以赶上环境变化就会灭绝。因此，生物多样性也随之不断变化。

6.2.2.3　竞争和生态位

生物的多样性与物种之间的相互作用有关，物种之间错综复杂的相互作用关系造就了丰富的物种多样性。一般来说，物种之间相互作用的方式有竞争、共生、捕食—寄生 3 种。竞争的结果对双方都是负面的，共生使双方都受益，捕食—寄生的结果对一方有利，对另一方不利。

（1）竞争排斥原则

即两个具有完全相同要求的物种不能在完全相同的栖息地共存。加勒特•哈丁（Garrit Hadin）用最简洁的语言表达了这个想法："完全相同的竞争对手不能共存。"

竞争排斥原则解释了自然界物种数量的有限性。然而，在现实中，仍然有许多物种能在同一片栖息地共存，这是由于不同物种生存在不同的生态位。

（2）生态位

生态位的概念解释了大量物种可以共存的现象。一些物种有着相同的功能性生态位，但它们分散在不同的栖息地；一些物种共享一片栖息地，但它们各自依赖于不同的生态位。这两种情况都不会产生严重的竞争排斥。了解一个物种的生态位有助于了解土地开发或土地利用变化的影响。

6.2.2.4 共生关系

物种之间的相互作用除了互相竞争资源，还有互利共赢的共生关系。在生态学中，共生描述了两种生物之间的互利关系，这种关系提高了二者的生存机会。共生关系中的生物被称为共生体。

共生现象普遍存在，大多数动植物与其他物种之间都存在共生关系。如反刍动物的 4 个胃腔内充满了微生物（每立方厘米 10 亿个），构成了一个独特的共生生态系统。在这个部分封闭的环境中，微生物通过呼吸作用消耗动物进食时摄入的氧气，同时，部分微生物具备将纤维素分解为营养物质，并从胃内空气中固定氮气以生产蛋白质的能力。一些特殊的厌氧细菌能够消化动物自身无法消化的食物，比如木质组织中细胞壁的纤维素和木质素，而反刍动物的胃恰好能为这些厌氧细菌提供缺氧环境。因此，细菌与反刍动物之间的共生关系极为紧密，双方相互依存，任何一方缺失都将导致另一方的生存危机。因此，从科学严谨的角度，它们被界定为"专性共生体"，体现了生物间高度依赖且稳定的共生模式。

6.2.2.5 捕食—寄生

在生态学中，捕食者—寄生关系明确界定了两类生物间的相互影响：其中一方（捕食者或寄生虫）受益，而另一方（猎物或宿主）则遭受不利影响。捕食作为一种自然现象，具体描述了一个有机体（捕食者）以摄取其他活的有机体（猎物）为生存方式的行为过程；而寄生则是指一种生物（寄生者）依附于另一种生物（宿主）生存，不仅不提供任何形式的益处，反而可能对宿主造成潜在或实际的伤害。

捕食可以增加被捕食物种的多样性。根据竞争排斥原则，假设两个相互竞争的被捕食者物种分布在同一个栖息地中并依赖同样的资源生存，只会有一个物种能幸存。但若存在一捕食者，其食谱同时涵盖这两个被捕食者物种，则能有效遏制其中一物种数量上的绝对优势，从而维持物种间的平衡与多样性。

6.2.2.6 生物入侵和外来入侵物种

（1）生物入侵的正面效应

地理因素影响着生物多样性，生物多样性的变化又影响着人类赖以生存的生物资源甚至人类本身。例如，受到最近一次冰河时期对动植物分布的影响，英国的本土树种只有 30 种，比世界其他温带地区少；但经过人工移植，如今英国生长着数百种树种，这些移植的树种大大增加了英国的生物多样性，也为英国带来了丰厚的经济效益。

（2）生物入侵问题

现代社会方便快捷的长途旅行是导致生物入侵的一个主要途径。伴随着人口流动，大量有害生物（包括致病微生物）在世界范围内传播。此外，外来宠物的国际贸易也是物种入侵的另一重要渠道。例如，一些主人会将生长过快、体积过大的宠物缅甸蟒蛇不负责任地放生到野外，人为促进了缅甸蟒蛇的生物入侵，造成生态问题。以下是几个比较严重的生物入侵案例。

①水葫芦入侵中国：水葫芦，学名凤眼蓝，原产于巴西，是一种多年生草本水生植物。它喜欢温暖湿润、阳光充足的湿热环境，适应环境的能力很强，还具有一定的耐寒能力，在热带、亚热带水域中分布较广。水葫芦最初在 20 世纪初被引入中国，最初是作为观赏植物，后来因其具有一定的经济价值（如作为猪饲料）而被广泛种植。但由于其繁殖能力极强，且在中国没有天敌的控制，水葫芦很快就在中国水域内泛滥成灾。

水葫芦的过度繁殖给中国水域生态系统带来了严重的危害，主要体现在以几方面。

破坏水质：水葫芦的大量生长会消耗水中的溶解氧，导致水质恶化。同时，其腐烂后沉入水底还会造成水质的二次污染。

影响航运：水葫芦的泛滥会阻塞航道，影响航运安全，严重时甚至会导致船只无法通行。

破坏生态平衡：水葫芦的大量生长会占据其他水生生物的生存空间，导致本地生物多样性下降。此外，由于水葫芦的覆盖，阳光无法照射到水面以下，影响其他水生植物的光合作用，进一步破坏生态平衡。

造成经济损失：水葫芦的泛滥不仅破坏了水域生态系统，还给农业、渔业等产业带来了经济损失。例如，在严重的水葫芦泛滥地区，渔民可能无法捕鱼，灌溉水源被污染也会影响农作物生长。

针对水葫芦的泛滥问题，我国采取了多种治理措施，包括物理防治、化学防治、生物防治和综合治理等。

物理防治：主要通过人工打捞的方式清除水域中的水葫芦。这种方法虽然费时费力，但能够有效减少水葫芦的数量。

化学防治：使用化学药剂杀灭水葫芦，但这种方法可能对水域生态系统造成二次污染。

生物防治：引入水葫芦的天敌或利用其他生物手段控制水葫芦生长。例如，一些地方尝试利用鱼类或昆虫等生物来捕食水葫芦，取得了一定的效果。

综合治理：结合物理、化学和生物等多种手段进行综合治理。例如，在打捞水葫芦的同时，加强水域生态系统的监测和管理，防止水葫芦再次泛滥。

经过多年的治理努力，我国在水葫芦的防控方面取得了一定的成效，许多地区的水葫芦数量得到了有效控制，水域生态系统逐渐恢复健康。然而，由于水葫芦的繁殖能力极强且难以彻底根除，因此仍需要持续关注和治理。

②亚洲鲤鱼入侵美国：20 世纪 60 年代，美国经济快速发展，但伴随而来的是对河流的严重污染。为了净化水质，美国政府决定引入亚洲鲤鱼（实际上是指我国四大家鱼：鲤鱼、草鱼、鲢鱼和青鱼）作为生物治理手段。这些鱼类以藻类和其他水生植物为食，能有效改善水质。然而，这一决策在后来却引发了一系列意想不到的后果。

亚洲鲤鱼被成功引入美国后，确实在一定程度上改善了水质，特别是在清理泛滥的藻类方面表现出色。然而，20 世纪 70 年代的洪水事件使这些亚洲鲤鱼逃出了养殖区域，进入了自然水域，并开始大量繁殖。由于缺乏天敌和具备强大的繁殖能力，亚洲鲤鱼在美国的许多河流和湖泊中迅速泛滥成灾。它们不仅挤占了本土鱼类的生存空间，还对人类活动造成了一定影响，如跳跃伤人、破坏船只等。

亚洲鲤鱼的泛滥已严重破坏了美国水域的生态平衡，对本土鱼类及其他水生生物带来了巨大的生存压力，其强大的竞争力和惊人的繁殖能力使本土鱼类难以与其抗衡，导致生物多样性的急剧下降。

面对亚洲鲤鱼的入侵，美国政府采取了多种治理措施，包括如下内容。

物理屏障：在密西西比河等重要水域设置电网等物理屏障，试图阻止亚洲鲤鱼进入五大湖等敏感区域。然而，这些屏障的效果有限，因为亚洲鲤鱼具有强大的跳跃能力。

化学治理：尝试使用化学药剂杀灭亚洲鲤鱼，但这种方法可能会对水域生态系统造成二次污染，因此并未被广泛采用。

生物治理：引入鳄雀鳝等天敌来控制亚洲鲤鱼的数量。但这种方法也存在风险，因为新引入的天敌可能会带来新的生态问题。

商业捕捞：鼓励渔民捕捞亚洲鲤鱼并将其加工成食品或其他产品。但由于美国人对亚洲鲤鱼的接受度较低，这一措施的效果并不明显。

国际合作：向中国等亚洲国家寻求帮助和合作，借鉴其在鲤鱼养殖和治理方面的经验和技术。

6.2.3　保护全球生态多样性的措施

为了有效保护全球生态多样性，我们需要采取一系列综合措施，涉及政策制定、环境管理、公众参与和国际合作等多个方面。

6.2.3.1　保护自然栖息地

保护自然栖息地是保护生物多样性的最重要措施之一。具体措施包括以下内容。

①限制森林砍伐：通过立法和政策手段，限制商业性和非法性的森林砍伐活动，保护森林生态系统的完整性和稳定性。

②湿地保护和恢复：加强湿地保护区的建设和管理，恢复受损湿地的生态系统，维护其生态服务功能。

③控制城市扩张：合理规划城市发展空间，避免过度扩张对自然栖息地的破坏，同时加强城市绿地和生态廊道的建设。

6.2.3.2　控制污染

控制污染是保护生物多样性的关键措施之一。具体措施包括如下内容。

①加强工业污染控制：严格执行工业排放标准，加强对工业企业的监管和执法力度，减少工业污染物的排放。

②推广农业清洁生产：推广有机农业和生态农业等清洁生产方式，减少化肥和农药的使用量，降低农业面源污染。

③加强城市环境治理：加强城市垃圾处理、污水处理和大气污染治理，改善城市环境质量。

6.2.3.3 禁止非法捕猎和贸易

非法捕猎和贸易是导致许多物种濒临灭绝的主要原因之一。因此，政府应加强监管和执法力度，严厉打击非法捕猎和贸易行为。具体措施包括如下内容。

①加强法律法规建设：完善野生动物保护法律法规体系，明确非法捕猎和贸易的法律责任和处罚措施。

②加强执法力度：加大对非法捕猎和贸易行为的打击力度，提高违法成本。

③提高公众意识：通过宣传教育等方式提高公众对野生动物保护的认识和支持力度。

6.2.3.4 推广可持续发展

可持续发展是保护生物多样性的重要途径之一。具体措施包括以下几种。

①推广可再生能源：鼓励使用太阳能、风能等可再生能源替代化石能源，减少温室气体排放和环境污染。

②促进循环经济：推动循环经济发展模式的应用和实践，实现资源的节约和循环利用。

③减少浪费：倡导简约生活方式，减少资源消耗和浪费行为的发生。

6.2.3.5 推广环境教育

环境教育是提高公众环保意识的重要途径之一。政府和学校应加强环境教育的推广力度，将环境教育纳入国民教育体系之中。具体措施包括以下几种。

①加强课程设置：在中小学和高等教育阶段设置环境教育相关课程，普及环保知识和理念。

②开展科普活动：通过科普讲座、展览、实地参观等方式普及环保知识，提高公众环保意识。

③鼓励社区参与：鼓励社区居民参与环保活动和组织环保志愿者队伍，开展环保行动。

6.2.3.6 建立自然保护区

建立自然保护区是保护生物多样性的有效手段之一。通过划定自然保护区、国家公园和生态保护区等区域可以有效保护重要的栖息地和生态系统。具体措施包括以下几种。

①科学规划：根据生物多样性和生态系统的分布特点，科学规划自然保护区的

布局和范围。

②加强管理：加强自然保护区的建设和管理工作，确保其生态功能的正常发挥和生物多样性的有效保护。

③促进科研：鼓励科研机构在自然保护区内开展科研活动，为生物多样性保护提供科学依据和技术支持。

6.2.3.7　建立珍稀动物养殖场

由于栖息繁殖条件遭到破坏，有些野生动物的自然种群面临着灭绝的风险。为此可以建立珍稀动物养殖场进行保护和繁殖工作。具体措施包括以下几种。

①选址规划：选择适宜的地点建立珍稀动物养殖场，并合理规划其规模和布局。

②科学管理：加强珍稀动物养殖场的科学管理工作，确保珍稀动物的健康生长和繁殖。

③天然放养：在条件允许的情况下可以划定区域实行天然放养，以恢复野生种群的数量和分布范围。

6.2.3.8　加强国际合作

生物多样性保护是全球性的任务，需要各国共同努力和合作。具体措施包括以下几种。

①加强信息交流：建立信息共享机制加强各国在生物多样性保护方面的信息交流与合作。

②共同制定政策：通过国际组织和多边协议共同制定全球生物多样性保护政策和战略。

③推动资金和技术支持：鼓励发达国家向发展中国家提供资金和技术支持，帮助其加强生物多样性保护工作。

6.3　生态学在全球环境治理中的应用

随着全球性环境问题的日益突出，生态学作为一门研究生物与环境相互关系的学科，在全球环境治理中发挥着越来越重要的作用。本节将从多个方面探讨生态学在全球环境治理中的具体应用。

6.3.1 生态系统的保护与修复

生态学通过对生态系统的深入研究，为保护和修复生态系统提供了科学依据。生态系统作为地球上生物与环境间复杂互动的集大成者，其稳定与否及健康状态直接关系到人类的生活质量及生存环境的安全。因此，保护和修复生态系统是全球环境治理的重要任务之一。

生物多样性是生态系统的基础，也是地球生命系统的核心组成部分。生态学通过研究物种多样性、生态系统多样性和遗传多样性，为保护生物多样性提供了坚实的理论支撑与实践指导。例如，通过建立自然保护区、实施物种保护计划等措施，可以有效地保护珍稀濒危物种，维护生态系统的完整性。

生态系统评估与监测同样是生态学领域的重要工作。通过对生态系统的长期跟踪监测与综合评估，能够及时发现生态系统存在的问题和潜在风险。这有助于制定针对性的保护措施，防止生态系统的进一步退化。同时，生态学还可以评估人类活动对生态系统的影响，为政策制定者提供决策依据。

针对已受损的生态系统，生态学更是贡献了一系列生态修复技术。这些技术涵盖了植被恢复、土壤修复、水体净化等多个方面，旨在全面恢复生态系统的结构与功能，提升其自我修复与适应能力。

6.3.2 环境污染治理

环境污染是当前全球环境治理面临的重要问题之一。生态学在环境污染治理中发挥着关键作用，为解决环境问题提供了有效的手段和方法，主要有以下几个方面。

①环境监测与评估：生态学通过对环境质量的长期监测和评估，能够准确掌握环境污染的状况和趋势。这有助于及时发现环境问题，为污染治理提供科学依据。

②生物修复技术：针对不同类型的环境污染，生态学提供了一系列生物修复技术。例如，利用微生物降解有机污染物，利用植物吸收重金属等。这些技术具有成本低、效果好、无二次污染等优点，在环境污染治理中具有广阔的应用前景。

③环境管理策略：生态学还为环境管理提供了科学的策略和方法。通过制定合理的环境管理政策，可以有效减少污染物的排放，推动环境向更加可持续的方向发展。这些策略不仅关注当前的治理成效，更着眼于长远的生态平衡与保护。

6.3.3 应对气候变化

气候变化是当前全球环境治理面临的另一大挑战。生态学在应对气候变化方面也发挥着重要作用，主要体现在以下 3 个方面。

①碳循环与碳储存研究：生态学通过研究碳循环和碳储存机制，为减少温室气体排放提供了科学依据。例如，通过植树造林、恢复退化生态系统等措施，可以增加生态系统的碳储存能力，从而减缓全球变暖的速度。

②气候变化影响评估：生态学还可以评估气候变化对生态系统的影响。这有助于预测未来生态系统的变化趋势，为制定应对策略提供依据。同时，生态学还可以评估不同减排措施的效果，为政策制定者提供参考。

③适应性管理：面对气候变化带来的不确定性，生态学提倡实施适应性管理策略。这意味着在制定环境政策时，需要充分考虑生态系统的自适应能力，以及人类活动对生态系统的影响。通过不断调整管理策略来适应气候变化带来的挑战。

6.3.4　促进可持续发展

生态学不仅关注生态系统的保护和修复，还致力于推动可持续发展。通过整合生态学原理和方法，可以实现经济发展与环境保护的协调与平衡，主要体现在以下 3 个方面。

①绿色经济发展：生态学提倡发展绿色经济，通过推广清洁能源、循环经济等模式，减少资源消耗和环境污染。这有助于实现经济增长与环境保护的双赢。

②生态城市规划与建设：在城市规划和建设中融入生态学理念，可以打造宜居、绿色、低碳的城市环境。例如，通过增加城市绿地面积、推广绿色建筑等措施，提高城市的生态环境质量。

③公众教育与意识提升：生态学还强调加强公众教育和意识提升工作。通过普及生态学知识和环保理念，引导公众形成绿色生活方式和消费习惯，共同推动全球环境治理的进程。

第 7 章　应用生态学

应用生态学是将生态学原理和方法应用于实际问题的科学。本章将详细介绍生态农业与可持续发展、城市生态学与生态城市建设以及生态工程与环境修复等方面的理论与实践，为读者展示生态学的广阔应用前景。

7.1　生态农业与可持续发展

7.1.1　农业生态学的概念

农业生产是在人工管理下的生态系统，是对农业植被进行科学管理以实现优质高产目的人工生态系统。广义的农业生态系统应该包括林业、牧业和渔业生态系统。它与自然生态系统的区别如下。

①系统内的植物和动物是经人工选择而不是自然选择的。

②系统内的生产者的多样性极低，往往是单一的种类，便于管理。而系统的生产者、消费者和还原者往往是分离的，联系比较松散。

③除了接受自然能量和物质的输入外，系统还接受了大量的人工辅助的能量和物质的输入。因此，这是开放的系统。

④人类从农业耕地中收获植物产品，种子、果实、块根、块茎、茎叶或整株对耕地肥力的消耗强度是不同的。秸秆还田的做法是对耕地肥力进行有效保护的措施。目前，许多地方在大量开发和利用作物秸秆，然后以化肥来补充地力。总之，农业的可持续发展关键在于对土壤肥力的培育。

⑤农业生态系统不是孤立的，它会受到周围自然生态系统的影响，并与之有物质、能量和信息的联系。

农业生态学就是应用生态学原理和方法，研究作物与气候和土壤的关系，并结合相关学科，对农业生态系统和农业生产全过程进行科学规划和管理的一门综合应用学科。目前，农业生态学的研究重点是农业资源潜力、生物生产力、养分循环与调控、能量投入与产出的效率、生态资源优化策略和农业现代化等生态学问题。

7.1.2 生态农业

生态农业是生态系统工程的一部分，它是将生态系统的原理应用在农业生产实践中的具体生产模式。与传统农业相比，生态农业在利用阳光、时间、空间、土地、水体等资源方面，都是从生态学角度来考虑的，其实它也是循环经济发展模式的一部分。生态农业是在尽量延长能量传递链的同时，实现物质循环再利用的新型生产模式。

我国南方传统的桑基鱼塘系统就属于一种生态农业。人们把栽桑、养蚕、养鱼紧密联系在一起，通过桑叶养蚕，蚕沙（蚕粪）养鱼，鱼塘的塘泥作桑园的肥料，从而实现了物质循环。

秸秆的多级利用是一种物质和能量的多层分级利用模式，如秸秆作饲料喂家畜→家畜的粪便栽种食用菌→菌渣养蚯蚓→蚯蚓的粪便作农田肥料，实现了能量的逐级传递和物质循环。

发展沼气是农村和城市郊区发展生态农业的最佳途径之一。发展沼气一定要注意综合利用，包括对沼气生产前的作物秸秆、杂草、人畜粪便、生活污水和生活垃圾等的利用，也包括对沼气生产后的沼气、沼液和沼渣的利用。例如，河北省南和县在推广沼气产业方面已经取得许多成功的经验。沼气是细菌在厌氧条件下分解有机物产生的一种混合气体，主要成分是甲烷和二氧化碳，甲烷占 60% ～ 70%，二氧化碳占 40% ～ 30%，此外还有少量硫化氢、一氧化碳、氢气、氧气和氮气等气体。细菌分解有机物的过程大体分为 2 个阶段：第一阶段，将复杂的高分子有机物质转化为低分子的有机物，例如丙酸、乙酸、丁酸等；第二阶段，将第一阶段的产物转化为甲烷和二氧化碳。

生态农业的发展模式多样，基本原理是把阳光看作一种资源，并科学、经济地加以利用，对植物所固定的太阳能逐级利用，延长食物链，在伴随物质循环的过程中实现能量的传递。在生产实践过程中，人们进行了一系列的大胆创造，不断有新的生产模式，像塑料大棚、高山蔬菜、地窖食用菌、立体种植和立体养殖等。

塑料大棚生产在我国长江流域以北地区得到了广泛发展。近年来，人们把作物秸秆发酵与塑料大棚结合起来，以增加塑料大棚内的温度。在塑料大棚里不仅实现了立体种植，而且还实现了热带水果的栽培，如在我国北方有些地区，果农开始尝试在塑料大棚里种香蕉和栽种枇杷等。

在我国各个湖岸的滩涂区，过去流行的“围湖造田”农业模式已经被废除，现在要实行“退耕还湖”。湖泊的功能是多样的，主要包括：生物多样性保护功能，蓄洪、灌溉与运输，水产养殖与水生植物栽培，水体净化与调节气候。而“围湖造田”

直接减少了湖泊的容量，影响蓄洪，改变了湖岸生境，影响了生物多样性保护，所以，“围湖造田”模式必须被废除。

为了有效地保护湖泊的水环境，发展绿色高效农业，我们必须利用生态学的原理与方法来指导湖岸滩涂的开发利用工作，以真正实现可持续发展。根据湖泊水位变化的特点，依据生态学原理，我们可以在湖岸滩涂采用“梳齿式”的开发利用新模式。“梳齿式”的结构是一种可以充分利用湖泊空间和水资源，沿着湖泊的半径方向向岸边拓展湖岸空间、扩大湖岸长度，实现永久耕地与沟渠的水陆交替形式，既不影响湖泊容量，又不影响湖岸生境条件，实行种植业和养殖业相结合的发展模式。在“梳齿式”开发模式中，条形的台地可发展种植业，在各台地间的沟渠里发展水产养殖业，在水面上方搭设棚架，发展藤本植物。整个设计理念和思路是按照“桑基鱼塘”的模式进行运作的。这种“梳齿式”的湖岸滩涂开发利用模式，虽然工程的前期投入较大，但是，它是一项永续利用、荫及子孙的农业生态工程。

生态工程（eco-engineering）是应用生态系统中物种共生关系与物质循环原理及结构与功能协调原则，结合系统分析的最优化方法，设计出能够促进分层多级利用能量和物质的生产工艺系统。生态工程的设计与实施，必须立足生态学的原理，结合当地的实际情况，全面考虑对各个因素的影响，广泛听取各方面的意见，经反复论证、不断完善工程设计方案后，才可以进行施工。否则，一项生态工程解决了某一个生态环境问题，但却可能会引起另一个生态环境问题。

在平原地区的农田和村庄周围建设防风林是一项常见的农业生态工程。防风林的建设需要研究防风动力学，并根据经验和防风动力学研究，建设防风效果最好的防风林。在防风林建设中，要结合经济林和果木林建设，科学选择树种，把防风林建设的效益发挥到更大，兼顾生态效益、经济效益和社会效益。

7.1.3 常见的生态农业模式

7.1.3.1 “猪—沼—果”生态农业模式

“猪—沼—果”生态农业模式是一种新型的农业发展模式，它以生态循环农业为基础，结合资源的综合利用和环保理念，将养猪、养鱼和果园种植有机结合在一起，形成一个闭合循环的生态系统。该模式通过循环利用畜禽粪便、园林废弃物等资源，将其转化为肥料和有机农产品，旨在减少污染物排放，提高土壤质量，促进植物生长，保护生态环境。同时，该模式也提高了农产品的品质安全，生产出更加健康、有机的食品，符合现代人们对于绿色环保和健康生活的追求。

例如，临汾吉县东城乡的“猪—沼—果”模式。临汾吉县东城乡大力发展以红富士、嘎啦、红将军为主栽品种的苹果产业，并推广“猪—沼—果”的生态循环经济模式。全乡共建成猪—沼—果配套果园 240 座、950 亩果园、沼气池 240 个、猪舍 300 个等设施。每户果农建一个 $8m^3$ 的沼气池，一年可产沼气 300 ～ $400m^3$，节省生活燃料 1000 ～ 2000 元；同时，沼气池一年可产沼渣沼液 15t，可满足 5 亩果园 1 年生产无公害苹果用肥。通过沼渣、沼液的综合利用，每年节约农药和化肥开支近千元，全年可增收节支 5000 余元。该模式的实施不仅提高了苹果的品质和产量，还改善了农民的生活环境，以前农村随处可见的煮饭柴堆、沤肥粪堆和垫圈土堆得到了有效治理，村容村貌大为改观。该模式还促进了当地经济的发展，提高了农民的收入水平。

诏安县四都镇上湖村的“猪—沼—果”模式。诏安县四都镇上湖村是诏安县生猪养殖重点村，全村养殖能繁母猪 3100 头，年出栏生猪 50000 头。全村建有沼气池 114 个、总容积 $6500m^3$；养殖场大都建在果园林地之中，果园与猪场占地面积大小不等但分布合理，每天猪舍干清粪 1 次，养殖废水进入沼气发酵池产生沼气用于生活燃料、日常烧水消毒、照明和猪舍保温；沼液、沼渣则用于果树、蔬菜等农作物施肥。该模式的实施使养殖废弃物就地消化和综合利用，基本消除了对周围生态环境的污染。通过沼液、沼渣的综合利用提高了农作物的产量和品质，降低了生产成本提高了经济效益。该模式还促进了当地种植业和养殖业的发展，形成了良性循环的农业生态系统。

江西赣州市是国家农业部推广南方猪—沼—果能源生态模式的典型地区之一。该模式以沼气为纽带将养猪、果园种植和沼气建设有机结合在一起，形成了一个闭合循环的生态系统。沼气作为清洁能源，替代了传统的柴草和煤炭，大大减少了对森林资源的消耗；同时沼肥作为优质有机肥，对改良土壤理化性状及耕作性能有积极作用，提高了农作物的产量和品质。“猪—沼—果”模式不仅改善了农村环境条件，还提高了农业生产的效益，该模式在江西赣南地区发展了 5 万户，占总农户的 29%；在江西全省发展了 60 万户，取得了很好的经济、社会和生态效益。

7.1.3.2 以沼气为纽带的生态种养模式

其核心在于将畜禽养殖过程中产生的粪便等废弃物，通过沼气池进行厌氧发酵，产生沼气和沼肥。沼气可作为清洁能源，用于农户的生活用能（如炊事、照明、取暖等）；沼肥（包括沼液和沼渣）则作为优质有机肥料，用于农作物的生长，提高土壤肥力，减少化肥使用量。这种模式不仅解决了畜禽养殖的污染问题，还促进了农作物的生长，提高了农产品的品质，实现了经济效益、生态效益和社会效益的统一。以下是几个典型案例。

恭城瑶族自治县位于广西壮族自治区东北部，是一个典型的半山区少数民族集聚区。当地农民主要依靠木柴作为燃料。自 1984 年起，恭城瑶族自治县政府推动沼气池建设，形成了“养殖—沼气—种植”三位一体的生态农业模式。农户们通过发展养猪业，让猪粪进入户用沼气池作为沼气生产的原料。同时，基于该地区光照、温度等自然资源优势，农户们将沼气池产生的沼液渣作为水果种植的有机肥料，发展有机种植业。这一模式不仅解决了农户的生活用能和肥料问题，还促进了当地水果产业的发展，提高了农民收入水平。据估算，若现有沼气资源能够得到充分利用，恭城瑶族自治县每年的沼气利用可替代柴薪 20148.7t，相当于保护 2586.1hm^2 森林，直接节约木材量 241775.1m^3。

福建尤溪县的生态养殖模式。福建尤溪县锦祥畜牧发展有限公司仁洋养殖场是一个规模化生猪养殖场，年存栏生猪 3800 头，日产粪便及污水 50t。为了解决畜牧业发展与环境污染的矛盾，该养殖场实施了以沼气工程为纽带的种养结合生态养殖模式。养殖场实行雨污分流，铺设污水收集管道，建设沉淀池、调节池、固液分离装置和酸化池等设施。通过干清粪和固液分离方法收集粪便和污水进入沼气池进行厌氧发酵处理产生沼气和沼肥。沼气集中供气为养殖场职工和周边村民提供生活燃料，沼液用作稻田施肥和鱼塘养鱼，沼渣作为有机肥原料或直接用于田间施肥。这一模式不仅解决了养殖场的污染问题，还促进了周边农业的发展，提高了土地利用率和产出率。

常德市西湖管理区大力推广种养结合循环模式，将养殖场户畜禽粪污收集并深加工做成有机肥料，以沼气为纽带促成养殖业与种植业牵手，提高了粪肥处理利用率。在该区永安村德人牧业的第二牧场，奶牛粪便通过干湿分离机分离后，污水进入沼气发酵池，产生沼液和沼渣。沼液通过地下管网输送到周边农田作为有机肥料；沼渣则用于牧场内奶牛的垫床或再加工成有机肥料。同时该区还依托德人牧业奶牛养殖基地和中小型禽畜养殖合作社，将畜禽粪便无害化处理，年产有机肥 7 万多 t，全面形成“稻—饲—菜”“果—草—畜”的绿色生态种植模式，提高了土地利用率和产出率，促进了种养结合的循环农业、绿色农业、高效农业的发展。

7.1.3.3 “牧草—鹅—鲜食玉米”的双链型生态农业模式

“牧草—鹅—鲜食玉米”的双链型生态农业模式是一种创新的农业生产方式，它将牧草种植、鹅养殖与鲜食玉米生产有机结合起来，形成了一个闭合的生态系统。

该模式以牧草作为鹅的饲料，鹅的排泄物作为玉米的有机肥料，鲜食玉米的秸秆又可以作为牧草或饲料的补充，实现了资源的循环利用和废弃物的减量化处理，具有显著的经济效益、生态效益和社会效益。

例如，在某闲置土地上构建一个“牧草—鹅—鲜食玉米”的双链型生态农业模式。农场主需首先规划牧草种植区、鹅舍和鲜食玉米种植区的布局，并选择适合当地条件的牧草品种（如黑麦草）和鹅品种（如白鹅）进行种植和养殖。在牧草种植区，农场主采用科学的种植技术和管理措施，确保牧草生长茂盛、品质优良，为鹅舍提供充足的牧草饲料，确保鹅的健康成长和高效生产；鹅在食用牧草的过程中产生的排泄物被收集起来进行发酵处理，制成优质的有机肥料；在鲜食玉米种植区，农场主利用这些有机肥料进行施肥，减少化肥的使用量，降低生产成本。种草养鹅的好处是可以扩大养殖规模，减少外出割野草或者赶鹅放牧的时间，节省劳动力。由于种植的牧草品质远比野草优良，营养成分丰富，鹅食用后增重快，又节省饲养成本。种草养鹅还减少了鹅在放牧过程中被致病菌侵入的机会。此外，农场主还可将鲜食玉米的秸秆进行粉碎处理，作为牧草的补充或饲料来源，进一步提高了资源利用效率。通过这种模式的应用，该生态农场不仅可实现经济效益的显著提升，还可促进农业生态环境的改善和可持续发展。

7.1.3.4 “四位一体”的生态农业模式

“四位一体”的生态农业模式也叫北方农村能源生态模式，是一种经过反复实践和研究，特别是在辽宁省农业科技人员的努力下创造出来的高效生态农业模式。它依据生态学、生物学、经济学和系统工程学原理，以土地资源为基础，以太阳能为动力，以沼气为纽带，通过生物转换技术，将沼气池、畜禽舍、厕所和日光温室等有机结合在一起，形成一个综合利用体系。这种模式旨在实现种植业和养殖业的紧密结合，促进资源的循环利用，提高农业生产的综合效益。

例如，以辽宁省北票市五间房镇骆驼营村村民李秀英的四位一体生态农业模式为例。李秀英现有温室 97m^2，采用四位一体生态农业模式在温室内的一侧建了一个 10m^2 的沼气池，在沼气池上建了一个 20m^2 的猪舍并建了一个 1m^2 的厕所。沼气池的出料口设在温室内，以便于出料施肥，紧挨养猪暖舍便是温室蔬菜，其中养猪暖舍、沼气池和厕所共占地 25m^2，温室蔬菜面积为 300m^2。

（1）该模式带来的经济效益

①蔬菜增产：由于温室内的温度适宜且二氧化碳浓度提高，蔬菜的产量和品质

均得到提升。例如冬季黄瓜、茄子等蔬菜的产量可增加 2～5kg/m^2，增收 5～6元 /m^2，年节省化肥开支约 200 元。

②畜禽生长加速：猪舍内的温度适宜且饲料充足，使得猪的生长速度加快，生长期从传统的 10 ～ 12 个月缩短到 5 ～ 6 个月，提高了出栏率和经济效益。

③能源节约：沼气可用于点灯、做饭等家庭生活；能源方面，年节电约 60 元，节煤约 130 元，降低了生活成本。

④综合效益提升：通过四位一体模式，李秀英家年纯收入可达 4 万元以上，相比传统农业模式收入显著提升。

（2）该模式形成的生态效益

①减少化肥使用：沼液和沼渣作为优质有机肥料替代了部分化肥的使用，减少了化肥对土壤的污染和破坏。

②改善农村卫生面貌：沼气发酵处理粪便达到无害化效果减少了病菌的传播，改善了农村卫生面貌。

③促进生态平衡：四位一体模式实现了物质循环和能量多级利用，促进了农业生态系统的平衡和稳定。

（3）该模式带来的社会效益

①促进农村精神文明建设：四位一体模式改变了北方地区“半年种田半年闲”的模式，使冬季农闲变农忙，高度利用了劳动力资源，也减少了冬闲季节打麻将、玩牌等不良习俗的发生率，促进了农村精神文明建设。

②提高农民科技意识和技术水平：推广应用四位一体模式有助于提高农民的科技意识和技术水平，提高综合素质。

7.1.3.5　休闲农业模式

休闲农业作为一种新兴的农业发展模式，旨在将农业生产与休闲旅游相结合，通过利用农村田园景观、农业生产活动、特色农产品和民俗文化等资源，为游客提供丰富的旅游体验，同时促进农村经济发展和提升农民生活水平。

（1）田园农业旅游模式

田园农业旅游模式以农村田园景观、农业生产活动和特色农产品为重点，开发农业游、林果游、花卉游、渔业游、牧业游等不同特色的主题旅游活动，满足游客体验农业、回归自然的心理需求。

①田园农业游：以大田农业为重点，开展欣赏田园风光、观看农业生产活动、

品尝和购置绿色食品、学习农业技术知识等旅游活动。例如，上海孙桥现代农业观光园、北京顺义“三高”农业观光园。这些园区通过展示现代农业技术和田园风光，吸引大量游客前来观光体验。

②园林观光游：以果林和园林为重点，开发采摘、观景、赏花、踏青、购置果品等旅游活动。如四川泸州张坝桂园林，游客可以在这里欣赏桂花美景，参与采摘活动，体验田园乐趣。

③农业科技游：以现代农业科技园区为重点，展示高新农业技术和品种、温室大棚内设施农业和生态农业，使游客增长现代农业知识。例如，北京小汤山现代农业科技园，园区内设有多种现代农业展示区，让游客近距离接触现代农业技术。

（2）民俗风情旅游模式

民俗风情旅游模式以农村风土人情、民俗文化为卖点，通过展示农耕文化、民俗文化和乡土文化特色，增加乡村旅游的文化内涵。

①农耕文化游：利用农耕技艺、农耕用具、农耕节气、农产品加工活动等，开展农业文化旅游。例如，新疆吐鲁番坎儿井民俗园，园区通过展示坎儿井这一古老的水利工程及其背后的农耕文化，吸引游客前来参观体验。

②民俗文化游：利用居住民俗、服饰民俗、饮食民俗、礼仪民俗、节令民俗、游艺民俗等，开展民俗文化游。例如，山东日照任家台民俗村，游客可以在这里体验渔家生活，品尝海鲜美食，感受浓厚的渔家文化氛围。

③乡土文化游：利用民俗歌舞、民间技艺、民间戏剧、民间表演等，开展乡土文化游。例如，湖南怀化荆坪古文化村，通过展示当地传统的民俗歌舞和民间技艺，让游客深入了解乡土文化。

（3）农家乐旅游模式

农家乐旅游模式是指农民利用自家庭院、自产的农产品及周围的田园风光、自然景点，以低廉的价格吸引游客前来吃、住、玩、游、娱、购等旅游活动。

①农业观光农家乐：利用田园农业生产及农家生活等，吸引游客前来观光、休闲和体验。例如，四川成都龙泉驿红砂村农家乐，游客可以在这里体验农家生活，品尝农家美食，感受田园风光。

②民俗文化农家乐：利用当地民俗文化，吸引游客前来观赏、娱乐、休闲。例如，广西阳朔特色民居农家乐，游客可以住在具有当地特色的民居中，体验当地的民俗风情。

③休闲娱乐农家乐：以优美的环境、齐全的设施，舒适的服务，为游客提供吃、住、

玩等旅游活动。例如，四川成都郫县农科村农家乐，园区内设有各种休闲娱乐设施，让游客在轻松愉快的氛围中度过假期。

（4）村落乡镇旅游模式

村落乡镇旅游模式以古村镇宅院建筑和新农村格局为旅游吸引物，开发观光旅游。

①古民居和古宅院游：利用明、清两代村镇建筑来发展观光旅游。例如，山西王家大院和乔家大院，这些古宅院以其精美的建筑和丰富的历史文化内涵吸引了大量游客前来参观。

②民族村寨游：利用民族特色的村寨发展观光旅游。例如，云南瑞丽傣族自然村、红河哈尼族民俗村，游客可以在这里体验傣族和哈尼族的独特文化和生活方式。

③古镇建筑游：利用古镇房屋建筑、民居、街道、店铺、古寺庙、园林等来发展观光旅游。例如，山西平遥、云南丽江、浙江南浔、安徽徽州镇等，这些古镇以其悠久的历史和独特的建筑风貌吸引了无数游客前来游览。

（5）休闲度假旅游模式

休闲度假旅游模式依托自然优美的乡野风景、舒适怡人的气候、独特的地热温泉等资源，为游客提供休憩、度假、娱乐等服务。

①休闲度假村：以山水、森林、温泉为依托，提供齐全、高档的设施和优质的服务。例如，广东梅州雁南飞茶田度假村，度假村内设有各种休闲娱乐设施和高品质的住宿条件，让游客在舒适的环境中享受假期。

②休闲农庄：以优越的自然环境、独特的田园景观和丰富的农业产品为特色。例如，湖北武汉谦森岛庄园，庄园内设有各种农业观光和休闲娱乐项目，让游客在亲近自然的同时享受田园乐趣。

③乡村酒店：以餐饮、住宿为主，配合周围自然景观和人文景观。例如，四川郫县友爱镇农科村乡村酒店，酒店以其独特的乡村风情和优质的服务吸引了大量游客前来入住。

（6）科普教育旅游模式

科普教育旅游模式利用农业观光园、农业科技生态园等资源，为游客提供了解农业历史、学习农业技术、增长农业知识的旅游活动。

①农业科技教育基地：在农业科研基地的基础上，利用科研设施作景点，以高新农业技术为教材。例如，北京昌平区小汤山现代农业科技园，园区内设有各种农

业科研设施和展示区，为游客提供了丰富的农业科技知识。

②农业博览园：利用当地农业技术、农业生产过程、农业产品等进行展示。例如，沈阳市农业博览园、山东寿光生态农业博览园。这些博览园通过展示当地的农业特色和文化内涵，吸引了大量游客前来参观学习。

（7）回归自然旅游模式

回归自然旅游模式利用农村优美的自然景观和生态环境，发展观山、赏景、登山等旅游活动，让游客感悟大自然、亲近大自然。

①森林公园：以大面积人工林或天然林为主体，开展森林旅游与休闲活动。例如张家界国家森林公园等各类国家森林公园。这些公园以其优美的自然环境和丰富的生物资源吸引了大量游客前来游览和休闲。

②湿地公园：以湿地良好生态环境和多样化湿地景观资源为基础，开展湿地科普宣教和休闲旅游活动。例如，杭州西溪国家湿地公园等。湿地公园以其独特的湿地景观和丰富的生态资源为游客提供了亲近自然的好去处。

（8）创新休闲农业发展模式

随着休闲农业的不断发展，各地还涌现出许多创新的休闲农业发展模式，这些模式在传统模式的基础上进行了拓展和创新，为游客提供了更加丰富多样的旅游体验。

①都市田园：通过土地流转在城市周边形成规模化、产业化种植养殖区域并融入休闲娱乐元素。例如，北京国际蓝调庄园，庄园以种植蓝莓为主线，融入休闲娱乐功能，成功吸引了大量都市游客前来体验。

②农业综合体：在农业基础上延伸产业链条，增加服务功能，形成多功能复合型产业综合体。例如，延庆农场，农场以农业为载体立足农业产业化发展将衍生产业与休闲度假功能提升到新的高度。

③田园城市：在规划上满足城市发展所需功能的同时保留农业田园元素，打造具有城市功能的乡村田园。例如，北京都市田园带、宁波的江北区“城市田园•欢乐乡村”农村产业融合发展示范园等，这些区域通过保留田园元素和打造城市功能实现了城乡统筹发展。

④大园小镇：在大型农业园区内建设符合园区特色的小镇提供配套服务功能。例如，海南三亚亚龙湾玫瑰谷项目中的玫瑰风情小镇，小镇为玫瑰谷提供服务保障的同时成为游客休闲度假的好去处。

⑤休闲娱乐区：在大城市近郊打造休闲娱乐区，依托农业但不局限于农业本身，

侧重休闲娱乐和农业体验功能。例如，云南开远凤凰谷以其独特的自然风光吸引游客。这里拥有壮丽的峡谷、清澈的溪流、茂密的森林以及丰富的野生动植物资源，游客可以在这里尽情欣赏大自然的鬼斧神工，感受大自然的宁静与和谐。除了自然景观外，开远凤凰谷还注重文化体验的开发：游客可以在这里深入了解当地哈尼族、彝族等少数民族的传统文化和生活习俗。通过参与民族节庆活动、品尝民族特色美食、观赏民族歌舞表演等方式，游客可以更加深入地了解这些少数民族的独特魅力。开远凤凰谷还提供了丰富多样的休闲娱乐项目：游客可以在这里进行漂流、徒步、露营、野餐等活动，享受大自然的乐趣；同时，景区内还设有温泉、SPA 等休闲设施，让游客在疲惫的旅程中得到放松和休整。

7.1.3.6　鱼菜共生水循环生态农业模式

鱼菜共生（aquaponics）是一种创新的复合耕作体系，它将水产养殖（aquaculture）与水耕栽培（hydroponics）这两种原本独立的农耕技术通过生态设计巧妙地结合起来，实现了科学的协同共生。这种模式下，水产养殖的水被输送到水培栽培系统，水中的氨氮等有害物质被微生物分解为植物可吸收利用的硝酸盐，同时植物根系吸收养分后净化水质，再返回养殖池，形成闭路循环。这种模式不仅实现了“养鱼不换水、种菜不施肥”的生态共生效应，还具备安全、环保、节能、省水等多重优势，是解决农业生态危机、推动绿色可持续发展的重要途径。以下是国内鱼菜共生模式运营较为成功的案例。

云南渔菜农业有限公司在昆明市五华区西翥街道厂口社区建立了约 30 亩的鱼菜共生基地。该基地将高密度养鱼与水培种植相结合，通过过滤系统过滤鱼池水中的固体物质，微生物菌将水产养殖尾水中的氨氮分解转化为植物可吸收利用的养分，用于蔬菜等农作物生长的供给；蔬菜根系吸收到养分后，水质得到净化，再回收到二次供水系统排入鱼池，形成了鱼肥水—菜净水—水养鱼的绿色、生态闭环的循环系统。这种模式不仅实现了“养鱼不换水、种菜不施肥”的生态共生效应，还带动了基地周边农家乐和农副产品的销售，促进了企业良性发展和群众增收致富。

位于杭州临平东湖智慧生态田园产业综合体内的嘉润牧鱼农业科技有限公司也成功应用了鱼菜共生水循环生态农业模式。在大棚内，一排排错落有致的种植槽内种植着西红柿、辣椒、茄子、生菜等水培蔬菜，而在大棚的尽头，数个巨型鱼池内高密度循环水养殖的鲈鱼跃出水面抢食，鱼的粪便经过分解、过滤后变为蔬菜生长的“营养液”，蔬菜吸收这些营养后，又将水充分净化后循环给鱼用。这种模式不仅提高了农产品的产量和品质，还实现了绿色“0 排放”。此外，公司还依托智能化平台对大棚内的温度、湿度、水质等数据进行实时监控和远程遥控，进一步提高了生产效率和产品质量。

四川南充顺庆区的渔耕源家庭农场，同样采用了鱼菜共生水循环生态农业模式。农场通过智能技术实现了对大棚内温度、湿度和光照等数据的智能控制，确保了蔬菜和鱼类的健康生长。养鱼池里的水通过管道精准过滤后变成自带有机肥的“营养液”供给蔬菜；种菜的水经过养分吸收后又变成适合养鱼的水，实现了鱼帮菜、菜帮鱼的和谐互助。这种模式下种植的蔬菜品种多达30余个，养殖的鱼类品种也有10余个。农场不仅通过销售蔬菜和鱼类获得了可观的经济效益，还带动了当地人气和农民就业，实现了“一水双收”。

农政齐民科技（天津）有限公司在天津推出的鱼菜共生项目也颇具特色。该项目在太阳能恒温大棚中进行鱼菜共生实验，利用水泵连接鱼池和种植区，养鱼之后的水利用虹吸效应流入种植区，养分经过菌类分解和作物吸收后通过水泵抽回鱼塘继续使用。该鱼菜共生系统相较于传统农业节水90%，蔬菜产量是传统农业的5倍，水产养殖产量是传统农业的10倍。项目通过向大型商超、餐厅等B端机构销售鱼菜盈利，并计划在未来进一步扩大生产规模以满足市场需求。

7.1.3.7 绿色生态型林下经济模式

绿色生态型林下经济模式是一种充分利用林地资源和森林生态环境，通过科学规划和管理，发展林下种植业、养殖业、采集业和森林旅游业等多元经济活动的生态农业模式。这种模式不仅有助于保护生态环境，促进林业可持续发展，还能为农民开辟新的增收渠道，实现生态与经济的双赢。

（1）林下种植业

林下种植业是指在林下空地种植适宜的经济作物，如林果、林草、林花、林菜、林菌、林药等。这种模式利用林荫优势，为作物提供适宜的生长环境，同时减少了对耕地的占用和化肥农药的使用。例如，在林下种植耐阴性的花卉和观赏植物，不仅美化了环境，还具有较高的经济价值；林下种植食用菌，则利用了林地内通风、凉爽的环境条件，降低了生产成本，提高了产量和品质。近年来，贵州省贵阳市充分发挥森林生态优势，坚持规模效益并重，积极发展以林下食用菌、中药材为主，农林复合经营为辅的林下种植。目前，全市已建成200亩以上林下种植示范基地24个，林下经济产业新增就业岗位2893个，带动2.02万以上农村人口增收。

（2）林下养殖业

林下养殖业是指在林下空间发展立体养殖，如林禽、林畜、林蜂等。这种模式利用林地空间资源和自然环境优势，为家禽家畜提供了优越的生活条件，同时减少了养殖过程中的污染和疾病传播风险。例如，在速生林下种植牧草或保留自然生长的杂草，围栏养殖柴鸡、鹅等家禽，树木为家禽遮荫，是家禽的天然氧吧，有利于家禽的生长；林下散养的家禽吃草吃虫不啃树皮，粪便肥林地，与林木形成良性生物循环链。近年来，贵州省黔南州平塘县平舟镇龙兴村千亩油茶基地将油茶种植与林下养殖相结合，在山野中建起了以种油茶、养土鸡、养山羊、养牛为主的天然种养殖场，走出了一条生态循环种养殖的致富新路，既美了生态，又富了口袋（图7－1）。

图7－1 贵州省平塘县龙兴村错落在油茶山间的鸡舍

（3）林下采集业

林下采集业是指采集林下野生动植物资源，如野生药材、野菜、野果等。这种模式利用森林生态系统的自然恢复能力，通过科学合理的采集方式，获取经济价值较高的林下产品。同时，采集活动也有助于促进森林资源的可持续利用和保护。多年来，贵州省黔南州利用丰富的森林资源禀赋，打好生态牌，大力发展不占用耕地的林下经济，壮大林下经济产业圈，积极发展林下产品采集加工，依法适度对林下资源进行采集利用、培育发展，将林下资源优势转化为产业发展动力，有效盘活了林下资源。如贵州省黔南州龙里县谷脚镇观音村山林间的野生菌采集，被称为林下采集“土生金”，拓宽了当地农民的致富路。

（4）森林旅游业

森林旅游业是指依托森林景观、自然环境和林下产品资源，发展旅游观光、休闲度假、康复疗养等产业。这种模式充分利用了森林的生态优势和观赏价值，为游客提供了亲近自然、放松身心的场所。森林旅游业的发展也带动了当地餐饮、住宿等相关产业的发展，促进了农村经济的多元化和繁荣。国内比较成功的森林旅游案例如下。

九峰山养心谷位于黑龙江省伊春市金林区，是一个以森林康养产业为主导的综合型景区。近年来，九峰山养心谷通过发展林下经济产业，实现了由单一的生态观光游模式向“吃、住、行、游、购、娱、养、研”综合要素齐备的功能型景区的转型升级。景区在开发建设过程中严守生态红线，利用资源优势发展林下经济，如仿野生种植林下参、赤芍等中药材，生态种植油桃、大樱桃等特色水果，以及饲养火鸡、乌鸡等禽类和梅花鹿等珍禽异兽。景区还开发了森林生态漂流、森林高空观景台等丰富的观光体验项目，吸引了大量游客前来游览和体验。通过发展林下经济产业，九峰山养心谷不仅实现了经济效益的提升，还带动了当地林业职工和农民的就业增收，为乡村振兴做出了积极贡献。

邵阳县是湖南省油茶产业的重要基地之一，拥有广阔的油茶林资源。为了突破油茶产业管护期长、投入大、见效慢的瓶颈问题，邵阳县积极探索“以短补长、多点开花”的林下经济发展新模式。农户们在油茶林下套种黄精、射干等中药材以及迷迭香等经济作物，不仅提高了林地综合效益和农民收入水平，还解决了油茶林养护成本高的问题。例如，田鸣雄在长乐乡塔桥联合村油茶林下试种黄精成功后，带动周边种植户纷纷效仿；杨靖在油茶林下套种迷迭香并提炼精油和纯露产品远销海外；张宏喜则在油茶林下养殖走地鸡并开发茶油炖鸡等特色菜品受到市场欢迎。通过发展林下经济产业，邵阳县油茶产业实现了可持续发展和农民增收的双赢局面。

江西龙南市汶龙镇里陂村枫林驿石斛产业基地是一个典型的林下经济成功案例。基地依托当地丰富的林地资源和优越的自然环境条件发展林下石斛产业，农户们在林地内种植铁皮石斛并通过科学管理和维护提高产量和品质，基地按照每季度收益分红模式运作，使农户获得稳定的经济收益并参与基地日常管护工作增加收入。汶龙镇里陂村通过发展林下石斛产业不仅提高了林地综合效益和农民收入水平还带动了当地集体经济的发展和壮大。目前基地已成为当地林下经济的示范点和推动乡村振兴的重要力量之一。

7.1.4 生态农业实例

7.1.4.1 北京大兴留民营的生态农业模式

留民营村位于北京市大兴区东北部，地处永定河冲积平原，是一个典型的华北平原村落，在生态农业建设之前，留民营村曾是一个贫穷落后的传统农业村，面临着农业生产效率低下、生态环境恶化等问题。然而，自20世纪80年代初开始，留民营村在党支部的带领下，积极调整农业产业结构，大力发展生态农业，逐步走出了一条可持续发展的道路。

（1）生态农业模式的核心内容

留民营村的生态农业模式主要体现在以下几个方面。

①注重农业生态系统的平衡与协调：留民营村通过种植多种作物、养殖多种动物，形成了多样化的农业生态系统。这种多样化的生态系统有效减少了病虫害的发生，提高了农产品的品质和产量。同时，多样化的生态系统还促进了物质循环和能量转化，提高了资源利用效率。例如，留民营村通过间作套种、轮作休耕等方式，充分利用土地资源，提高了土壤肥力和作物产量。

②强调资源的循环利用和节约利用：留民营村高度重视资源的循环利用和节约利用，将农作物秸秆、畜禽粪便等废弃物进行资源化利用，如通过建设沼气池、堆肥场等设施，将废弃物转化为有机肥料或饲料，实现了废物的减量化、资源化和无害化。留民营村家家户户都建有沼气池，将畜禽粪便和农作物秸秆等废弃物投入沼气池进行发酵，产生的沼气用于生活用能，沼渣和沼液则作为有机肥料施用于农田。这种循环利用模式不仅减少了环境污染，还降低了农业生产成本，提高了经济效益。

③注重生态环境的保护和修复：留民营村在生态农业建设过程中，始终注重生态环境的保护和修复，通过植树造林、水土保持等措施，改善了村庄的生态环境。例如，留民营村与中国林科院专家共同制订了生态村农用林业建设规划，通过精心设计和组织实施，使村庄的林木覆盖率达到了较高水平。留民营村还加强了对水资源的保护和管理，通过建设节水灌溉设施、推广节水农业技术等方式，实现了水资源的节约利用和高效利用。

（2）生态农业模式的具体实践

①以沼气为中心的生态农业模式：留民营村的生态农业模式以沼气为中心，形成了独特的循环经济体系。在早期，留民营村主要采用家庭规模型的沼气利用模式，每户家庭均建有沼气池，与厕所和猪圈相连通；通过厌氧发酵过程，将畜禽粪便和农作物秸秆等废弃物转化为沼气、沼渣和沼液。沼气作为生活用能，沼渣和沼液则作为有机肥料施用于农田。这种小型循环系统不仅解决了废弃物处理问题，还提高了资源利用效率和生活质量。

随着养殖业规模的扩大，留民营村又建设了大型沼气工程。这些沼气工程能够消化大量的畜禽粪便和农作物秸秆等废弃物，产生更多的沼气和有机肥料。沼气被用于发电、供热和做饭等用途，有机肥料则用于农田施肥。同时，沼气工程还实现了废弃物的减量化、资源化和无害化处理，避免了环境污染问题。

②有机农业示范区建设：留民营村还积极建设有机农业示范区，推广有机农业技术和管理模式，通过施用有机肥、不喷洒农药等方式，生产出了高品质的有机农产品。这些有机农产品不仅满足了市场对健康食品的需求，还提高了农产品的附加值和市场竞争力；有机农业示范区还发挥了示范带动作用，引导周边农户发展有机农业，推动了区域农业产业的转型升级。

③生态农业观光旅游：留民营村依托优美的生态环境和丰富的农业资源，积极发展生态农业观光旅游。农业观光园占地面积达 13 万余平方米，园内有新型日光温室、全自动连栋式大棚等设施，为游客提供了采摘、观光、休闲等多种旅游体验。留民营村还开发了多种生态农业旅游项目，如生态农业科普教育、有机食品采摘体验、农家生活体验等，吸引了大量游客前来参观游览。生态农业观光旅游不仅为游客提供了丰富的旅游体验，还为村民提供了更多的就业机会和收入来源，促进了村庄经济的发展。

（3）成效与影响

经过多年的努力和实践，留民营村的生态农业模式取得了显著成绩。一方面，生态农业的发展提高了农业生产的效益和质量，促进了农村经济的发展和农民收入的增加；另一方面，生态农业的发展还改善了村庄的生态环境和居民的生活质量，实现了经济、社会和环境的协调发展。

留民营村的生态农业模式得到了国内外的高度评价和认可：1986 年 10 月，留民营村被联合国环境规划署正式承认为“中国生态农业第一村”；1987 年又被授予“全球生态环保五百佳”称号；留民营村还多次获得国家级和省市级荣誉称号，成为全国生态农业发展的典范和标杆。

7.1.4.2　宁波奉化滕头村生态农业模式

滕头村位于宁波市奉化区，地处剡溪与剡江交界处的南畔，距奉化城北约 6km，已纳入宁波都市半小时交通圈。滕头村以其卓越的生态环境和农业发展模式，荣获了“全球生态 500 佳”“世界十佳和谐乡村”“中国十大名村”等 70 多项荣誉，村域面积虽小（仅 $2km^2$），但全村人口约 902 人却创造了显著的经济效益和社会效益。

（1）生态农业模式的核心要素

滕头村的生态农业模式主要围绕“党建统领、绿色发展、共同富裕”的发展理念展开，通过以下几个方面实现了生态农业的全面发展。

①党建引领，科学规划：滕头村始终坚持党建引领，通过建立健全村级党组织，发挥党员的先锋模范作用，推动生态农业的可持续发展。村党委制订了详细的发展规划，明确了生态农业的发展方向和目标；同时，滕头村还联合周边6个村和药科职业大学共同构建区域党建联盟机制，通过制度联推、规划联定、民生联动、区域联手、产业联兴等方式，带动联建各村集体经济收入年均增长。

②生态优先，绿色发展：滕头村自觉践行“绿水青山就是金山银山”的发展理念，将生态保护放在首位。早在1993年，滕头村就成立了村级环保机构——滕头村环境保护委员会，对引进的经济合作项目进行严格的环境影响评价，坚决否决环保不达标项目；近30年来，环境保护委员会已否决50余个可能造成环境污染的项目，总投资超4亿元。滕头村还实施了“蓝天、碧水、绿地”三大工程，通过拆除沼气站、改用液化气、建立空气质量监测站、实行污水无动力处理等措施，有效改善了生态环境。

③科技支撑，高效生产：滕头村注重科技在农业生产中的应用，通过引进和培育新品种、推广先进种植养殖技术、建设现代化农业设施等方式，提高了农业生产效率和产品质量。滕头村建立了空间上多层次、时间上多序列的立体种植养殖模式，打造了水肥智能一体化大棚等现代化农业生产设施；同时，滕头村还积极探索农业高科技、智能化发展路径，如建立生态农业温室、引进自动降温系统、自动遮阳系统等高科技功能。

④产业融合，多元发展：滕头村将农业与旅游业、文化产业等深度融合，形成了多元化的发展格局。滕头村依托丰富的农业资源和优美的生态环境，大力发展乡村旅游和休闲农业。通过建设农业观光园、举办农业节庆活动等方式，吸引了大量游客前来观光游览、体验农事活动。滕头村还积极发展文化产业，通过举办文化展览、开展文艺演出等方式，丰富了村民的精神文化生活。

⑤品牌打造，市场拓展：滕头村注重农产品品牌的打造和市场拓展。通过成立农业加工企业、引入专业运营管理团队等方式，滕头村将农产品进行深加工和品牌包装，提高了农产品的附加值和市场竞争力。滕头村还积极开拓销售渠道，通过在大润发等超市设立专柜、在高速服务区等开设展销专柜等方式，将农产品销往全国各地。滕头村还利用电商平台进行线上销售，拓宽了销售渠道和市场范围。

（2）生态农业模式的具体实践

①生态种植与养殖：滕头村注重生态种植与养殖的发展。通过利用河岸、田塍、房前屋后等土地资源种植各类水果和蔬菜，利用河道、池塘放养高产高效鱼类等水产品，实现村庄农田园林化。滕头村还实行改土和科学施肥相结合的方法，以有机肥为主、化肥为辅进行科学施肥；以生物防治为主、化学防治为辅进行病虫害防治；有效减少了农药使用量并保护了生态环境。

②农业加工与品牌建设：滕头村成立了多家农业加工企业如宁波滕头米源食品有限公司等，对农产品进行深加工和品牌包装。这些企业拥有先进的生产设备和技术团队，能够生产出高品质、高附加值的农产品深加工产品。例如，宁波滕头米源食品有限公司拥有国内先进的新鲜年糕、切片年糕、脆皮年糕生产线，年生产年糕规模达到 7500t；这些企业还注重品牌建设和市场拓展，通过参加各类农产品展销活动、开设品牌专柜等方式提高品牌知名度和市场占有率。

③乡村旅游与休闲农业发展：滕头村依托优美的生态环境和丰富的农业资源大力发展乡村旅游和休闲农业。滕头村建设了农业观光园等旅游设施供游客参观游览，举办草莓节等农业节庆活动吸引游客参与体验农事活动。滕头村还开发了中小学生心理教育拓展项目、生态农业技术示范等项目，丰富了旅游内容和形式。这些举措不仅带动了当地经济发展还提高了村民收入水平和生活质量。

④农文旅产业融合发展：滕头村将农业与旅游业、文化产业等深度融合形成了农文旅产业融合发展的新格局。滕头村以滕头、青云为中心联动带动城西片区农文旅产业融合发展；打造宁波亲子知识产权（IP）游学乡村等品牌项目吸引了大量游客前来观光游览和消费体验；滕头村还注重文化产业的发展，通过举办文化展览、开展文艺演出等方式丰富了村民的精神文化生活，也提高了文化产业的附加值和市场竞争力。

（3）成效与影响

滕头村的生态农业模式取得了显著的成效和影响：一方面滕头村的生态环境得到了有效保护和改善，空气质量、水质等指标均达到或超过国家标准；另一方面滕头村的经济发展迅速，全村总产值高达 130.6 亿元，村民人均年收入达到 8.2 万元；滕头村的生态农业模式还为周边地区乃至全国提供了有益的借鉴和启示，推动了乡村生态建设与农业可持续发展的进程。

7.1.4.3 山东省蒙阴县生态农业发展经验

山东省蒙阴县位于沂蒙山区腹地，以其丰富的自然资源和独特的地理环境成为生态农业发展的典范。蒙阴县在推进生态农业发展的过程中，不仅注重生态环境的保护与治理，还积极探索生态循环农业模式，实现了经济效益与生态效益的双赢。

（1）蒙阴县生态农业发展的背景与条件

①自然环境优越：蒙阴县素有“七山二水一分田”之称，境内林木覆盖率高达73%，拥有大小山头520座、河流178条、水库103座，这样的自然条件为生态农业的发展提供了得天独厚的优势。同时，蒙阴县还拥有中国五大造型地貌之一的岱崮地貌以及丰富的林草资源，为林下经济和特色种植业的发展奠定了基础。

②历史文化底蕴深厚：蒙阴县不仅是孟良崮战役的发生地，还是支前模范“沂蒙六姐妹”的家乡，沂蒙精神的重要发源地。这种深厚的红色文化底蕴，激励着蒙阴人民在生态农业发展中勇于探索、敢于创新。

③政策支持与引导：近年来，蒙阴县政府高度重视生态农业的发展，出台了一系列政策措施，鼓励和支持农民和企业参与生态农业建设；同时，通过财政奖补、环保倒逼等手段，引导农业经营主体投入循环农业工程建设，推动生态农业的快速发展。

（2）蒙阴县生态农业发展的主要经验

①系统推进绿色保护与生态治理：蒙阴县在生态农业发展过程中，始终坚持绿色保护与生态治理并重。一是实施山川绿化工程，按照“山不露土、有土皆绿”的要求，每年新增造林2万多亩，积极推行“林长制”“山长制”，对生态公益林进行封闭管护；二是实施绿色通道工程，改造硬化农村公路2879km，每百平方公里公路密度达179km，被为全国首批“四好农村路”示范县；三是实施土壤净化工程，积极推进农药、化肥减量化，初步形成县—乡—村三级新型农资经营服务体系和农产品质量安全监管体系；四是实施水系生态工程，修建水利工程6000余处，其中“百库千塘”总蓄水量达9亿m^3，有效维护了水源地的水质安全。

②发展循环生态产业，全面推动绿色低碳发展：蒙阴县依托丰富的林草资源，大力发展生态循环农业。采取的主要措施如下。

一是构建“兔—沼—果”生态循环产业链条：利用果树落叶加工成饲料喂养长毛兔，兔粪进入沼气发酵池产生沼气用于做饭、照明，沼渣和沼液则作为桃树的有机肥。这种模式不仅降低了养殖成本，提升了果、兔产业的附加值，又减少了化肥的使用量，提高了果品品质，保护了生态环境。目前蒙阴县长毛兔饲养量达700万只，居全国县区首位，被誉为“中国长毛兔之乡”。在蒙阴县野店镇有一个典型的“兔—沼—果”生态循环农业模式示范点。该示范点依托当地丰富的林草资源发展长毛兔养殖业同时利用果树落叶作为饲料来源；兔粪经过沼气发酵池产生的沼气用于农户的生活能源沼渣沼液则作为桃树的有机肥料。目前该示范点已成为当地农民学习借鉴的样板工程。

二是构建“果—菌—肥”生态循环产业链条：将每年裁剪的果树枝粉碎制成菌棒菌袋进行菌种培养后出菇，再利用废弃菌棒或细小果木枝条与畜禽粪便混合制成生物有机肥进行还田。这种模式避免了化肥过量使用带来的土壤酸化问题，提高了土壤有机质含量和果品品质。目前蒙阴县已建成香菇养殖基地 1500 亩，年产菌棒 1000 万棒，产品出口日韩、欧盟等地区，被评为全国优秀香菇出口基地县。

蒙阴县高都镇有一个香菇养殖基地，占地 1500 亩，年产菌棒 1000 万棒。该基地利用每年裁剪的果树枝作为基料粉碎制成菌棒进行菌种培养后出菇，出菇完成后废弃菌棒被粉碎并与畜禽粪便混合制成生物有机肥进行还田。这种模式实现了资源的最大化利用，避免了废弃物的污染问题，同时也提高了土壤有机质含量和果品品质。目前该基地的香菇产品已出口至日韩、欧盟等地区，带动了当地农民的增收致富。

三是构建“农—工—贸”生态循环产业链条：依托林果业和畜牧业等产业基础发展特色加工业和电商产业，以精深加工为重点开发果汁、果酒等系列产品；以蒙阴蜜桃、板栗等为主打产品发展电商微商产业形成联配联送模式；同时依托良好的生态优势和山水林果优势，发展全域旅游产业，打造美丽乡村和休闲旅游品牌。

③创新产业模式，构筑“农业新六产”：蒙阴县大力推广“旅游 +”“生态 +”等新模式促进农商文旅等相关产业深度融合，构筑“农业新六产”。通过发展全域旅游产业，打造美丽乡村和休闲旅游品牌，吸引大量游客前来游览和消费；利用互联网平台推广农产品和乡村旅游产品，拓宽销售渠道提高农民收入水平。此外，蒙阴县还积极探索森林碳汇资源转化机制，与科研机构合作开展碳汇研究课题，推动了森林碳汇资源的开发和利用。

蒙阴县依托良好的生态优势和山水林果优势大力发展全域旅游产业和美丽乡村建设，该县每年都会抓 10 个示范村、20 个精品村、30 个重点村进行梯次打造，形成“崮秀天下、世外桃源”的全域旅游品牌。该县还在央视推出县域形象宣传片，吸引了大量游客前来游览和消费。目前，蒙阴县已拥有 A 级景区 19 家，每年接待游客超过 970 万人次，旅游总收入近 60 亿元。全域旅游产业的发展不仅带动了当地餐饮、住宿等相关产业的发展，还促进了农产品的销售和农民收入的提高。

7.2　城市生态学与生态城市建设

城市生态系统是一个复杂的综合概念，是指城市空间范围内居民与自然环境、社会环境相互作用形成的统一体。该系统是人类在适应和改造自然环境的基础上建立起来的人工生态系统，融合了自然、经济、社会等多个方面，形成了一个复合生态网络。

城市生态系统由多个子系统构成，包括自然系统、经济系统和社会系统。自然系统主要涉及城市居民赖以生存的基本物质环境，如阳光、空气、淡水、土地及各种生物。经济系统则涵盖了生产、分配、流通和消费等各个环节，是城市经济活动的基础。社会系统则涉及城市居民的社会、经济及文化活动，表现为人与人之间、个人与集体之间以及集体与集体之间的各种关系。

7.2.1　城市生态学的研究进展

随着全球人口持续增长和城市化进程的加速推进，城市日益成为人类的聚居地。城市，作为现代人类生活的新舞台，其可持续发展对于人类的未来具有举足轻重的作用。值得注意的是，尽管生态学自 20 世纪初便已成为一个独立的学术领域，但在整个 20 世纪的大部分时间里，它并未将城市区域纳入主要研究范畴。近年来，随着城市人口密度的不断攀升以及城市生态问题的日益凸显，越来越多的生态学家和其他领域的科学家开始重新审视城市的生态可持续性。正是在这样的背景下，城市生态学作为生态学的新分支应运而生。该学科融合了生态学、地理学、经济学等多个学科的理论与方法，致力于探究城市复合生态系统的结构和动态。随着其理论框架的不断完善，城市生态学将城市视为一个多元化、动态演变且高度复杂的社会生态系统，并强调生态系统服务，在不同层面上将社会与生态系统紧密相连。

城市生态学的发展历经了三大范式的演变，即从“城市中的生态学”（ecology in city）到“城市的生态学”（ecology of city），再进一步演进为“为城市的生态学”（ecology for city）。

（1）“城市中的生态学”

“城市中的生态学”是城市生态学的初始研究范式，它侧重于对城市内部的自然生态环境及动植物等的研究。城市化进程改变了城市土地利用方式，加剧了景观的破碎化和多样性，因此，生态学家主要关注于城市内部自然生态系统的研究，涵盖生境中物种多样性的动态变化、城市环境下的群落演替，以及生物对城市环境的适应性和进化等方面。例如，一项对波士顿城市公园的生物多样性研究显示，1894—1993 年，该公园失去了 155 种植物，但同时新增了 64 个物种，其中大部分是外来物种；到 1993 年，许多剩余的本土植物仅以小种群形式存在。因此，建议对公园进行管理以减少人为干扰。总体而言，“城市中的生态学”为生物保护、城市规划、公园设计与管理以及城市园艺等多种管理活动提供了重要的信息支持。

（2）“城市的生态学”

该范式出现在 20 世纪 90 年代末期，这一范式将城市中的所有组成部分和过程，包括生物、建筑环境及社会经济活动，视为一个整体进行研究。它侧重于分析人类活动对自然生态系统的影响以及二者之间的相互关系。从“城市中的生态学”到“城市的生态学”的转变，反映了人们逐渐认识到人类及其行为也是生态系统不可或缺的一部分。同时，这种范式的转变也标志着城市生态学研究复杂性的提升，从单纯关注生物群落扩展到对整个社会生态系统的研究。例如，受城市经济活动影响，1952—2004 年，上海地区的总氮输入量大幅增加，但人均国内生产总值的氮投入却有所下降，同时活性氮的排放主体也从农业转变为工业和人类生活。这项研究从城市整体视角分析了经济活动对氮循环生态过程的影响，为决策者提供了新的管理思路。

（3）“为城市的生态学”

该范式是由前两种范式发展而来的新范式。随着对城市可持续性关注的增加，这一范式专注于研究人类福祉和城市可持续性等问题。它认为研究者和科学家是城市系统的重要组成部分，他们的参与将有助于推动城市的可持续发展目标。值得注意的是，“为城市的生态学”并非取代前两种范式，而是将它们对城市内部和整体结构、过程及功能的理解与城市的可持续发展目标相结合，从而为促进城市的可持续发展提供解决方案。

城市生态学的研究范式转变揭示了其在不同时期的关注焦点。现阶段，城市生态学的研究内容可概括为城市空间结构、城市的代谢过程与功能，以及城市的可持续发展三大部分。城市空间结构的研究重点在于剖析城市功能空间的布局及其形成机制、空间结构的演变趋势，并对城市增长进行动态预测，深入理解城市空间结构的自组织原理，为优化城市空间布局和管理提供了理论基础。城市过程与功能的研究则聚焦于城市内部的物质和能量流转过程，以及对城市生态系统服务的评估。城市可持续性的研究则致力于探索城市发展与居民福祉之间的关联，这包括城市化进程中居民对生态服务的获取情况、福祉分配的不平等现象、城市生态环境与生物多样性的保护、城市的生态韧性与脆弱性评估，以及可持续城市的规划和设计等方面。

7.2.1.1 城市起源与结构发育的研究

在农业社会之前的时期，狩猎和采集是人类的主导生产方式。鉴于单位土地面积的生产能力极为有限，人们只能以分散的方式居住，难以形成集中的聚落。随着农业社会的到来，生产方式发生了显著变化，带来了生产力的显著提升，人们开始从事种植和动物驯养，从而逐渐形成了集中的村落居住模式。关于早期城市的起源，学界存在不同的观点，但普遍的观点是，距今约 5000 年前，西亚两河流域南部的苏美尔平原上涌现的十多个城邦国家，可以被视为最早的城市形态。这些城邦国家建设了城墙、宫殿和神庙，显示出一定的社会复杂性和组织性。

城市的诞生往往与军事防御、商业交易、宗教信仰等多种活动紧密相连。以中国为例，“城”一词指代具备防御作用的城墙，而“市”则指的是进行商品交换的市场。不过，在很长一段时间内，受限于低下的生产力，城市的规模相对较小，功能也尚未完善，直到工业化时代的到来，这一局面才得以改变。工业化生产技术的引入不仅催生了大量的工业化城市，也极大地推动了城市的整体发展与成熟。

18 世纪 60 年代初，工业革命在英国催生了第一代工厂，这标志着工业化城市，也即现代城市的诞生。自那时起，工业化城市的历史仅有 300 余年。工业革命的到来引领了企业为追求聚集经济效益而在地理位置上的集中，这种工业化生产方式展现出规模化、专业化、标准化和集中化的特性，极大地提升了生产效率并推动了生产规模的扩大。工业革命所带来的生产方式转变和生产力的大幅提升引起大量劳动力从农村迁移到城市。在第一次工业革命之前，全球人口主要聚居在农村地区，全球城市化率长期维持在 10% ～ 20% 的较低水平。以欧洲为例，工业革命前城市化率约为 15%，但工业革命后，这一比例从 1800 年的 15% 迅速攀升至 1910 年约 40%。人口增长和生产率的提升共同推动了工业化城市的兴起。英国，作为工业革命的发祥地，工业化推动了英格兰中部、伦敦、格拉斯哥以及北爱尔兰贝尔法斯特等地制造业中心的迅速崛起。19 世纪，欧洲和北美迎来了城市快速增长的时期：在美国，制造业带的形成推动了芝加哥、克利夫兰、密尔沃基、圣路易斯等城市的崛起，这些城市随着全国铁路系统的建设而发展壮大；钢铁行业的发展则促进了匹兹堡、布法罗等众多工业中心的涌现。出于类似的原因，南安大略和蒙特利尔等加拿大城市中心也得以建立。

随着城市人口的持续增长和经济活动的蓬勃发展，工业化城市的规模和空间布局也在不断演变。由于大量工厂在工业化城市中的涌现，工厂的规模化生产吸引了众多人口从农村地区迁移到城市，从而推动了工业化城市人口规模的持续扩张。尽管在城市化进程中，早期工业化城市随着规模的扩大也暴露出一系列问题，如城市布局混乱、贫民区扩散、卫生状况恶化以及疾病和瘟疫的流行，这些问题严重影响了城市环境质量和城市运行效率。然而，随着城市规划和管理的逐步加强，城市环境条件得到了显著改善，城市所提供的更优质的资源和服务成为了吸引人口向城市迁移的重要因素。随着城市规模的不断扩大和城市人口的日益增多，如何实现城市的可持续发展已成为城市生态学研究所面临的重要挑战。

在城市功能结构方面，传统的非工业化城市主要拥有非工业化手工业作坊、餐馆、旅店等传统服务业设施。然而，工业化城市最显著的特点在于涌现了大量工业化城市功能元素，例如工厂、银行和污水处理厂，这些城市功能元素通过提供物品（如工业产品、食品、水资源、材料）和服务（如金融调节、政策管控和环境污染缓解）来支持城市的运作。

城市功能元素的定义为与人类社会经济活动相关的设施、机构和组织，这些元素可以根据其执行的功能进行多种分类。传统的分类方式，如奥隆索的六类划分（行政、生产、文化、娱乐、交通和防务）或《雅典宪章》提出的4大功能（居住、游憩、工作和交通），都为我们提供了理解城市功能的框架。

现有的研究已经根据城市功能元素自身的特性和属性对其进行了分类。例如，城市规划者和社会科学研究者通常将基础设施划分为生产性和社会性两大类。有研究者根据设施的盈利特点，将城市设施区分为公共设施（如学校）和商业设施（如餐馆）。在城市生态学研究中，学者们借鉴了生态系统中不同生物种群所承担的生态系统功能，对城市功能元素进行了系统的分类。一个完整的生态系统的生物组成通常包括生产者、消费者、分解者，类似地，城市中的“城市功能元素”根据其执行的城市过程和功能，可以被划分为初级生产者、次级加工者（含次级生物加工者和次级工业加工者）、流通—运输者、生命支持者、调控者和分解者六大类（表7-1）。

表7-1 城市中的六大类城市构件

名称	功能	内容
初级生产者	从自然系统获取原料形成产品	包括设施农业种植、能源和矿物的采集场所等
次级生产者	将初级生产的产品加工成新产品	包括食物加工、能源及其他工业品的生产场所
流通—运输者	对商品、货物、人口及能量进行存储和转移	包括交通运输、商品流通和能量传送场所等
生命支持者	为人类和其他动物提供医疗卫生、科技支持和文化娱乐服务	包括医疗、科研、教育机构和文化娱乐场所等
调控者	对人类社会经济活动进行宏观配置和管理	包括政府、立法执法机构、金融管理和公共服务管理等
分解者	将城市系统中的废物进行无害化处理和降解	包括固体、液体、气体及综合垃圾处理场所

城市功能元素负责执行城市的代谢过程，对其代谢效率和空间布局的研究是理解城市功能空间结构及其形成机制的基础。城市代谢研究通过类比自然生态系统的代谢过程，探索城市生态系统的运行机制，旨在解决城市发展面临的生态问题。这一研究涉及产业、家庭、社会等多尺度代谢理论，涵盖了城市自然生态学、城市经济生态学、城市景观生态学和城市社会生态学等多方面。目前，对城市功能元素的定义和分类体系已初步建立，为未来的城市研究提供了理论基础和框架。随着城市结构的不断演进，多个学科如城市生态学、地理学、经济学等，已对城市功能空间结构进行了深入研究。这些研究旨在揭示城市功能空间结构形成的机制和原理，为构建有序的城市空间结构提供理论指导，进而提升城市效率和活力，最终增进人类福祉。

进入 21 世纪后，经济全球化推动了全球范围内城市的经济发展，加速了全球城市化进程，越来越多的人选择在城市居住。作为人类新家园的工业化城市，其结构、过程和功能与人类福祉紧密相连。尽管已经在城市规划、空间模拟与预测、城市代谢过程等方面进行了大量研究，但城市作为一个复杂系统，其生长和发育过程的机制和原理仍然有待深入了解，这对未来城市的可持续性管理来说仍然是一个巨大的挑战。

7.2.1.2 生命系统启发的城市生态学研究

城市生态学作为一门新兴的学科领域，正面临着开发模型的重大挑战。当前，城市被视为一种生命系统类型的观点日益获得广泛认同。城市的形成、发展、演变以及代谢过程，与生命系统之间的相似性正逐渐被深入剖析，借助仿生学的理念来构建城市生态学的理论模型，已成为推进该领域研究的关键途径。

从多个维度来看，城市的形态结构及其演变过程与生物有机体展现出了高度的相似性。起初，研究者们倾向于将城市视作一台复杂的工业机器，其运转依赖于食物、水等资源作为“燃料”。但随着时间的推移，人们逐渐认识到城市的复杂性远超机器，它并不会因某个“部件”的故障而停摆。相较于机械的刻板，城市更显现出一种自我修复与生长的生命力。这一洞见最早可追溯至列奥纳多 • 达 • 芬奇（Leonardo da Vinci），他将城市的运作机制与人体的血液循环和神经网络相类比，认为城市的各个部分相互联系、相互依赖，就像人体内的器官和系统一样，共同维持着整个系统的运转。这一类比强调了城市系统的复杂性、动态性和适应性，为后来的城市规划和设计提供了新的视角和方法。这种将城市视为生命体的理念，对后世的城市规划和发展产生了深远的影响。1904 年，著名建筑师 F. L. Wright 进一步将城市比喻为一个生机勃勃的有机体，他认为城市宛如一个由无数细胞构成的庞大生命体，被错综复杂的动静脉网络所覆盖，并伴随着特有的生命律动。

在随后的科学探索中，城市与生物有机体之间的类比分析变得愈发普遍，进而催生了“城市超有机体”的假说。这一概念最初由 Herbert Spencer 提出，用以描绘进化的终极阶段。在这一理论背景下，大量关于城市的描述性研究应运而生。真正的突破性进展出现在 21 世纪，圣塔菲研究所的物理学家们发现，城市与生物体相似，均受到精确数学定律的支配，并遵循着一定的规模法则。英国理论物理学家 Geoffrey West 甚至提出了一个大胆的设想：生命体、公司与城市之间或许存在着共通的内在成长逻辑，他提出“城市归根结底是由我们呼吸复合体产生的 ATP（腺苷三磷酸）所驱动和支撑的”，在这一理论框架下，城市与多细胞有机体之间的映射关系逐渐成为城市生态学研究的新起点，推动了对城市结构、发展过程和功能的深入理解。

受生物体新陈代谢机制的启发，自 20 世纪下半叶以来，城市代谢研究逐渐崭露头角。而城市代谢研究作为“城市超有机体”假说下的重要分支，已成为城市生态学研究的热点领域。1965 年，沃尔曼（Wolman）首次明确提出城市代谢的概念，并借助这一框架来探究城市发展对环境产生的深远影响。他将城市比作一个有机整体，并定义城市新陈代谢为物质与能量在城市系统内部的流动以及向外部环境排放废物的过程。在这一概念体系下，城市代谢为分析城市内部各组成部分的相互作用以及城市与其环境之间的输入输出流提供了一个全面的分析框架。

自 Wolman 的开创性研究问世以来，城市代谢已成为广泛研究的课题，这些研究聚焦于代谢流的分析、城市各组成部分的互动关系、环境负荷的评估以及城市代谢评估方法的改进。对城市新陈代谢的深入研究有助于城市研究者和规划者洞察城市系统的运行机制，从而为城市资源的合理配置提供信息支持并提出有针对性的政策建议。尽管“城市代谢”概念已提出 60 年，但其研究进展相对缓慢，在城市规划实践中的应用仍显不足，这主要归因于将复杂的数据流转化为城市规划者和决策者易于理解的形式和原则的难度较大。目前，对城市代谢的研究仍主要集中于案例分析，而对城市代谢普遍规律的探索尚显不足。

尽管城市与生物有机体在某些方面存在相似性，但将城市视为“超有机体”的模型并非完美无缺。事实上，多细胞有机体与城市在多个关键特征上并不具备直接可比性。例如，从形态角度来看，一个多细胞有机体通常仅包含数个器官，且这些器官的数量是相对固定的，然而，一个城市则可能拥有众多功能相似的构件。此外，两者在结构上还存在另一显著差异：城市可以通过优化其功能构件的空间布局来提升物品与服务的供应效率，而有机体内的器官位置则是固定不变的。在活力层面，人类步行速度与城市规模的关联呈现出超线性关系（$\beta>1$），这与哺乳动物心率与身体大小的亚线性关系（$\beta<1$）形成鲜明对比。上述差异揭示出，城市与多细胞有机体之间并不存在完全共通的底层原理。因此，有工程师和管理者指出，将城市与多细胞有机体进行类比，对于城市规划与管理的实际指导意义相当有限。而这进一步凸显了建立一个更为可靠且稳健的模型的迫切性。

自地球有生命诞生以来，不同层级的生命系统各自占据了特定的时间与空间位置。生态学家 E. P. Odum 引入了生物学谱（biological spectrum）的概念，旨在将不同时空尺度的生命系统以有序的方式进行结构化排列，这些生命系统按照从低级到高级的层次被依次为：生物大分子、生物大分子群、细胞器、细胞、组织、器官、多细胞有机体、种群、生态系统以及全球系统。

为了更深入地探寻不同层级生命系统间的共性，浙江大学常杰和葛滢教授（1996）在生物学谱的线性结构基础上进一步提出了二级结构，即螺旋结构。在此螺旋结构中，所有生命等级系统被划分为完全族系统（P 族）、服务族系统（S 族）和同形族系统（I 族）三大类，每一族内的生命系统均展现出相似的特征与规律，使得在同族系统间进行系统特性的推演成为可能。值得注意的是，城市在这一螺旋结构中被归类为完全族系统，与多细胞有机体和真核细胞同属一族。但目前关于城市与多细胞有机体之间的比较研究大多停留在表面的类比与推测层面，缺乏严谨的逻辑论证与实证数据的支持。

由于缺乏坚实的理论基础作为指导，关于城市与生命系统内在联系的科学研究进展缓慢。尽管“超有机体”假说的提出为城市代谢研究提供了有益的启示，并有助于我们更深入地理解城市内部物质与能量的流动、城市各组分的相互作用以及城市与其周边生态环境的关系，但作为新近演化出的生命系统，当前的城市生态学研究对于城市的自组织行为及其机制仍知之甚少。随着全球城市化进程的加速推进，构建高效且可持续的城市系统对于提升人类福祉至关重要。从生命系统进化的视角来审视城市的自组织过程有望为城市管理与优化提供新的思路与方法，但这一领域的研究目前仍显不足。

7.2.1.3　城市对人类福祉的贡献与减损——可持续性

城市区域居住着全球超过半数的人口，并贡献了大约 80% 的世界经济产出，这些城市也占据了全球能源使用和相关排放量的 70% 以上。根据研究，城市化和城市本身对于可持续性转型来说，既可能是核心要素，也可能构成主要威胁。这种观点上的分歧，部分原因在于全球各地的城市状况及城市化进程的多样性。

城市有可能成为创新、知识和财富创造的枢纽，提供广泛的就业、教育、卫生服务和现代能源，也可能导致严重的污染、社会排斥、犯罪、不平等、环境破坏、生物多样性减少，并在城市范围外造成不可预见的后果。这些情况都可能在城市化过程中并行发生。因此，城市可持续发展的目标是在提升人类福祉的同时，减少对城市生态环境的不良影响。

作为一个开放系统，城市需要不断地与外部世界进行物质和能量的交流。当今世界，城市区域所需的资源多源于外部，城市的持续人口增长，经济和社会发展依赖于区域和全球的资源、服务及经济支持，包括邻近城市甚至其他国家。鉴于当前城市转型的规模和其生产消费系统的全球性影响，我们需要对城市化所带来的跨尺度交互、临界点、阈值和限制进行深入的科学研究，以引导城市走向可持续的发展路径。

可持续性与人类福祉的紧密联系要求我们理解城市内部各部门在地方层面对生活质量影响的相互作用，我们还需要将跨界基础设施与区域和全球的环境及健康影响相联系，并吸纳多方参与者和机构共同参与。经济机遇、城市形态、社会基础设施差异与人类福祉、跨界基础设施的环境动态以及跨尺度的多部门治理五个核心方面构成了推动城市可持续发展行动原则的框架。

随着城市化的推进及其带来的多维度影响，以及各尺度间的相互关联，城市生态学在推动城市可持续性方面的研究正迅速发展。Bettencourt 和 Kaur 对可持续性科学的演进和结构进行了深入探讨：他们收集了 1974—2010 年间包含“Sustainability”和 / 或“Sustainable Development”关键词的英文科学出版物，构建了一个庞大的数据库。该数据库涵盖了来自 174 个国家和 2200 个城市的约 20000 篇论文，由约 37000 位作者撰写。研究结果显示，可持续性科学的发展呈现出两个显著特点：首先，该领域目前正以指数级速度增长，倍增周期为 8.3 年；其次，这种增长速度是在 20 世纪 80 年代末经历一次动态转变后实现的，并且增长速度一直在加快。这表明，在城市化不断深化的背景下，人们对城市可持续性和人类福祉的关注度在持续提升。理解城市发展中的可持续性问题并制定相应的可持续性策略是未来城市发展的关键，而大数据分析为多个领域带来了新的研究机遇。

然而，当前的城市可持续性研究更多地聚焦于环境层面而非社会层面，社会福祉不仅对于地方的生态可持续性具有深远影响，而且对于整个城市的活力和可持续性至关重要。为了实现真正的“可持续”城市，未来的城市及其多元化社区需要新的理论和分析工具，将环境可持续性与提升人类福祉或社会可持续性相结合。近年来，城市生态学的研究范式转变凸显了对城市可持续性和人类福祉的重视，其中，城市中生态系统服务的研究为城市的生态、经济和社会可持续性研究与决策提供了新的视角和平台。生态系统服务研究能够桥接生态环境过程与社会经济活动过程，并直接与人类福祉相关联。通常利用空间建模方法来展示生态系统过去或未来的变化对人类福祉的影响。评估结果也可以以可操作的方式呈现给主要最终用户，如政府和城市规划者，从而为城市可持续性的设计和建设提供实际可行的方案。

目前，对城市中生态系统服务的研究正在不断拓展，从对城市自然生态系统（如城市绿地）的评估延伸到对城市人工生态系统的服务评估。这些研究不仅加深了对城市过程的理解，还为揭示城市功能空间结构的形成机制提供了新角度，并为城市规划和政策制定提供了依据。然而，当前城市生态学在生态服务与人类福祉方面的研究仍主要聚焦于以自然组分为主要特征的生态系统对象，而忽视了人类所获得的物品和服务（即生态服务）主要来源于人工生态系统或人工系统（即城市功能构件）。因此，城市生态学研究需要进一步转变思路，认识到人工系统是城市复合系统中向人类提供生态服务的主要单元，并与城市可持续性和人类福祉紧密相连。深入分析城市中人工系统的生态服务与人类福祉的关系，可以为城市管理提供有力支撑。在城市化进程中，从城市整体角度分析和预测城市中生态服务的效率，将为城市的高效和可持续发展提供理论指导。

7.2.2 生态城市

城市和城市群生态安全与人居环境健康一直是城市化快速发展区域生态文明研究的核心议题。当前，全球的城市区域不到陆地总面积的3%，却承载了超过一半的人口。据预测，到2050年，城市居住人口将增至70%。根据我国2021年第七次全国人口普查的数据，城镇化率已达63.9%。但快速的城市化进程也引发了一系列生态环境问题，如生态用地被侵占、生物多样性减少、环境污染，以及人居环境健康的威胁等。有报道指出，全球碳排放中，城市地区的CO_2排放量约占总量的75%，而在中国，这一比例更是高达80%。近年来，我国对城市生态环境治理和绿色发展的重视不断提升：1996年，原国家环境保护总局授予张家港市“国家环境保护模范城市”的称号，以表彰其在环境保护方面的卓越表现；2019年11月，习近平总书记在上海考察时，强调了“人民城市人民建，人民城市为人民”的理念；2022年2

月，《国务院关于同意成都建设践行新发展理念的公园城市示范区的批复》中，更是要求成都打造“山水人城和谐相融的公园城市”，体现了对城市生态环境和绿色发展的高度重视。自 20 世纪 70 年代以来，国际上开始倡导生态城市的发展理念和规划模式：1984 年，联合国教科文组织在《人与生物圈计划》中提出了生态城市规划的五项基本原则，涉及生态保护、生态基础设施、居民生活标准、文化历史保护，以及将自然融入城市等方面；随后，生态城市的概念逐渐明确，并在全球范围内得到推广，多个国际生态城市会议的召开，以及《生态城市建设的深圳宣言》的通过，都标志着生态城市建设成为全球城市发展的重要方向。

我国也积极响应这一趋势，自 2005 年以来，唐山市、天津市、上海市等多个城市开展了生态城市建设试点，超过 240 个城市提出了生态城市建设目标，如何观测和评价生态城市建设的成效也成为研究热点，相关指标体系涵盖了人居环境质量、经济转型发展，以及社会和谐进步等多个方面。2011 年，我国环境保护部发布的《国家环境保护模范城市创建与管理工作办法》（环办〔2011〕11 号）和《国家环境保护模范城市考核指标及其实施细则（第六阶段）》（环办〔2011〕3 号），更是旨在推动创建和谐宜居、生态环境优良的城市典范。

7.2.2.1 生态城市的内涵演进

生态城市代表了人类对以往粗放型城市建设方式的深刻反思，并在此基础上提出的一种新的城市发展理念，其定义与内涵在不断地丰富与完善。美国生态学家雷吉斯特（Richard Register）强调，生态城市不仅指生态上健康的城市，更是一个充满活力、节能高效且与自然和谐共存的居住环境。它追求的是人类与自然之间的健康平衡以及长期的可持续发展。

进入 20 世纪 80 年代，随着我国社会经济的高速发展，生态环境问题逐渐凸显。在此背景下，马世骏和王如松等学者提出的“社会—经济—自然”复合生态系统理论成为了重要的理论基础，该理论明确指出，生态城市是一个典型的“社会—经济—自然”相交融的复合生态系统，并据此进一步阐述了生态城市的建设准则和生态控制原理。

到了 90 年代，我国已经构建出一套相对完善的城市建设理论体系，这一体系是以“社会—经济—自然”复合生态理论为基石发展而来，该体系认为：生态城市应当是一个经济繁荣、社会公正和谐、自然与人类活动高度融合、城乡环境优美清洁、能够极大激发人类创造力，并推动城市文明持续进步的“自然—经济—社会”协同进化的复合生态系统。

随后，我国生态城市的建设理论和实践都取得了快速发展，新兴的建设方向如“低碳生态城市”“生态海绵城市”和“智慧生态城市”等不断涌现。从经济学的视角来看，生态化代表着资源的最优化配置。生态城市的核心理念是构建一个“自然—社会—经济”相互依存、共同发展的复合生态系统。然而，随着时代的发展和建设目标的变化，对生态城市的解读也在不断更新，但其终极目标始终是保障城市生态安全、提升人居环境品质以及促进经济社会的可持续发展，以实现人类与自然的和谐共生。

广州南沙生态城是我国的一项生态城市重要规划和建设项目，该项目以建设低碳城市为目标，重点发展清洁能源、绿色交通和生态农业。广州南沙把节约资源和保护环境作为发展的必然要求，着重构筑由生态涵养区、景观保护区和城市绿网区组成的城镇生态绿化网络，形成了青山、碧水、田园、湿地、港湾等特色生态相融合的发展格局，2011 年获得联合国“全球最适宜居住城区奖”金奖，登上 2019“中国最具幸福感城市”榜单。南沙生态城的建设不仅改善了当地环境质量，同时也提供了更好的生活、工作和居住条件，是生态城市建设和规划的典型案例。

7.2.2.2 城市生态系统观测

相较于自然生态系统，城市生态系统因其“自然—社会—经济”的复合性特征，更容易被人类活动的干预。同时，城市的生态环境质量及其所提供的生态系统服务，对居民的居住环境和生态产品的价值实现具有直接影响。为了深入理解和评估这些影响，我们需要进行生态系统观测。这是一种综合运用遥感技术、长期样地观测、定位观测以及社会经济调查等方法进行的长期连续观察，旨在揭示生态系统的发展演变机制，从而为生态系统的管理和决策提供数据支持。

城市生态系统的观测对于了解城市生态系统的现状、结构和演变趋势至关重要，是进行复合生态系统研究的基础。因此，我们可以将城市生态系统观测理解为：对城市生态系统的长期发展规律以及城市生态要素（包括自然环境、生物以及社会经济要素）进行深入研究，以反映城市生态系统的状态、结构、功能及质量的长期、连续、综合的观测活动。

目前，北京、深圳等大城市，已经通过建立城市生态系统定位观测研究站，对城市生态系统的结构、功能以及受到的干扰进行了多年的持续研究。其中，北京城市生态系统研究站是中国城市系统研究网络（CERN）中首家以城市生态系统为研究对象的生态站点，国家环境保护快速城市化地区生态环境科学观测研究站依托深圳生态环境监测中心站运行。从观测技术标准来看，原环境保护部先后发布《区域生物多样性评价标准》（HJ 623—2011）、《生物多样性观测技术导则》（2014—2016 年，包括陆生维管植物、水生维管束植物、蜜蜂类、地衣和苔藓、陆生哺乳动物、鸟类、爬行动物、两栖动物、内陆水域鱼类、淡水底栖大型无脊椎动物、蝴蝶、大中型土壤动物、大型真菌等 13 类）、《区域生态质量评价办法（试行）》（环监测〔2021〕99 号）等。住房和城乡建设部先后发布《城市水系规划规范》（GB 50513—2009）、《城市园林绿化评价标准》（GB / T 50563—2010）、《城市绿地分类标准》（CJJ / T 85—2017）等，规定了城市水系和绿地建设标准。国家林业和草原局先后发布《城市生态系统定位观测指标体系》（LY / T 2990—2018）、《国家森林城市评价指标》（GB / T 37342—2019），围绕城区及周边森林、湿地等自然生态系统，规定城市生态系统定位观测需要包括城市森林资源、气象、大气环境、游憩康养环境、水文与水质、土壤、植物群落等内容。

据统计，现有与城市生态系统观测相关的国家标准或规范 18 则、生态环境保护标准 36 则、林业标准 24 则、其他部门标准 16 则以及地方标准 9 则，共计 103 则。研究发现，我国缺乏明确的生态城市建设观测指标体系，相关指标分散在生态环境、林业和草原、住房和城乡建设等部门的标准体系中，较难在生态城市建设观测与成效评价中得到应用。同时由于城市生态系统的空间异质性，观测技术标准在指标、内容和方法上存在较大的差异性。

7.3　生态工程与环境修复

7.3.1　环境生态修复概述

7.3.1.1　生态修复与生态恢复

近些年来，我国越来越重视生态环境的修复。习近平总书记在党的十九大报告中特别指出“要加大生态系统保护力度，实施重要生态系统保护和修复工程”，可见了解生态修复知识对服务国家环保事业是十分必要的。

日常生活中的生态修复案例随处可见。例如，湖泊富营养化治理、农田土壤修复、城市黑臭水体治理等。然而生态修复也不是一件容易的事，2016 年持续数月的常州外国语中学“毒地”事件，是一个非常典型的生态修复失败的案例，这个事件在当时引起了全国人民的密切关注。2016 年 4 月，常州外国语学校 500 名在校生疑似因化工厂污染地块中毒一事引发社会广泛关注。而引发师生中毒的根源在于学校对面一路之隔的常隆化工厂原址。常隆化工厂在长达37年的时间内在这个地区进行生产活动，始终存在偷排废水废气、乱扔固废的行为，导致土壤和地下水中氯苯、四氯化碳等污染物严重超标甚至高于标准数万倍。该化工厂自2015年开始进行土壤修复，但由于土壤修复工程施工不当，大片裸露的土壤和大片深褐色的水塘使污染物暴露在空气中。因为在土地修复中带来的环境污染，致使学校“至少493名初中生群体性身体异样”，并且在学校的地下水和空气中检测出非城市空气质量标准中的污染物。通过这个事件可知，生态修复不是一件容易的事，需要具备专业知识的人员和正规的环保公司来完成。

7.3.1.2 生态修复的任务及原理

从生态修复的定义来看，生态修复任务可归纳为消除污染和生态重建。这是生态修复在环境工程学科中的一大特点，生态修复的目的不仅是将污染物从环境中去除，更重要的是恢复原来的生态系统，保持环境的持久健康和自我恢复能力，从根本上解决环境污染问题，这也是国家现在越来越重视生态修复的原因。要消除污染不能一味采取末端治理的方式，如水污染控制中的污水处理厂，而应在污水进入自然界之前把其中的污染物消除，降低污染物的环境负荷；生态修复的最终任务是生态重建，恢复受污染环境的生态系统，这一要求更高，效果也更持久，也是可持续发展的需要。例如黑臭水体的治理，底泥清淤虽然消除了内源污染源，但并没有恢复水体的生态系统，这就需要种植植物、投加水生动物或微生物菌群，实现黑臭水体的生态修复。

生态修复遵循物质循环再生原理，物种多样、和谐共存，区域分异，整体优化等生态学原理。

①物质循环再生原理：是指物质在生态系统中循环往复、分层分级利用，没有物质循环的系统就会产生废弃物，造成环境污染，并最终影响系统的稳定与发展。无废弃物农业是我国古代传统农业的辉煌成就之一，也是生态工程最早和最生动的一种模式：农民通过种植能够固氮的豆科植物，以及收集人畜粪便、枯枝落叶以及农产品加工过程中的废弃物等，采用堆肥或沤肥的方式将其转变为有机肥料，施用到农田中。这种做法实现了农田有机垃圾的零废弃、无污染，遵循了生态工程的循环原理，减少了环境污染。

②物种多样、和谐共存原理：是指物种越丰富，生态系统的抵抗力和稳定性越高。如纯种林的生物多样性低，食物链短而单调，马尾松林缺少松毛虫、天牛的天敌，因此一旦松毛虫肆虐，整个林场便会毁于一旦。

③区域分异原理：是指修复过程中需要考虑环境承载力及环境容纳量的差异。例如居住区土壤修复和非居住区土壤修复的污染物环境容纳量就有明显区别，居住区土壤直接关系到人体健康，对污染物的环境容纳量比非居住区土壤要小，污染物的去除需要更加彻底。

④整体优化原理：是指修复过程是包含在“社会—经济—自然”复合成的巨大系统之中，自然生态系统的修复受到经济系统（生产成本、消费效益等）与社会系统（政策、管理、科学文化等）的影响，是一项系统工程。

7.3.1.3　生态修复的基本方式

生态修复的基本方式包括微生物修复、植物修复、物理修复和化学修复 4 种。

①微生物修复是指通过微生物的作用将土壤、地下水和海洋中的有毒有害物质“就地”降解成二氧化碳和水，清除土壤和水体中的污染物，或是使污染物转化为无毒、无害物质的过程。它包括自然和人为控制条件下的污染物降解或无害化。实际上，大多数环境中都存在着天然微生物降解净化有毒有害污染物质的过程。

②植物修复在日常生活中随处可见。如夹竹桃是街头常见的一种植物，它具有极强的耐污染能力和环境修复能力，据说在广岛原子弹爆炸后的第二年春天，距离爆炸中心 1km 处的夹竹桃就开始萌发新枝，它能净化大气，吸收 SO_2 和汞，其根茎对重金属也有富集作用。这是一种典型的植物修复方式。

③物理修复技术种类繁多，热解吸修复是一种常用的针对有机物污染土壤的物理修复技术，通过加热土壤使污染物分离或者分解，污染过的土壤通过这套类似水泥窑和烟囱结构的装置后变成棕褐色的干净土壤，效果相当显著。

④化学修复主要是通过化学添加剂清除和降低环境中污染物的方法。其主要实施过程是：针对污染物的特点，选用合适的化学清除剂和合适的方法，利用化学清除剂的性质及对污染物的吸附、吸收、迁移、淋溶、挥发、扩散和降解，改变污染物在环境中的残留累积，清除污染物或降低污染物的浓度至安全标准范围，且所施化学药剂不会对环境系统造成二次污染。相对于其他污染修复技术，化学修复技术既是一种传统的修复方法，同时由于新材料、新试剂的发展，它也是一种仍在不断发展的修复技术。如在土壤中筑起一堵墙，并将污染水体净化成干净水体，这就是原位化学反应墙的化学修复技术，污染的地下水通过渗透性反应墙中填充的化学物质（如铁等）发生还原反应，从而将污染物转化、去除。

值得注意的是，实际工程中的生态修复往往是两个或者两个以上修复方式的组合。如微生物修复和植物修复联合、微生物修复和物理修复联合、微生物修复和化学修复联合。因为实际污染环境中情况复杂，单一的修复技术往往具有局限性，如污染物浓度高的区域就不适合植物修复和微生物修复，需要借助物理修复和化学修复来完成。另外每种修复方式中也有很多具体的修复技术，需要根据实际情况分析后再决定。

2012年伦敦奥运会场址修复项目采用了土壤淋洗、生物修复、土壤稳定和固定等多种方法，对这片已有100多年的、土壤和地下水中存在重金属、多环芳烃、氨及硫酸盐的污染的老工业区（纺织、印刷、汽油、化学品等）和港口的土壤进行了生态修复。生态修复工程从2007年至2010年，修复面积270hm²，治理约2×10^6t有毒土壤、9×10^7L污染地下水，是迄今欧洲最大的场址修复项目。尽管投入了2亿英镑，耗资巨大，但项目收益也是可观的，伦敦奥运会仅门票收益就达7亿美元，占奥运各项筹备预算的1/4，可见生态修复可带来良好的经济效益和社会效益。

7.3.2 微生物修复技术

7.3.2.1 基本原理

微生物修复是利用微生物去除或降解土壤、地表水、地下水及海洋中污染物的一种工程技术手段。一般利用天然或接种的微生物，并通过工程措施为微生物的生长与繁殖提供必要的条件，从而加速污染物的降解与去除。工程化的微生物修复可采用下列手段来加强修复的速度：第一，生物刺激，满足土著微生物生长所必需的环境条件，诸如提供电子受体、供体、氧，以及营养物等；第二，菌群扩增，通过各种手段，增加降解环境污染物的微生物数量。向污染环境中添加外源生物活性物质，如N、P、O_2、NO_3、SO_4^{2-}表面活性剂等，大大促进生物土著或接种菌的繁殖，强化降解环境中的有机污染物。例如，已开发出的亲油肥料中含有N、P营养素与易降解的碳源，即使在寒冷气候下烃降解菌的数量也会大大增加。

微生物修复的基本原理是通过提供氧气，添加氮、磷等营养盐，接种经驯化培养的高效微生物来强化生物自然净化速度，以去除有毒有害污染物。

按照修复地点不同，可以将微生物修复分为原位生物修复和异位生物修复两种。原位生物修复是不需要移动污染物就能进行的生物修复；异位生物修复是将污染的土壤从污染环境处挖出，再采用固相法或泥浆反应器处理。此法主要适用于污染程度较高时，单纯采用原位生物修复往往达不到预定要求的情况。

7.3.2.2 重金属微生物修复

重金属是指密度超过 5kg/dm^3 的金属元素，以及砷、硒等非金属。水体和土壤中的重金属污染比较常见，特别是土壤中的重金属更难去除。土壤中常见的几种重金属污染物为铅、镉、铬、汞、铜、砷、锰，这些重金属来源于农业和工业的污水排放和固体废弃物。

重金属的危害显而易见，例如镉稻米能引起人体疼痛。冶金、塑料、电子等行业是非常重要的重金属镉的来源，重金属镉会通过废水排入环境中，再通过灌溉进入食物，水稻由于吸附性比较强，成为典型的受害作物。2013 年抽检发现有 120 批次的镉超标大米，最严重的超标近 6 倍。相关统计数据表明，我国受重金属污染的耕地有 1000 万 hm^2，占耕地面积的 8% 以上，每年粮食产量直接减少约 100 亿 kg。

重金属的毒性取决于金属的形态、剂量和暴露时间，通常需要关注的是重金属的迁移性。在土壤系统中，重金属的迁移性取决于以下 3 个因素：金属的形态（物理 —化学结合形式）、土壤组成、土壤条件（尤其是 pH 和氧化还原电位）。重金属有很多形态，如饮用水砷含量需小于 10ng/mL，而鱼体内的砷含量往往大于 1000ng/mL，但人们吃鱼并不会出现砷中毒，主要原因是重金属砷有无机态和有机态两种形态，水中砷都是三价和五价的无机砷，而鱼体内是砷甜菜碱，前者毒性大而后者毒性小。对于无机砷（iAs）来说，而 3 价砷［As（Ⅲ）］的毒性强于 5 价砷［As（Ⅴ）］；对于金属铬而言，6 价铬比 3 价铬的毒性强 200 倍；对于金属汞而言，甲基汞毒性极大。因此旱地中的铬毒性大于水田，而水田中的汞毒性大于旱地。

微生物对金属的修复机制包括微生物吸附作用和微生物转化作用。生物吸附作用是指微生物能够表面吸附或者体内聚集重金属，与硫蛋白形成金属复合物，某些酵母菌可以吸附很多重金属（如铅、金、银、镍、铀等），吸附量甚至可以达到细胞干重的 90%。除了吸附重金属外，微生物还能转化重金属的形态，降低重金属的毒性，比如很多微生物（大肠杆菌、假单胞菌等）可以把高毒性的 Hg^{2+} 还原成为低毒的 HgO，再形成沉积物或挥发到大气中；微生物还可以把高毒性的 Cr^{6+} 还原成为低毒性的 Cr^{3+}，而硫酸盐还原菌可分泌 S^{2-}，其与重金属反应后产生沉淀。

需要注意的是，单独使用微生物修复重金属在实际应用中并不多见，常见的是植物—微生物联合修复重金属。因为单纯的微生物修复费用较高，而且现场处理不一定能成功，同时大多数重金属仍然存在于土壤中，并不能被完全移出土壤。有研究表明，接种真菌可以增加东南景天对重金属镉的吸收，从而降低蔬菜茎叶中镉的含量，同时也降低了土壤中镉的生物有效性，因此超积累植物东南景天 + 速生植物

黑麦草 + 真菌提取镉的效率比单独的东南景天好得多。

7.3.2.3 有机污染物修复

常见的有机污染物包括：多氯联苯，如电器的油和清洁剂；多环芳烃，如煤、石油燃烧；烷烃和芳香烃，如石油；农药，如杀虫剂、除草剂；酚类、多环芳烃，如木材防腐剂。这些有机物中有一些是持久性有机污染物（persistent organic pollutants，POPs），是指具有长期残留性、生物蓄积性、半挥发性和高毒性，并通过各种环境介质（大气、水、土壤等）能够长距离迁移并对人类健康和环境造成严重危害的天然或人工合成的有机化合物。

有机污染物的生态修复涉及多种技术和方法。

（1）植物修复技术

利用植物对水体或土壤中有机污染物的吸收、转化和降解作用进行修复。例如，在受石油污染的土壤中，可以种植某些特定的植物，如千屈菜和苜蓿，这些植物能够吸收土壤中的石油烃类污染物，并通过生物转化作用将其降解。植物修复技术具有成本低、环境友好等优点，但修复周期可能较长。

（2）微生物修复技术

通过引入或增强土壤中的微生物来降解有机污染物。微生物具有趋向性，由于不同环境修复有机污染物的微生物差别很大，所以首先要保证微生物能够接近基质，吸附固定是有机物代谢的重要保证。例如，石油降解菌一般生长在油水界面上，既能接触到溶解在水中的氮、磷等营养素和氧气，又能接触到碳源。其次，吸附固定后，微生物分泌胞外酶，将大分子变成小分子（即水解作用）。水解后的小分子再通过 5 种基质跨膜转运方式，透过细胞膜进入细胞内部。最后，细胞内的微生物代谢将有机物彻底或者部分分解，途径包括好氧呼吸、厌氧呼吸和发酵。

例如，在一项研究中，利用一种名为阿拉伯芥的植物根际细菌降解石油污染土壤中的油污染物。这种细菌加入污染土壤中后，有效地降解了油污染物。微生物修复技术同样具有环境友好性且修复效率较高，适用于多种类型的有机污染修复。

（3）生物炭还原技术

利用生物炭作为还原剂，将有机污染物中的金属离子还原为金属状，从而达到修复目的。这种方法在重金属与有机物复合污染的土壤修复中表现出色。生物炭还原技术不仅能够去除有机污染物，还能同时修复重金属污染，具有广阔的应用前景。

（4）湿地修复技术

通过建设人工湿地或利用天然湿地，利用湿地植物和微生物的代谢作用去除水体中的有机污染物。例如，在受有机废水污染的河流下游建设人工湿地，通过湿地植物的吸收和微生物的降解作用，显著降低水体中的有机污染物浓度。

（5）综合修复技术

例如，在治理受有机化工废水污染的河流时，可以先采用物理修复技术（如曝气、过滤等）去除水体中的悬浮物和颗粒物；然后利用化学修复技术（如氧化还原、沉淀等）去除重金属和难降解有机物；最后通过生物修复技术（如微生物修复、植物修复等）进一步降解有机污染物并恢复水生态系统。

7.3.3 植物修复技术

7.3.3.1 植物修复的基本原理

植物修复（phytoremediation）是基于植物忍耐和超量累积某种或某些化学元素的能力，利用植物及其共存生物体系来清除环境中的污染物。这一技术最早用于重金属污染土壤的修复，现已发展成一种重要的生态环保型修复技术，能够处理重金属、石油烃、持久性有机污染物（POPs）、农药等多种污染物。

植物修复主要包括以下几种形式。

（1）植物萃取技术（phytoextraction）

利用重金属超富集植物从土壤中吸收重金属，并将其转运到可收割的部位，如地上部的茎、叶或果实中，通过收割这些富集了重金属的植物部位，并经过适当的处理（如热处理、微生物处理、物理或化学处理），减少植物的体积或重量，以达到降低后续加工、填埋和人工操作费用的目的。

（2）植物钝化技术（phytostabilization）

利用特殊植物将污染物转化或固定在土壤中，降低其生物有效性及迁移性，从而阻止其进入生物体和食物链，减少对生物和环境的危害。植物在污染元素钝化过程中起到保护污染土壤不受侵蚀、减少土壤渗滤以防止污染物淋溶的作用，同时通过在根部累积和沉淀作用对污染物起到钝化或稳定化作用。

（3）植物挥发（phytovolatilization）

某些植物具有将吸收的污染物转化为气态物质并释放到大气中的能力。这一技术主要用于挥发性有机化合物（VOCs）或挥发性重金属（如汞）的植物修复。例如，印度芥菜、水稻、卷心菜等能将土壤中的硒转化为气态的二甲基硒或二甲基二硒释放到大气中，从而降低硒对土壤生态系统的毒性。

（4）植物转化（phytotransformation）/ 植物降解（phytodegradation）

植物转化或植物降解是在植物的根部或其他部位，通过新陈代谢作用将吸收的污染物转化为毒性较小的形态。这一过程可能涉及酶促反应或其他生物化学反应，使得污染物在植物体内得到降解或转化。

（5）植物刺激（phytostimulation）

植物的根系分泌物（如氨基酸、糖、酶等物质）能够促进根系周围土壤微生物的活性和生化反应，有利于污染物的释放和降解。这种机制通过增强微生物的降解能力来间接促进污染物的去除。

植物修复技术具有多项优点，包括利用太阳能动力、减少土壤清洁费用、安全、就地修复、土壤免遭扰动、生态协调及环境美化等。然而，为了提高植物修复污染土壤的效率，需要在设计修复方案时考虑多种因素，如地理气候条件、土壤性质（酸碱度、盐度、含水量、营养供给情况）、重金属污染状况以及植物的复原能力、病虫害管理等。

7.3.3.2 重金属污染的植物修复技术

重金属的植物修复技术是一种利用植物及其根际微生物体系来清除土壤和水体中重金属污染物的方法。

（1）植物挥发修复

植物通过吸收土壤中的重金属，并将其转化为气态物质释放到大气中，从而降低土壤中的重金属含量。植物挥发修复通常适用于挥发性重金属，如汞（Hg）和非金属元素硒（Se），对于非挥发性重金属的修复效果有限。

研究表明，将细菌体内的汞还原酶基因转入拟南芥属植物中，得到的转基因植物能够吸收土壤中的汞并将其还原为零价汞后挥发到大气中。但需要注意的是，由植物挥发出的汞仍是有毒的，需要进一步将其转化为无毒形态或将其挥发量控制在环境许可的范围内。

（2）植物固定 / 稳定化修复

利用植物的根系分泌物或根际微生物的作用，将土壤中的重金属固定或稳定化，降低其生物有效性和迁移性，从而减少对生物和环境的危害。

多种耐重金属植物，如某些蕨类植物、草本植物和灌木等，它们的根系能够分泌有机酸、氨基酸等物质，与土壤中的重金属形成稳定的络合物或沉淀物，从而减少重金属在土壤中的移动性和生物可利用性。

遏蓝菜（*Thlaspi arvense* L.）是一种能够富集锌（Zn）和镉（Cd）的超积累植物，其根系在吸收重金属的同时，也能通过分泌物将部分重金属固定在土壤中，降低其向地上部的迁移。

（3）植物提取修复

利用重金属超积累植物从土壤中吸收重金属，并将其转运到地上部进行富集，随后通过收割地上部并集中处理，从而降低土壤中重金属的含量。常用植物如下。

印度芥菜 [*Brassica juncea*（L.）Czern & Coss] 不仅对多种重金属具有超积累作用，而且生长迅速、生物量大，是植物提取修复中常用的植物之一。

东南景天（*Sedum alfredii* Hance）是一种锌、镉超积累植物，其地上部对锌和镉的富集能力极强，通过连续种植并收割东南景天，可以显著降低污染土壤中的锌和镉含量。

蜈蚣草 [*Eremochloa ciliaris*（L.）Merr.] 对砷具有极强的富集能力，其地上部砷含量可达普通植物的数十万倍，是砷污染土壤修复的优良植物。

那些能够超量积累重金属并将其转运到地上部的植物一般称为重金属超积累（富集）植物，这些植物通常具有对特定重金属的高吸收和高转运能力，能够在污染土壤中生长并富集大量重金属。超积累植物的发现是一个持续的过程，科学家们不断在自然界中寻找新的超积累植物种类。例如，中国科学技术大学的研究团队在湖南发现了世界上第一种砷的超积累植物——蜈蚣草。超积累植物在重金属污染土壤修复中具有广泛的应用前景。通过种植超积累植物并收割其地上部进行集中处理，可以有效地降低土壤中的重金属含量，并达到土壤修复的目的。同时，利用超积累植物还具有成本低、环境友好等优点，是一种理想的重金属污染土壤修复技术。

7.3.3.3　有机污染物的植物修复技术

植物不会像微生物那样吸收有机物用于自身新陈代谢。微生物降解有机物是它们从分解有机物的过程中得到能量和物质，而植物合成的有机物来自于光合作用，并不会大量利用环境中的有机物作为碳源或能源。这就决定了植物用于修复有机物污染土壤或者水体的局限性。

植物对有机污染物的修复作用直接吸收和降解、酶的作用、植物根际圈的微生物降解有 3 种机制。

①直接吸收和降解：植物根主要吸收中度憎水性有机物　中度憎水性的指标是 0.5 ≤正辛醇 / 水分配系数≤ 3.0，正辛醇 / 水分配系数是有机化合物在辛醇和水两相平衡浓度之比。憎水的有机物（正辛醇 / 水分配系数 >3.0）被植物根部紧密吸附着不易进入植物体内；亲水的有机物（正辛醇 / 水分配系数 <0.5）则不易被根部吸附，也不易进入植物体内；而中度憎水性有机物则容易被植物吸收，包括苯系物、氯代溶剂、短链脂肪族化合物。植物吸收后的有机污染物可以被木质化固定在新的组织中，也可以被矿化为二氧化碳和水，还可以挥发到大气中。

②酶的作用：这里的酶就是根系分泌物，能够降解有机污染物。酶能在植物体内起作用，也能被根系分泌到土壤或者水体中起作用。

③植物根际圈的生物降解：植物以多种方式帮助植物根际圈的微生物体系来转化、降解有机污染物。

多环芳烃分解转化实例：苜蓿草和水稻已成功地用于土壤中多环芳烃的修复，能在 6 个月内将多环芳烃总量降低 57%。研究发现，通过植物和微生物的联合修复作用对多环芳烃的降解效果较好，因为在植物生长的条件下，土壤微生物降解有机污染物的功能明显增强。还有研究表明，黑麦草能增加土壤中功能细菌的多样性，对细菌种类具有选择性的促进作用，能加速农田土壤中多环芳烃的降解。

在石油分解转化中起主要修复作用的仍然是根系的分泌物和根际圈的微生物。研究表明，原油在无自然植被的土壤中短期内很难降解，在长达 2 个多月的时间内仅降解了 5%，而在有植被的条件下，经过 120 天以后净化效率可以达到 53.8%，而且随着时间的增加，原油还会得到进一步的净化。

农药分解转化实例：水葫芦（学名凤眼莲）不仅能去除水体中的有机磷农药、染料、酚、多环芳烃、甲基对硫磷等有机污染物，还能从污水中除去镉、铅、汞、铊、银、钴等重金属元素。虽然水葫芦有去除污染物的功能，但因其繁殖速度极快，会阻碍其他水下植物生长，影响航运、窒息鱼类，难以根治，被列为世界十大害草之一。所以在应用水葫芦修复环境时也要注意避免它的不良影响，开发水葫芦在食品、饮料、饲料等方面的利用价值。除水葫芦外，还有一些耐药性植物也能够分解杀虫剂、除草剂、杀菌剂等。

7.3.4　污染水体修复技术

淡水资源，尽管每年都能通过全球水循环得到更新，但实则其可利用总量相对固定。这一现实意味着，随着人口的持续增长和生产活动的不断扩展，对淡水资源的需求日益加剧，供需之间的矛盾愈发尖锐。加之淡水资源分布的不均衡性，地球上众多地区频繁遭遇严重的缺水困境，其中亚洲和非洲更是水资源紧缺的重灾区。

目前，全球有 80 个国家和地区（占世界总人口的 40%）正面临严重缺水问题，而其中有 26 个国家的水资源储备尤为匮乏，被归类为缺水国。国际经验表明，若一个国家每年的可更新淡水供应量低于 1700m^3/ 人，该国即可能陷入定期或常态化的缺水状态；而当每年的水供应量降至 1000m^3/ 人这一基本指标以下时，国家则可能遭受长期性的水荒，这不仅会阻碍社会发展，更会对公众健康构成严重威胁。目前，约有 20 个国家的人均年水供应量低于这一警戒线，其中马耳他更是以年均 82m^3/ 人的供水量，位居缺水国家之首；紧随其后的卡塔尔（91m^3/ 人）、科威特（95m^3/ 人）、利比亚（111m^3/ 人）等国家，也面临着极为严峻的缺水挑战。

近年来，美国、日本、德国以及东欧多国均出现明显水资源紧张，就连淡水资源相对丰富的俄罗斯和加拿大也有部分地区开始受到缺水的困扰。在干旱和半干旱地区，如非洲、大洋洲以及我国的西北地区，水资源问题显得尤为突出。联合国预测，到 2025 年，全球将有 2/3 人口面临缺水的威胁。这一现象将严重制约 21 世纪的经济和社会发展，还可能引发国家间的冲突的危机。因此，在未来的人类社会发展进程中，水资源危机的紧迫性甚至超过了能源危机。

更令人痛心的是，水资源的污染问题进一步加剧了这一紧缺形势。目前，全球有超过 10 亿人无法获取干净的饮用水，每年因水污染导致的疾病更是夺去了 1500 万人的生命。据 21 世纪世界水资源论坛委员会发布的报告指出，由于河流污染和水资源枯竭，1999 年因此产生了 2500 万环境难民，这一数字首次超过了因战乱而产生的难民数量（2100 万）。鉴于世界淡水资源短缺问题的日益严峻，联合国自 1993 年起，将每年的 3 月 22 日定为世界水日，旨在唤起全球对这一问题的关注，并共同寻求解决方案。

当今，世界淡水资源的枯竭和污染与水资源的浪费现象并存。除了那些由于地理原因位于荒漠中的人们不得不长期忍受缺水的痛苦外，更多的国家和地区的降水资源还是丰富的，只是因为没有更大的“容器”去承纳这些大自然突然馈赠的“礼物”。例如，在每次台风造成的暴雨过后，到处泽国一片，但滚滚洪流白白流向大海。在每次水的海陆大循环中，人类受益甚少，甚至带来灾难，故而“深挖塘、多筑堰、广植树、保水源”的工程措施是一条值得探索的道路。

7.3.4.1 污染水体修复方法

污染水体生态修复技术旨在通过一系列措施恢复水体的自净能力和生态系统的完整性，减少水污染，保护水资源和水生态系统的健康。

（1）生物修复

生物修复是指利用微生物、水生植物等生物体的代谢能力，分解并降解水体中的有害物质，促进水体的恢复。这种方法可以通过向污染水体中加入适量的微生物或水生植物来实现，利用它们的代谢能力去除水体中的污染物。此外，还可以通过调控受损水体中的生物群落结构和数量，控制藻类的过量生长，提高水体透明度，完善和恢复生态平衡。生物修复的类型有物种调整、植被群落恢复和生物除藻 3 种。

①物种调整：增加水生物种如水生植物（可以大量吸收水体中的营养物质，提高水体溶解氧）、浮游动物（能够摄食浮游藻类，控制藻类密度）、水生动物（可以大量增加杂食性底栖动物或减少食浮游动物和底栖动物的鱼类）。

②植被群落恢复：即恢复水生植物生态，包括恢复或补充沉水植物、挺水植物和浮游植物。主要手段有：改善植物的生境条件，如围隔消浪、促淤、底质改善、降低水位；水下补光改善水体光照，增加水体透明度；人工重建植被，如人为补充植物种类与数量，使水体具备自动恢复的能力。

③生物除藻：主要是激活外源微生物如酵母菌、放线菌、乳酸菌、光合细菌等微生物来分解污水中的有机物，代谢出抗氧化物质。

在日常生活中，生物修复污染水体的例子确实非常普遍，其中生态塘和人工湿地是两个典型的实例。这些技术不仅能够有效降解和转化水体中的污染物，还能将处理过程中产生的水生作物、水产动物等资源回收利用，实现水资源的循环利用。

生态塘是一种资源化技术，它通过构建一个人工生态系统来降解和转化进入塘中的有机污染物。在这个生态系统中，水生作物（如莲藕、茭白等）和水产动物（如鱼、虾等）作为生物处理单元，能够吸收和利用水体中的营养物质，同时去除水体中的污染物。净化后的水体可以作为再生水资源进行循环利用，如用于农业灌溉、景观补水等。生态塘技术具有投资少、运行费用低、管理简便等优点，因此在农村污水处理、城市生态景观建设等领域得到了广泛应用。

人工湿地是一种模拟自然湿地的人工生态系统，它由土壤和填料（如卵石、砂、砾石、工业副产品如石英砂、煤渣、陶粒、沸石等）混合组成的填料床构成。废水在床体的填料缝隙中或床体表面流动时，通过填料、植物和微生物的共同作用去除污染物。

植物修复是生物修复常见的手段，即利用植物对水体中污染物的吸收、转化和降解作用进行污染物修复的一种技术。通过选择适合生长在水中的植物，将其种植在受污染的水域中，利用植物的生物吸附、生物降解、生物转化等作用去除水体中的有害物质。比如种植挺水植物（如芦苇、香蒲）、浮水植物（如浮萍、睡莲）及沉水植被（如金鱼藻、苦草）等，这些植物不仅能吸收水中的氮、磷等营养素，还能为微生物提供栖息场所，促进微生物的生长繁殖，增强水体的自净能力。

（2）物理修复

常用的物理修复方法包括引水冲刷 / 稀释、人工曝气、机械 / 人工除藻、底泥疏浚 4 种，它们都有各自的适用水体和存在问题。

①引水冲刷 / 稀释：如苏州河综合调水工程，就是通过控制吴淞桥闸的启闭（涨潮时关闭，落潮时开启），将苏州河由潮汐往复流变为单向流，同时控制苏州河上下游支流水闸的启闭，增加上游清洁水的水量，减少污染支流的入流量，改善下游水质。

②人工曝气：是常用的一种物理方法，可为微生物的新陈代谢提供氧气，促进有机物的生物降解，缺点是运行能耗较大。

③机械 / 人工除藻：是针对富营养化的水体，移除藻类的一种物理方法，缺点是受风力和水流影响较大，适用于小面积的水体，而且不能彻底去除藻类生长的污染源。

④底泥疏浚：也是常用的一种物理手段，能够将水体的内源污染彻底清除，保证水体长期维持修复后的生态环境，但被清除底泥的最终处置是一个问题，底泥处理技术和资源化利用途径是需要重点关注的问题。

（3）化学修复方法

表 7－2 是几种常用的化学修复方法，包括化学沉淀法、钝化法、酸碱中和法、化学除藻法。化学修复方法的优点是见效快，但容易造成二次污染，适合突发性或小范围污染水体的修复。如今城市黑臭水体的治理是城市环境治理的重要内容，有些地方为了快速消除污染，采用应急加药的方式，把河道当成污水处理厂，加入大量的消除有机物的氧化剂、去除浊度的絮凝剂等药剂，严重威胁水体生态系统的安全，这些做法必须严格禁止。

表 7－2 几种常用的化学修复方法对比

化学修复方法	适用的水体类型	添加药剂	主要作用机制
化学沉淀法	富营养化	铁盐或铝盐	通过吸附或絮凝作用与水体中的无机磷酸盐产生化学沉淀
钝化法	富营养化	铝盐、铁盐、硫酸铝铁、钙盐、泥土颗粒和石灰石	与无机磷和颗粒磷产生沉淀
酸碱中和法	磷酸盐浓度和叶绿素水平较高	石灰	酸碱中和
化学除藻法	富营养化	易溶性的铜化合物（硫酸铜），或者整合铜类物质	直接杀死藻类

（4）工程修复

工程修复是指通过建设工程设施来达到生态修复的目的。常见的工程修复措施包括湿地修复、池塘修复和河道修复等。

①湿地修复：通过修建湿地，利用湿地植物和微生物的作用去除水体中的污染物。湿地修复可分为人工湿地和天然湿地修复两种形式，其中人工湿地修复应用最为广泛。人工湿地的建设需要根据具体情况选择合适的湿地类型和规模，并加强湿地管理以保证生态系统能够正常运转。

②池塘修复：通过清淤、增加水生植物、改善水质、改善饲养管理和建设生物滤池等措施恢复池塘生态系统的健康。清淤是池塘修复的重要措施之一，可以减少水体中的有机物和营养物质，增加水生植物则能有效去除水中的污染物，改善饲养管理可以减少养殖过程中的污染物排放。

③河道修复：通过疏浚、清淤、岸线整治等手段恢复河道的自然状态和功能。河道修复可改善河道的水流条件，增加水体的氧气含量，提高水生态系统的健康状况。河道修复工程包括河道整治和河堤加固等，旨在增强河道的稳定性和自净能力。

7.3.4.2 湖泊污染修复技术

湖泊水库的水环境修复是指通过调控，使受污染损害的湖泊生态系统恢复到受干扰前的自然状态，恢复其合理的结构和功能。具体修复技术包括湖泊水库的外源污染控制技术、内源污染控制技术、水动力学修复技术、藻类控制和去除技术。

第一项和第二项技术是外源污染控制技术和内源污染控制技术。内源和外源的划分标准是看污染物来自于湖泊自身还是湖泊以外的地区。如湖泊的底泥算内源污染源，而周边农村的生活污水算外源污染物。湖泊水库的外源污染控制技术是通过改变周边地区的生产和消费方式减少污染物的产生，建设相关处理设施，减少排入湖泊的污染物质，比如湖泊周边农村地区修建的生活污水处理设施。

除内源和外源的划分法外，还可以把污染物的来源分为点源和面源。点源污染控制技术包括生活污染处理技术、工业废水处理技术和前置库技术。面源污染控制是湖泊水体修复中控制难度最大的，是在受保护的湖泊水库水体上游支流利用天然或人工库拦截暴雨径流，并通过物理、化学以及生物过程降低径流中污染物的浓度。表 7－3 是一些常用的控制湖泊面源污染的方法，可以发现所有的措施都是为了不让上游流失的水土进入湖泊，如设置拦砂坝、前置库、拦砂植物带和人工湿地等。

表 7－3　常用的控制湖泊面源污染的方法

措施	简介
工程修复、拦沙坝、草林复合	在山地水土流失区及侵蚀区，通过土石工程结合生物工程，控制水土流失
前置库塘和沉砂池工程	在入湖支流自然汇水区，利用泥沙沉降特征和生物净化作用，使径流在前置库塘中增加滞留时间，增加泥沙和颗粒态污染物沉降和生物对污染物的吸附利用作用
拦沙植物带和绿化	拦沙植物结合生物吸附、净化作用可使拦沙植物带和绿化泥沙、氮、磷等污染物滞留、沉降。适用于堤岸保护、坡地和农田防护等
人工湿地与氧化塘	在污染农业区，适用于处理农田废水和村落废水的混合废水

第三项技术是水动力学修复技术。该技术通过人工措施防止水体分层或者破坏已经形成的分层，提高湖泊水库水体溶解氧的浓度。这项技术可以控制内源性污染，进而改善水体质量。常见措施包括引水稀释 / 冲刷、人工曝气和人工循环，这些措施都是为了加快水体的交换频率，缩短污染物在湖泊水库中的滞留时间，从而降低污染物浓度，因为水体流动性的加强可以增加湖泊水库下层水体的溶解氧含量，从而抑制沉积物中污染物的活化能释放，也就是常说的“流水不腐”。

第四项技术是藻类控制和去除技术。2010 年太湖蓝藻暴发，整个太湖已经形成了大片的蓝藻水华区域，富营养化的水是不能作为饮用水水源的，就需要采用物理法、化学法和生物法等方式来消除水华。物理法有人工解层（将水体混合均匀，常用的是曝气或搅拌）、混凝沉淀（加入絮凝剂让藻类沉到水底）、机械打捞（这种措施只是应急，不能长期有效）；化学法是利用杀藻剂杀死藻类，操作简便，一次性使用，成本低，但是长期投用一种药会对环境产生二次污染；生物法是利用水生动物、植物、藻类的病原菌和病毒来抑制和杀死藻类，能帮助湖泊形成完整生态系统后彻底控制湖泊的富营养化。

7.3.4.3　河流污染修复技术

河流污染大多是是由于人类活动，使河流中某些物质的浓度增加，当排入河流中的物质的量超过其自净能力对其降解、转化的量，改变了河流原有生态系统的能量交换和物质循环过程、破坏了河流生态系统的结构与功能、影响了人类对河流的可持续利用时，便形成了污染。

第一种是修复技术是引水稀释。这是一种比较简单的方法，就是将清洁水引入污染河流，加快水体流动，缩短污染物的滞留时间。主要通过河闸和抽水泵房等水利枢纽工程实现，但这种物理方法只能转移污染物而非降解它，会对污染区下游造成污染。

第二种是强化自然净化。通过向河流中人工增加氧气或空气，提高水体中的溶解氧含量，从而刺激好氧微生物的生长和活动，加速有机污染物的降解。这种方法在多个实际案例中取得了显著效果，如我国亚运会期间在清河河段应用的曝气设备。

①曝气复氧技术：在广州市天河区车陂涌治理项目中，通过安装曝气设备向水体中充入氧气，提高了水体溶解氧含量，促进了微生物的生长和有机物的降解，有效改善了水质。车陂涌由2017年消除黑臭到2023年达到Ⅲ类，治理成效荣登生态环境部首批“十大光荣榜”，治理模式入选全国黑臭水体治理案例。

②生态浮岛技术：上海市苏州河治理中采用了生态浮岛技术，通过在河面上布置浮岛，种植水生植物，利用植物的根系吸收水体中的氮、磷等营养物质，同时提供微生物附着场所，增强水体自净能力。

第三种是多功能河道生态工程。这是一种将城市河道改造成具有多种自然景观和生物类群的河道净化系统的方法。该技术不仅注重河道的景观价值，更强调其生态净化功能。具体做法如下。

①有效附着或固定微生物的基质：替代传统的混凝土护坡，为微生物提供附着和生长的空间。

②培植水生生物：如鱼类、昆虫、水生植物等，构建完整的食物链，进一步强化水体的自净能力。

③景观与净化功能并存：通过设计具有多种自然景观的河道，提升城市生态环境质量。

典型的多功能河道生态工程案例包括瑞士苏黎世利马特河生态修复项目和新加坡滨海湾花园的滨海堤坝项目。瑞士苏黎世利马特河生态修复项目通过建设生态护坡、增加湿地和生态岛屿等措施，不仅提升了河道的景观价值，还显著增强了河道的生态功能和自净能力。

新加坡滨海湾花园的滨海堤坝项目融合了防洪、休闲和生态功能于一体，通过构建多层次的生态系统，有效净化了流入滨海湾的水体，提升了城市生态环境质量。

第四种是生物试剂添加技术。又称投菌法，也是常用方法之一。在污水处理过程中，投加特定的微生物菌种可以加速有机污染物的降解，提高处理效率，减少环境污染。例如，投加硝化细菌和反硝化细菌可以加速污水中的氮循环，降低氮污染。

第五种是土地渗滤修复技术。它属于陆生生态工程范畴，有慢速渗滤、快速渗滤、地表漫流、地下渗滤4种类型。它们各有特点，需要根据实际情况选择。典型的地渗滤修复技术案例有德国汉堡某雨水花园项目、美国波特兰市生态屋顶项目等。德国汉堡某雨水花园项目利用土地渗滤原理设计雨水花园，通过植物和土壤的过滤作用净化雨水径流中的污染物，同时补充地下水；美国波特兰市生态屋顶项目通过在建筑屋顶上铺设植被和土壤层形成生态屋顶系统，利用土地渗滤原理净化雨水并减缓径流速度，减轻城市排水系统压力。

第六种是稳定塘修复技术。将污染河水引流至人工池塘，利用稀释、沉淀和絮凝作用或通过细菌、藻类、水生动物和水生植物的代谢降低水体中污染物浓度的技术。可利用河边的洼地构建稳定塘，或直接在河道上筑坝拦水构建，一条河流可构建一级或多级滞留塘，其效率受温度、光照、营养物质、污染物性质、蒸发量和降雨量等因素影响。

第七种是湿地技术。湿地技术是一种在水体中布置具有净化功能的浮水和挺水植物的方法。这些植物通过吸收、吸附和微生物降解作用去除水体中的污染物。湿地技术不仅具有强大的净化能力，还能为水体增添观赏性，提升城市生态环境质量。典型的湿地技术案例有杭州西溪国家湿地公园项目、美国佛罗里达州大沼泽地国家公园项目、贵州系列湿地公园项目等。杭州西溪国家湿地公园作为中国首个国家湿地公园，西溪湿地通过构建复杂的水生生态系统有效净化了进入湿地的水体，同时提供了丰富的生物多样性和独特的自然景观；美国佛罗里达州大沼泽地国家公园内分布着广泛的天然湿地系统，通过湿地植物的吸收和微生物的降解作用净化水体，维护了生态系统的平衡和稳定。

贵州重点推进国家湿地公园建设，建设速度居全国前列。贵州地处长江、珠江上游，独特的喀斯特地形地貌，造就了贵州特色鲜明、种类丰富的湿地资源，不仅有高山峡谷中的壮美河流、碧波万顷的高原平湖，还有地下奔涌的暗河伏流，更有依山就势的唯美梯田，具有极高的保护和研究价值。

位于贵阳市花溪区中心城区的北部的贵阳花溪国家城市湿地公园，是由国家住房和城乡建设部批准的“第六批国家城市湿地公园”之一，山水环绕，花木繁茂，绿地覆盖率达93%；黔西水西柯海国家湿地公园，水清岸绿、景色宜人；位于贵州省六盘水市钟山区西郊的明湖国家湿地公园是由河流、库塘、森林构成的复合湿地生态系统，是贵州省第一个被命名的国家湿地公园，山清水秀，空气清新；位于贵州省西部威宁县县城西南面的威宁草海，水域面积46.5km^2，是一个完整、典型的高原湿地生态系统，是黑颈鹤等228种鸟类的重要越冬地和迁徙中转站；贵州贵阳百花湖国家湿地公园，以百花湖及其迎水面山体为主体，包括河流、库塘及水源涵养林，涉及朱昌镇和百花湖乡11个村，总面积2076.27hm^2，包含永久性河流、库塘等多种湿地类型，湿地面积1064.96hm^2，湿地率51.3%。2022年底，福泉岔河、修文岩鹰湖、册亨北盘江、平塘平舟河、黔西水西柯海等5处湿地公园通过国家验收，正式成为国家湿地公园。

截至2023年年底，贵州已建成湿地公园53个，其中，国家湿地公园45个、省级湿地公园4个、市级湿地公园4个，形成了湿地类型自然保护区、湿地公园、湿地保护小区等不同保护形式的保护体系。

第八种是河流底泥处理技术。河流底泥处理技术按场地可分为原位处理和异位处理两种类型，按处理原理可分为物理修复、生物修复和化学修复三种方法。

原位处理是在底泥上进行覆盖、钝化或生物修复等操作，去除和稳定底泥中的污染物的方法；异位处理是将底泥进行疏浚后再进行处理，如采用物理法（疏浚、覆盖等）、生物法（微生物修复、植物修复等）或化学法（投加化学药品）进行处理。

典型的河流底泥处理技术案例有太湖底泥疏浚与生态修复项目、荷兰鹿特丹港底泥原位覆盖项目等。太湖底泥疏浚与生态修复项目针对太湖富营养化问题严重区域实施底泥疏浚工程，将污染严重的底泥清除出水体并进行无害化处理或资源化利用；同时结合生态修复措施恢复水生生态系统平衡。荷兰鹿特丹港底泥原位覆盖项目是在鹿特丹港部分区域采用原位覆盖技术处理底泥污染问题，在底泥表面覆盖一层清洁沙层或人工合成材料层以隔绝底泥与上覆水体的接触，从而减少污染物释放；同时结合生物修复措施促进底泥中污染物的降解和生态系统的恢复。

7.3.4.4 地下水污染修复技术

常用的地下水修复技术有抽出处理、气体抽提、空气吹脱和可渗透反应墙4种。

（1）抽出处理技术

这种技术比较简单，就是将被污染的地下水抽到地表，通过处理设备去除污染物后再将干净的水返回到地下。该技术适用于短时期污染地下水的应急控制，不宜作为场地污染治理的长期手段。而且，虽然这种技术可处理多种污染物，但不宜用于处理吸附能力较强的污染物及渗透性较差或存在非水相液体的含水层。

（2）气体抽提技术

它是利用真空泵和井诱导污染区域产生气流，将污染物转变为气体，抽提到地表后做进一步处理。该技术属于原位操作，设备容易安装和转移，易与其他技术组合使用，适用于渗透性较好的地层，对挥发性有机污染物的修复效果显著，是美国加油站污染区域的“标准技术”。

（3）空气吹脱技术

它是在一定的压力条件下，将压缩空气注入受污染区域，形成携带污染物的气流，将这些气体收集后进一步处理。能够被吹脱、挥发的有机物包括苯、甲苯、苯乙烯、二甲苯、氯代烃溶剂和一般溶剂等，但要注意这种方法会导致非挥发性的污染物区域进一步扩大。

（4）可渗透反应墙技术

它是一种由渗透性反应介质（如铁、微生物、活性炭等物质）构成的反应阻截装置，用于地下水修复。根据填充的反应介质不同，可以分为铁反应墙、好氧生物反应墙、厌氧生物反应墙和压缩空气反应墙，它们的性能对比如表 7－4 所示。

表 7－4　不同类型可渗透反应墙的性能对比

反应墙类型	污染物	去除原理
铁反应墙	有机氯化物、硫酸盐、氯苯硝酸盐	化学还原
活性炭、草皮、有机肥等好氧生物反应墙	所有污染物	吸附
厌氧生物反应墙	有机氯化物、氯苯、硝酸盐、硫酸盐	微生物还原
压缩空气反应墙	苯类、苯乙烯、多环芳烃、废油	微生物氧化

7.3.5　污染土壤修复技术

污染土壤修复技术是指采用化学、物理学和生物学的技术与方法，降低土壤中污染物的浓度、固定土壤污染物、将土壤污染物转化成为低毒或无毒物质，或阻断土壤污染物在生态系统中的转移途径。这些技术大致可分为物理修复、化学修复和生物修复 3 大类，每类技术下又包含多种具体方法。

7.3.5.1　物理修复技术

物理修复技术主要利用物理原理将污染物从土壤中去除或分离，常用的方法包括以下 5 种。

①客土法：通过在“健康”土壤地方取土，移入表层污染土壤中，对污染土壤

进行修复，从而解决表层土壤的污染问题，避免植物根系等受到污染，降低污染的危害。

②换土法：直接用“健康”土壤替换掉污染土壤，对被污染土壤进行修复。

③深耕翻土法：将表层和深层土壤进行翻动混合，从而降低表层土壤中污染物含量。

④热脱附：通过加热污染土壤，使土壤中含有的挥发性较高的污染物受热挥发，从而实现土壤的修复。

⑤土壤气相抽提：利用真空泵产生负压，将土壤中的挥发性有机污染物（VOCs）通过空气流从土壤中抽提出来，并进行收集和处理。

7.3.5.2　化学修复技术

化学修复技术是通过向土壤中加入化学物质，使污染物发生化学反应，从而降低或去除其毒性或迁移性。主要方法如下。

①固化 / 稳定化技术：通过添加固化剂（如水泥、石灰等）与土壤中的重金属污染物发生化学反应，形成稳定的化合物，降低其迁移性和生物可利用性。

②土壤淋洗技术：利用特殊成分的化学淋洗液，通过水力学或机械搅动土壤颗粒的方式，将土壤中的污染物清洗掉。

③氧化还原技术：通过添加氧化剂或还原剂，改变土壤中的氧化还原环境，使污染物发生氧化还原反应，从而降低其毒性或转化为更易处理的形式。

7.3.5.3　生物修复技术

生物修复技术是利用生物特有的分解有毒有害物质的能力，去除土壤中的污染物的技术。主要包括微生物修复、植物修复和动物修复等方法。

①微生物修复技术：利用某些微生物的特性，将土壤中的污染物转化为二氧化碳、水、脂肪酸和生物体等无毒物质。这种方法对重金属和有机污染物的去除均有一定效果。

②植物修复技术：利用某些植物具有积累、转化和转移土壤污染物的能力，通过大量种植此类植物，使土壤中污染物被吸附、转移、贮存至植物茎叶，收割茎叶做无害化处理来实现土壤的修复。这种方法适用于重金属和某些有机污染物的去除。

③动物修复：虽然不是主流的生物修复方法，但某些动物（如蚯蚓）在土壤中的活动也能促进污染物的分解和转化。

7.3.5.4 联合修复技术

由于土壤污染的复杂性，有时需要采用多种技术联合修复。联合修复技术可以充分发挥各种技术的优势，提高修复效果和效率。例如，将物理修复技术与化学修复技术或生物修复技术相结合，先通过物理方法去除土壤中的大部分污染物，再利用化学或生物方法进一步处理残留的污染物。

第 8 章　生态学在自然资源管理中的应用

本章通过介绍自然资源的概念、分类以及资源危机的根源，阐述生态学适用于自然资源管理中的理论基础和具体应用案例，包括水资源、森林资源和野生动植物保护等方面。

8.1　自然资源管理的生态学基础

自然生态系统结构、功能及其服务价值理论强调生态系统的整体性、相互关联性和服务功能多样性，在应对各种生态环境问题时，必须充分考虑其上述三种特性，包括充分考虑其服务功能价值中的直接利用价值、间接利用价值、选择价值以及生态系统自身的存在价值。生态系统整体性、相互关联性受到破坏，将直接导致生态系统功能和服务价值的下降乃至消亡，并导致全球、地区、国家和地方各个层面上的生态环境危机甚至是社会经济危机。

8.1.1　生态系统的相互关联性和整体性

自然资源具有多样的自然和社会属性，相互之间构成完整的生态系统或者环境系统。从多样的自然和社会属性来看，陆地、海洋、河流及其附着的各种可再生资源和不可再生资源均有各自的特征和属性，具有不同财产权形态，具有不同公共性、公益性和商业性属性。属性不同，管理的目的、方式和手段也相应不同。例如，生物资源同矿产资源的自然属性和社会属性完全不同，因此对相关资源的管理也不能简单机械地合并在一起。

从整体性来看，生态系统是生物及其生存繁衍的自然因素和条件的总和。自然资源中的各个组成部分（如水、土壤、大气等）彼此间存在紧密联系，组成生态系统的各项要素形成了不可分割的结构与功能关系。经过漫长的演化过程，生态系统呈现出空间上的完整性，形成了一个生物与其生存环境相互作用的具有系统性和区域性等特征的有机整体。例如，在湿地生态系统中，各种生物资源依赖于水资源而生存，而水资源本身则表现出流域性和连通性。因此，对水资源进行分段管理或对各类资源进行分要素管理，可能会导致湿地生态功能的退化。

8.1.2 生态系统服务功能的多样性

从功能属性来讲，自然资源兼具经济属性和生态属性。自然资源的经济属性被广泛开发利用，作为生产要素进入经济系统。自然资源的生态属性又能为人类提供生态服务，包括环境调节、生物多样性等。如水，既可以提供淡水资源，又可以用来发电，还能够提供各种生态服务功能；又如森林，既可以作为木材用于建筑、造纸，也能提供诸多重要的生态服务功能。一些自然资源具有较强的经济属性，另一些自然资源则具有较强的生态属性，大致存在以下几类情况（表 8－1）。

表 8－1　自然资源的种类及属性

自然资源种类	自然资源的属性
商业性建设用地和用材林、经济林	经济属性较强
重要生态保护区域和公益林	生态属性较强
基本农田	具有经济属性，但存在国家安全需求
矿产资源	本身不具有生态属性，但其勘探、开采等行为会影响地质环境、地表生态
兼具两者性质的资源	既具有经济属性，也具有生态属性

自然资源的两种属性相互关联、互相影响，因此需要实现开发与保护的协调，需要重点关注以下几个方面。

第一，重要生态保护区域和公益林的相关资源具有重要的生态地位，因此有关这些资源的开发、利用，通常会被施加严格的监管措施，行政管制的特征比较突出。

第二，商业性建设用地和用材林、经济林等，这些资源的经济属性较强，因此对其利用施加的监管相对较少，行政管制的特征不显著。

第三，一些资源如基本农田、饮用水水源等，尽管以商业开发为基本用途，但出于国家战略和国家安全需求，通常也需要采取相对严格的行政管制措施。

第四，矿产资源通常不具有生态属性，但矿产资源的勘探、开采等行为除了影响地质环境，还会影响地表生态，包括占用和破坏林地、自然保护区等。这些自然资源具有不同的经济和生态属性，在开发开采过程中必须面临取舍问题。这时候，同样需要区分被占用资源的公益性和商业性，若公益性较强，通常要加以严格的管制，禁止矿产资源的开采勘探；若公益性较弱，以矿产资源的开采勘探为主，开展相应的资源开发活动。

第五，对于兼具经济属性和生态属性的自然资源，需要采取多功能利用的管理目标和原则，采取公共行政管理和市场机制混合的手段加以管理和运营，可以由行政管理部门管理，也可由资产管理机构管理。

对不同属性的自然资源通常采取不同的措施。从国家角度来看，对用于商业的自然资源资产，基本目的是促进相关产业发展并获取相应的公共收益，包括直接出让资产的收益和相关产业发展带来的税收收入；对用于公共公益的资产，基本目的是提供基础性、公共性的生态服务，保障国家的生态安全和经济安全。

需要指出的是，自然资源的商业属性和公益属性边界并不是一分清晰。其中一些自然资源是以空间范围划定的，如森林、土地等，但即便如此也依旧可以通过修改规划等方式来调整边界，进而突破用途管制的限制；还有一些是按照自然资源的数量来确定的，如河流中的生态用水就是按照数量来确定的。

8.2　生态学理论在水资源、森林资源和野生动植物保护中的应用

随着全球水资源日益紧缺和水环境问题的加剧，水资源保护与管理成为了当今社会的重要议题。生态学，作为研究生物与环境之间相互关系的学科，为水资源保护与管理提供了独特的视角和方法。

8.2.1　生态学在水资源保护与管理中的应用

8.2.1.1　生态学原理在水资源保护中的应用

（1）生态系统结构与功能的理解

生态学通过研究生态系统的结构和功能，为水资源保护提供了理论基础。生态系统的结构包括生物群落、生物多样性和食物链等要素，而功能则涉及能量流动、物质循环和信息传递等方面。在水资源保护中，了解水域生态系统的结构和功能，有助于更全面地认识水体健康状况，及时发现潜在问题。例如，通过监测水域中的生物多样性，可以评估水体的生态质量。生物多样性的丰富程度往往与水体的健康状况成正比，当水体受到污染或破坏时，生物多样性会受到影响，某些敏感物种可能会消失，从而作为水体健康状况的警示信号。

（2）生态修复技术的应用

对于受到污染或退化的水体，生态学提供了一系列生态修复技术。这些技术旨

在通过恢复生态系统的结构和功能，提高水体的自净能力和生态服务功能。例如，湿地修复技术可以有效净化水质，吸收并降解污染物；植被恢复技术则能够增强土壤保持和水源涵养能力。

8.2.1.2 生态学在水资源管理中的应用

（1）水资源合理利用与节约

生态学强调资源的合理利用和节约，在水资源管理中，这意味着要根据水域生态系统的特点和需求，合理分配和使用水资源。通过研究水域生态系统的水分循环和水量平衡，生态学可以指导农业灌溉、工业用水和居民用水的合理分配。例如，在农业灌溉方面，生态学提倡推广高效灌溉系统和节水灌溉方式，如滴灌、喷灌等，以减少水资源的浪费。通过研究作物的水分需求规律，可以制定更为科学的灌溉计划，提高灌溉效率。

在技术层面，可通过不断研发和应用新技术，提高水资源的利用效率。例如，通过水处理技术，将污水转化为可再次利用的水资源，减少对新鲜水资源的依赖；通过生态修复和环境监测，可以有效提升水域生态系统的自我净化能力，从而保障水资源的质量。此外，还可利用现代信息技术，如大数据和人工智能，优化水资源的调度和管理，实现水资源的精准分配和高效利用。

（2）防洪抗旱与灾害应对

防洪抗旱是水资源管理中的重要环节，生态学通过研究河流、湖泊等水域生态系统的水文特性和变化规律，为防洪抗旱提供了科学依据。例如，通过监测和分析降雨、径流等数据，可以预测洪涝灾害的风险，从而提前采取防范措施。

在灾害应对方面，生态学同样发挥着关键作用。通过监测和分析生态系统中的生物多样性、植被覆盖度以及土壤湿度等指标，可以及时发现潜在的灾害风险。例如，当某一地区的植被覆盖度急剧下降时，可能预示着土地退化和水土流失的风险增加，从而引发洪水或干旱等自然灾害。生态学研究能够帮助我们更好地理解这些生态指标与灾害之间的关系，从而给出更为有效的预防措施和应对策略。

此外，生态学还为灾害后的生态修复提供了理论支持。在洪水或干旱过后，生态系统往往遭受严重破坏，生态学研究能够指导我们如何恢复受损的生态系统，例如通过重新种植本地植物、恢复湿地等措施，增强生态系统的自我恢复能力和抵御未来灾害的能力。这些生态修复工作不仅可以减轻灾害带来的影响，还能提高整个生态系统的稳定性和可持续性。

8.2.1.3 生态学在水资源政策制定中的贡献

生态学不仅为水资源保护与管理提供了技术支持，还在政策制定中发挥着重要作用。生态学为水资源政策制定提供了科学依据和方法论，通过评估不同政策方案对水域生态系统的影响，生态学可以帮助决策者制定更为科学、合理的政策。例如，生态学研究可以揭示河流流域内不同物种对水流变化的敏感性，为制定保护水生生物多样性的政策提供科学依据；生态学能帮助识别和预测气候变化对水资源的长期影响，为应对未来可能出现的水资源短缺或洪水等极端事件提供策略；在制定水资源税收政策时，生态学可以评估不同税率对水资源消耗和污染的影响，从而为政府提供决策依据；此外，在制定生态保护红线政策时，生态学理论也可以提供关于生态系统敏感性和恢复力的科学建议。

总之，生态学可以帮助决策者更好地评估不同水资源管理措施对生态系统的影响，进而制定出更加合理和可持续发展的政策。

8.2.2 生态学在野生动物和濒危物种保护中的应用

8.2.2.1 承载能力与可持续产量

逻辑增长曲线（logistic growth curve）由比利时数学家、生物学家费尔哈斯特（Pierre François Verhulst）提出，以马尔萨斯的人口模型为基础，并在 20 世纪初被应用于管理与保护野生动物、鱼类和濒危物种。

逻辑增长曲线呈“S”形，描述了在资源有限的情况下，种群规模基于环境承载能力的变化规律。其中，环境承载能力指的是在某一特定的环境下，种群中个体数量的最高极限，一旦种群中个体的实际数量超过了承载规模，不仅会影响种群内部的繁殖和生存能力，而且会破坏其居住环境，进而导致种群规模的缩减。

如果仅考虑经济诉求，管理目标是使该物种的规模达到最大持续产量，即种群能够维持的最大增长率（以个体数量或生物量在指定时间段内的净增长来衡量），而如果人们希望根据逻辑增长曲线来保护该物种，那么管理目标就是使得种群规模稳定并保持在环境承载能力可接受的范围内。但是这两种目标都只能将种群表征为规模，而忽略年龄、健康状况、雌雄比例等其他因素。

因此，在上述研究的基础上，人们继续完善认识，充分考量环境持续变化的特性，并将种群视为生态系统的一个组成部分，更全面地研究种群与其他种群以及环境之间的相互作用，以可持续生产为目标，即在不损害种群生存和环境的前提下，尽可能地实现最大个体数（或最大生物量）；同时，针对濒危动物的保护提出了 3 种策略。①增加种群规模使其尽量接近承载能力。②维持最小基数的可生存群体，确保种群内部能够保持其固有的遗传和变异特性。③介于前两种策略之间，致力于维持最佳的可持续种群规模。

根据逻辑增长曲线呈现出的规律，当种群规模刚好达到环境承载能力的一半时，种群数量的增长速率最大。从理论的角度上讲，人们只须计算出环境承载能力，再将种群数量控制在该数值的一半即可，然而相比理论，实际情况要复杂得多，人们很难准确地估计出有关环境承载能力的精确数值。因此将逻辑增长曲线的基本假设直接套用到实际的情境中具有一定的局限性，甚至可能导致过度捕猎、种群规模缩减和物种丰富度下降等恶果。

8.2.2.2　野生动物管理

野生动物保护的实践遵循以下 4 项原则：第一，在野生动物保护相关的知识和程序都不够完善的情况下，暂时以种群规模来衡量种群生存的安全系数，且不能因为商业利益开展捕杀致使种群的规模缩减至最小丰度；第二，关注整体生态群落和可再生资源的状况，制定环境友好的政策；第三，保护野生动物所属的各个生态系统，尽量减少人为造成的不可逆转变化和长期不利影响；第四，持续进行相关科学研究，监测、分析并评估野生动物及其所属生态系统的整体情况，并定期向公众发布研究结果。这 4 项原则基于群落和生态系统的整体视角，而非狭隘地关注某个物种。

随着对生态系统的认识越来越深入，人们推出了保护和管理野生动物的新方法，这些新方法不仅关注对物种的保护，还注重整个生态系统的平衡。例如，更加充分地利用动物的年龄结构信息、研究历史丰度范围并根据结果估计动物灭绝的可能性等；通过建立生态走廊，连接孤立的栖息地，使动物能自由迁徙，从而避免了基因单一化和种群衰退。此外，科学家们还利用现代科技手段，如无人机监测和基因分析，对野生动物的活动范围和种群健康状况进行实时监控，以便更有效地制定保护策略。

8.2.2.3　鱼类管理

（1）鱼类的演化与分类

鱼类是最古老的脊椎动物，最早的鱼形动物出现于 5 亿多年前的寒武纪，并由此开启了脊椎动物的发展史，从池塘、湖泊到河流、海洋，地球上的大部分水生环境都能够成为鱼类的栖居地。根据现存的化石进行分析，古代鱼类可分为无颌类、盾皮类、软骨鱼类及硬骨鱼类 4 大类。无颌类起源于寒武纪，是迄今为止最原始的水生鱼形脊椎动物，七鳃鳗、盲鳗等都是无颌类的典型代表。

泥盆纪既是鱼类的初生年代，也是鱼类的极盛时代，因此有“鱼类时代”之称。甲胄鱼类原始、无颌；盾皮鱼类头部及身体前部被盖骨板，后部裸露或被鳞，已经具有上、下颌以及较为发达的偶鳍；节颈鱼类的头部和躯干部覆盖重甲、头甲和躯甲，并以关节相连；肺鱼类有鳃，但同时将肺用作辅助呼吸器官。但发生在泥盆纪末期的第二次物种大灭绝使海洋生物遭到重创，其中无颌鱼和盾皮鱼类受影响较大，而软骨鱼类和硬骨鱼类受影响较小，得以稳定发展，至石炭纪、二叠纪渐趋繁盛，直至现代。

软骨鱼的骨架由软骨组成，脊椎虽部分骨化，但并不是真正的骨骼，表皮上布满质地粗糙的盾状鳞片，同时具有流线型的身体和成对的鳍，因此游泳速度极快。软骨鱼大约有 700 种，其中包括鲨、鳐、魟和银鲛等，几乎都是食肉动物。

硬骨鱼类起源于古生代的泥盆纪，在这一时期，各种鱼类空前繁盛，硬骨鱼开始发展并逐渐占据了水域中的各种生态位。泥盆纪中期，硬骨鱼类分化成了辐鳍鱼类和肉鳍鱼类两个主要的进化分支。这两大亚纲的鱼类在随后的演化过程中进一步多样化，形成了今天我们所见到的丰富多样的硬骨鱼类。硬骨鱼类在演化过程中展现出了极高的生态适应性。它们遍布淡水及海水水域，从洞穴、深海到温泉中都有其踪迹。这种广泛的分布范围得益于其骨骼结构和生理特征的多样性。硬骨鱼类的体型也呈现出极大的变化范围，从小型的鰕虎鱼到大型的旗鱼和剑鱼等，体型差异巨大，这种体型多样性使硬骨鱼类能够在不同的生态环境中找到适合自己的生存空间。

硬骨鱼类的出现和演化对脊椎动物的发展史产生了深远影响。它们不仅丰富了水生生态系统的多样性，还是陆生脊椎动物演化的重要过渡阶段。例如，肉鳍鱼类中的某些种类最终演化成了四足动物，进而发展出了包括人类在内的陆地脊椎动物群。此外，硬骨鱼类的演化还促进了生物多样性的发展和生态系统的复杂化，它们的存在和多样性为其他生物提供了丰富的食物来源和生态位，推动了生态系统的繁荣和发展。如今，硬骨鱼类已占据了地球上所有水域中的各种生态位，成为现存鱼类最繁茂的类群，鲤鱼、鲈鱼、草鱼、孔雀鱼、斑马鱼等都属于硬骨鱼类。据统计，硬骨鱼纲已知约有 24000 种，其中中国产有 2000 余种，这些硬骨鱼类占据了鱼类总数的 90% 以上，而且目前世界渔业生产的总量有 95% 来自硬骨鱼类，显示了它们在全球渔业和生态系统中的重要性。

（2）我国渔业发展

渔业是指捕捞和养殖鱼类以及其他水生动物、海藻类等水生植物并进行水产品加工的社会生产部门，一般分为海洋渔业和淡水渔业。

中国的海域横跨温带、亚热带和热带，大陆海岸线长约 1.8 万 km，拥有辽阔的大陆架渔场和滩涂，以及 20km^2 的淡水水域，因此具有广阔的渔业发展前景。如今，中国已成为世界上最大的渔业生产国。据统计，我国的淡水鱼有 1000 多种，包括“四大家鱼”青鱼、草鱼、鲢鱼、鳙鱼及鲤鱼、鲫鱼等。产于我国近海的鱼类则约有 2000 种，常见的有带鱼、大黄鱼、巨石斑鱼等，以及中华鲟、大马哈鱼、大西洋鲑等洄游鱼类。

随着工业化的发展、造船业的进步以及捕捞技术的提高，渔业总产量迅速增长，然而由于对渔业资源缺乏管理，过度捕捞的现象频发，捕捞区域扩大、捕捞强度提升，导致捕捞量超过了自我更新量，造成优质鱼种数量急剧减少，甚至使部分鱼种濒临灭绝，渔业资源遭到严重破坏，捕捞产量随即呈现出逐渐下降的趋势。不仅如此，环境污染如受到氮、磷、石油、铜的污染的水域也制约着渔业的发展。

近年来，中国渔业的经济增长方式已发生重大转变，从过去单纯追求产量增长，转向了更加注重提高质量和效益，进而促进可持续发展。1999 年中国首次提出海洋捕捞产量“零增长”的计划，后又进一步提出“负增长”的目标，对海洋捕捞强度实行严格管控。该政策得到沿海各地的积极响应，海洋捕捞产量已从 1998 年的 1497 万 t 降到 2018 年的 1044 万 t。2002 年渔民转产转业工程开始实施，由我国中央政府出资给予渔民补贴，引导渔民压减渔船的数量，鼓励渔民报废渔船并逐步退出海洋捕捞业。

水产养殖产业也随之实现了产业结构的调整和升级，从过去的“以捕为主”逐步转向“以养为主”。通过不断改造传统池塘养殖、优化陆基工厂化养殖和推广渔农综合种养，国家对养殖加以规范，拓展多种养殖方式与技术，致力于质量效益型、资源养护型、生态健康型和绿色环保型渔业，提高水产养殖的质量和效益。以查干湖、千岛湖等为代表的大水面积生态养殖则大力推行“以鱼保水”“以鱼治水”工程，实行轮放轮捕制度，将保护生态与渔业生产、生态旅游相结合，全力推进我国水产养殖业的绿色发展。

随着国家减船转产计划的推行，远洋渔业也迎来了迅速发展：淘汰老旧渔船，并对现有渔船进行卫生安全和生产能力改造；同时为远洋渔业提供专项资金支持，提升远洋渔业的装备与科技水平；加快建设海外远洋渔业基地，鼓励企业在海外特别是“海上丝绸之路”沿线国家建设综合性远洋渔业基地，强化国际合作，积极养护公海渔业资源。我国全面调整远洋渔业发展思路，将远洋渔业的规划方向由扩张数量调整为严格控制规模、强化规范管理、加快转型升级、提高质量效益，促进远洋渔业规范有序发展。2019年，中国已有远洋渔业企业近180家，作业远洋渔船2700多艘，远洋渔业年产量达217万t，船队总体规模和远洋渔业产量均居世界前列。远洋渔业强有力地支撑了我国渔业的“走出去”战略，推进了“一带一路”倡议，在缓解我国近海渔业资源压力、满足人民对水产品的需求、加强国际合作、促进经济发展等方面都发挥了重要作用。

8.2.2.4 濒危物种管理

（1）物种灭绝的原因

物种灭绝泛指植物或动物的种类不可再生性的消失，可分为局部灭绝和全球灭绝。局部灭绝是指物种从某个分布区消失，但在其他地方继续存在。而全球灭绝是指物种在地球上彻底消失。在不同的地质时期，物种灭绝的速度有很大差异。自工业革命以来，物种灭绝的速度加快了。种群风险、环境风险、自然灾害和遗传风险等都可能导致物种灭绝。

①种群风险：指低丰度物种可能因为种群比率（出生率和死亡率）的随机变化而灭绝。即便是在环境保持没有任何变化的情况下，这种随机变化仍然可能发生。因此对于那些只由一个种群组成或是只生活在一个栖息地中的物种而言，灭绝的危险时刻存在。例如，蓝鲸的数量曾因人类的肆意捕杀而降到几百只，加之蓝鲸个体配对成功的概率年际浮动很大，如果某一年大多数鲸鱼没能成功找到配偶，当年的出生率就会变得非常低。

②环境风险：涉及物理及生物环境的变化。其中生物环境包括捕食者、猎物、共生物种和竞争物种的变化。物种的种群数量还会持续受到物理环境变化的影响，即便这些变化的严重程度不足以被称为自然灾害，仍有一些十分罕见的物种可能会因此灭绝。美国科罗拉多山区的蝴蝶种群就曾因环境的威胁在当地灭绝。这些蝴蝶将卵产在羽扇豆（豆科植物的一种）未开放的花蕾中，孵化出的毛虫以花为食，然而，有一年的大雪和冻害使羽扇豆花蕾全部死亡，毛虫失去了食物，蝴蝶也就在当地灭绝了。

③自然灾害：是指与人类活动无关的灾难性环境突变。陆地上的自然灾害包括火灾、大风暴、地震和洪水等，海洋上的自然灾害则主要为洋流和上升气流的变化。1883年印尼喀拉喀托亚岛的火山喷发造成了近代史上最严重的自然灾害之一，此次

喷发及其引发的海啸摧毁了数百个村庄和城市，造成 36417 人遇难；喀拉喀托火山山体的 2/3 都在爆发中消失，整个地球因此平均降温 0.6℃。喀拉喀托岛群上的生物都被埋在厚厚的火山灰层之下，造成当地大部分动植物灭绝。

④遗传风险：特指不受外部环境变化影响的遗传特征的有害变化，例如遗传变异的减少、基因漂变、基因突变等。也就是说，在一个小种群中，很可能发生以上遗传特征的有害变化，只有部分遗传特征会持续存在，导致物种内部缺乏多样性，更加容易面临灭绝的风险。

⑤人为因素：人类活动已经成为导致物种受到威胁、濒临灭绝甚至是最终灭绝的一个重要因素。首先，出于商业目的、作为娱乐活动或者为了控制害虫或传染病，人类有意狩猎或捕杀相应的物种。早期的狩猎活动就曾造成物种灭绝，然而直到现代狩猎活动仍旧在进行，特别是针对那些具有特定商业价值的动物产品，如象牙和犀牛角，严重威胁到物种的生存。其次，人为因素破坏物种的栖息地。当人类学会使用火之后，便开始大面积地改变野生动物的栖息地，而后农业的发展和文明的兴起更是带来了森林的滥伐和其他栖息地的改变。除此之外，人类活动还会引入外来物种，包括新的寄生虫、捕食者或本地物种的竞争对手。随着哥伦布远航新大陆、麦哲伦环球航行的进行，外来物种的引入成为更大的威胁。最后，航海交流使得欧洲文明和科学技术在全球范围内传播，衍生出数以千计的新型化学物质，使得污染成为 20 世纪物种灭绝的主要原因。

（2）拯救濒危物种的重要性

①实用性因素：许多关于拯救濒危物种和保护生物多样性的论点都集中在实用主义上。科学研究已经证明，野生物种对人类社会有着重要的作用，例如，人类需要重视野生谷物及其他农作物的野生品系的存续问题。随着攻击农作物的致病菌不断进化，现有的小麦和玉米等作物将越发脆弱，因此需要不断从其野生品系中引入新的遗传特性来创造出新的、具有抗病基因的杂交种，从而抵抗病菌的入侵。另外，未来人类很可能在众多野生植物物种中发现新作物。

不仅如此，人体内所需的许多重要化合物就来自野生生物。为了避免坏血病，美洲原住民曾建议早期的欧洲探险者咀嚼东方铁杉树的树皮。后期的科学研究证实，这确实是一种可以获得维生素 C 的方法。此外，治疗某些心脏疾病的重要药物成分洋地黄（一种强心剂），就来自一种名为紫毛地黄的植物；同样地，阿司匹林则是柳树皮的衍生物；而在热带森林中，人们从玫瑰红长春藤中提取出抗癌药物，从墨西哥山药中提取出类固醇，从蛇形木中提取出降压药物，从热带真菌中提取出抗生素；科学家们还从美国西部森林的太平洋杉树树皮以及木材中提取分离出来抗癌化学物质紫杉醇。在如今美国开出的处方药中，约有 25% 的药物含有从维管植物中提取的成分，而这些成分估计只占现有 50 万种植物中的极小部分，因此其他植物和生物体也可能含有用的医疗化合物，亟待未来探索。

除陆地生物外，科学家们也在研究海洋生物在药物中的用途。例如濒危的珊瑚礁就是一个很有前途的研究领域。许多珊瑚礁会分泌毒素来保护自己，而这些毒素正是开发新药品的重要来源，可用于诱导分娩，治疗癌症、关节炎、哮喘、溃疡、细菌病毒感染、心脏病和其他疾病；也能制成营养补充剂、酶和化妆品等。

在医学领域，有些物种被直接用于相关研究。例如，除了人类外，犰狳是唯一已知会感染麻风病的动物，目前已经被用来研究麻风病治疗。

除了上述实用性的理由外，生态旅游也能成为许多国家的收入来源，促进经济增长和濒危物种拯救。大多数生态旅游者出于美学或精神层面的原因，格外重视大自然和濒临灭绝的物种保护。

最后，保护濒危野生动物（如大熊猫、东北虎、藏羚羊等）对维护国家形象和声誉也具有十分重要的意义。

②生态学因素：从生态学角度来看，某些濒危物种是维持生态系统和生物圈功能的必要条件，同时也是提供必要的公共服务功能、影响人类生存的间接必要条件，因此人们选择保护这些特定生物体。例如，大型食肉动物（如老虎和狮子）在控制猎物种群数量方面发挥着关键作用，能防止猎物过度繁殖而破坏植被。此外，一些特定的植物物种，如某些热带雨林中的树木，是许多鸟类和昆虫生存的基础，它们的花粉和果实为这些动物提供了必需的食物来源。因此，保护这些濒危物种不仅是为了它们本身，更是为了维护整个生态系统的健康和稳定，人们应从全球视角出发保护自然中的特定物种。

（3）拯救濒危物种的行动

人类活动已经将一些曾经数量庞大的野生动物（包括鱼类）变成了濒危物种。1973 年美国《濒危物种保护法》将濒危物种定义为任何在其全部或大部分分布范围内面临灭绝危险的物种。世界自然保护联盟（IUCN）1964 年成立，其公布的红色名录成为了评估全球物种灭绝风险的主要工具，在物种保护优先级评估方面发挥了关键作用。IUCN 发布的《濒危物种红色名录》最新数据显示，截至 2024 年，红色名录已涵盖超过 16 万种物种，其中约有 4.5 万种物种正面临灭绝的严峻威胁，占全部评估物种的 26%。具体而言，41% 的两栖动物、37% 的鲨鱼和鳐鱼、36% 的造礁珊瑚、34% 的针叶树、26% 的哺乳动物以及 12% 的鸟类面临灭绝威胁。在中国（含内地、港澳台）的物种评估中，红色名录共涵盖了 14034 种物种，其中 1961 种被认定为面临灭绝威胁。

不论是出于实用、生态的目标，还是出于文化、娱乐、精神、灵感、审美和道德的目标，人类拯救濒危物种主要有以下 4 种目标：第一，让野生动物在野生栖息地自由地生存；第二，让野生动物在由人类管理的栖息地生活，让它们在几乎不受外界干扰的情况下觅食和繁殖；第三，让野生动物在动物园中生活，使种群的遗传特征得以在个体中延续；第四，只保存物种的遗传物质，如植物可利用低温干燥技术建立种子库，进而保藏野生植物种质资源；对于动物资源，则可以采用冷冻精子、胚胎等技术手段，或者分离培养原代细胞进而冻存，用于未来的科学研究。动机不同，选择的目标不同，策略和行动也大不相同。

目标具体落实到实践层面主要分为就地保护（原生境保护）和迁地保护两大策略。传统方法为迁地保护，如建立植物园、动物园、种质圃等，但是在实施过程中维护成本较高，定期更新还面临着许多全新的技术问题，更无法增加物种的遗传多样性，尤其是对于一些特殊类型的种质资源（尤其是动物），这种方法就更加不适于保存稀有的等位基因。

从理论上讲，就地保护策略是最佳的保护策略。它在保存种质资源实体的同时，也保留了其原生境、栖息地及伴生物种，发挥着生态系统的服务功能。然而随着人类活动对全球环境的影响与日俱增，就地保护面积不够、应对能力不足和关键物种不在保护地等一系列问题都威胁着就地保护策略。

因此在实践层面上，当前性价比最高的策略是全新的迁地保护方式，许多珍稀和濒危植物种类通过种子库和植物园的保存，得以避免灭绝的命运，并在条件成熟时重新种植于自然环境中。例如，西南野生植物种质资源库，截至 2023 年年底，已保存 11602 种 94596 份野生植物的种子，2246 种野生植物的离体培养材料 23270 份，9145 种植物的总 DNA 共 71829 份。

8.2.3 生态学在森林资源保护与管理中的应用

8.2.3.1 世界森林面积与森林资源的生产消费情况

据联合国粮农组织（FAO）报告，2020 年世界森林总面积为 40.6 亿公顷，覆盖了全球 31% 的陆地，较本世纪初的 38 亿公顷有所增加。这一数据反映了全球森林资源的分布情况，其中欧洲占全球森林面积的 25%，南美洲占 21%，北美洲和中美洲占 19%，非洲占 16%，亚洲占 15%，大洋洲占 5%。

各国的森林资源差别很大，这既取决于其土地和气候是否适合树木生长，也与其土地的使用和砍伐森林的历史相关。全球有 10 个国家拥有世界森林资源的 2/3，按拥有的森林面积由多到少排列，它们分别是俄罗斯、巴西、加拿大、美国、中国、刚果、澳大利亚、印度尼西亚、秘鲁、印度。

截至 2023 年年底，中国森林覆盖率达 24.02%，拥有超过 2.83 亿公顷的林地，森林蓄积量超过 194 亿 m^3，成为全球森林资源增长最多最快和人工造林面积最大的国家，连续 30 多年保持增长态势。美国约有 3.1 亿公顷森林，森林覆盖率达到 33%，能够吸收国内每年二氧化碳排放量的 10%；其中，56% 的林地为私人所有，33% 为联邦土地，9% 为州土地，3% 为县镇土地，即大部分私有林地归家庭林主所有。美国近 75% 的商业林地分布在东部（南北约各占一半），其余在西部（俄勒冈、华盛顿、加利福尼亚、蒙大拿、爱达荷、科罗拉多和其他落基山州）和阿拉斯加。另外，美国的公有林主要分布在落基山和太平洋沿岸各州，环境质量差，海拔高。相比之下，全世界大部分林地（84%）都是公有的。

在森林生产的木材中，用于建筑、纸浆和造纸的约占世界木材贸易的 90%，其余则是用于家具的硬木，如柚木、红木、橡木和枫木。全球的木材贸易总量常年稳定在 15 亿 m^3，每年全世界消费的木材足以填满 600 座埃及大金字塔。北美洲是世界上最主要的木材供应地，分布有许多种树木，如松木、桦木、橡木、枫木、红松等。其中，加拿大、美国和墨西哥是主要的木材生产国，尤其是加拿大的伐木量占全球的比重较大。

木材在世界上许多地方被用作主要能源。世界上生产的所有木材中，约有 63% 被用作柴火，它们提供了世界总能源使用量 5%，在发达国家占总商业能源的 2%，但在发展中国家占 15%，是撒哈拉以南非洲、中美洲、南亚和东南亚一些国家的主要能源。

8.2.3.2 森林的生态意义

森林覆盖了大面积的陆地，其中的植被聚少成多，可以对局部区域的气候产生影响，甚至进一步影响地球的生物圈。

森林是陆地上分布面积最大、群落结构最复杂、生物多样性最丰富的生态系统，维持着全球的生态平衡，有“大自然的调度师”和“地球之肺”的美誉。森林具有涵养水源、保持水土、调节气候与温度、固碳释氧、吸尘杀菌、净化空气、防风固沙、保护物种、保存基因等多种生态功能，是维护地球生态安全的重要保障。

森林可以通过调节温度、增加湿度、影响蒸发和雨量影响气候，还是大气碳的捕获和存储场所。

（1）森林可以调节温度

森林茂密的林冠有效减少了到达地表的太阳辐射，并起到了保温的作用，减小了森林内昼夜之间及冬夏之间的温差。同时，森林的蒸腾作用与地表水分的蒸发对自然界水循环和改善气候都有着重要作用。夏季，水分蒸发与植物蒸腾作用速度较快，带走了大量热量，使森林温度降低；冬季，蒸腾与蒸发速度减慢，热量难以散发导致森林温度升高，从而形成了冬暖夏凉的小气候。另外，是森林覆盖的地区地表颜色较暗，因此地表吸收的太阳辐射更多，反射的阳光更少，大气因此变暖——这样的现象在北方（深色针叶林和白色积雪相对比）以及半干旱气候区（深绿色灌木和淡黄色土壤相对比）尤其明显。故而，森林使气温变化和缓，林区空气湿润，容易成云致雨，增加地域性降水，进而调节气候。

（2）森林可以增加空气湿度

森林通过蒸腾作用释放大量水汽，增加了空气湿度。蒸腾作用是水分从活的植物体表面（主要是叶子）以水蒸气状态通过气孔散失到大气中的过程，为大气提供大量的水蒸气，从而增加空气湿度和降雨量。这种作用不仅直接影响当地的降水模式，还通过增加云量和促进降水再循环率，对地区降水起到积极作用。

（3）森林会增加从地表蒸腾和蒸发到大气中的水量

植被往往比裸露的地表能蒸发更多的水分，因为树叶的总表面积远大于森林所占的土地面积；另外，森林能降低地表风速，提高相对湿度，林地的枯枝败叶能阻碍土壤蒸发。相比之下，光秃的土地比林地水分蒸发要大五倍，这表明森林通过减少土壤水分的快速蒸发，间接影响当地的水文循环。

（4）森林能从大气中吸收温室气体并储存在植物体中

森林是陆地上最大的储碳库，也是最经济有效的吸碳器，最天然的制氧厂，有着固碳释氧的生态功能，是控制全球变暖的缓冲器。森林里，每一棵树都是一个氧气发生器和二氧化碳吸收器。一棵椴树一天能吸收 16kg 二氧化碳，而 150hm^2 杨、柳、槐等阔叶林一天可产生 100t 氧气。由于化石燃料大量燃烧等因素，大气中的二氧化碳等温室气体的浓度迅速增大，使全球出现气候变暖的温室效应，而森林可以通过植物的光合作用，吸收大量二氧化碳，以减缓温室效应。

森林具有吸收有害气体、杀灭细菌、净化空气的功能。樟树、女贞、夹竹桃、枫树、刺槐、橡树、红柳、法国梧桐等许多树木都可以吸收氯气、二氧化硫等有害气体，例如，$1hm^2$ 的柳杉林每月就可以吸收二氧化硫 60kg，女贞对二氧化硫、氟化氢、氯气等有较强抗性，且有很强的恢复能力。森林中有许多树木和植物都能够分泌杀菌素，对于空气中的细菌具有很大的杀伤力，从而降低森林空气中的含菌量。例如，一公顷松柏林每天可以分泌大约 30kg 杀菌素，并能扩散到周围地区，有效杀灭空气中的细菌，净化空气。

另外，森林能涵养水源，保持水土，是隐形的巨大水库与土壤的保护伞。茂密的林冠和林下植被层如同一把大伞，可以削减雨势，截留 15% ～ 30% 的自然降水，有效减弱雨水对土壤的冲刷与侵蚀。当林冠和林下植被层的承雨能力饱和后，森林枯落物形成的枯枝落叶层便作为第二道屏障截留降水。覆盖于土壤表面的枯枝落叶可以减缓地表径流的流速，减免土壤侵蚀，减少水分蒸发，同时枯落物间的孔隙也可以储存部分雨水，起到涵养水源的作用。此外，林木根系不仅有固土护坡的作用，也可对森林土壤结构进行改良，增加林地表层和深层土壤的孔隙，赋予其较强的蓄水保水能力。当树木根系深达 1m 时，森林土壤的蓄水量可达 $1000m^3 / hm^2$，因此森林也被誉为“绿色水库”。

森林能防风固沙，对空气中的灰尘有阻挡、过滤和吸附作用。树木能用高大的树干和茂密的树冠挡住狂风的去路，降低风速，减少风的携带能力，从而有效减少土壤泥沙的流失量。同时，树叶表面上的刺和绒毛以及树枝树叶等分泌的黏性油脂及汁液可吸附大量粉尘，据估计，每公顷森林每年能吸附 50 ～ 80t 粉尘，是绿色天然的“吸尘器”。

森林具有隔离和消除噪声的作用，一条 40m 宽的林带就可以降低噪声 10 ～ 15dB。森林是众多动物的栖息地，也是多类植物的生长地，生物多样性极为丰富，因此是天然的物种库和基因库。森林还具有改善景观的作用：树木花草能美化城市环境，使人心情愉悦，如今，许多城市正在向花园城市、森林城市、生态城市的目标推进。森林公园和森林自然保护区的建立给人们提供了户外娱乐休闲的场所，丰富了人们的文化生活。

每个树种都有自己的生态位，代表着其生长所需的特定环境条件。在北方森林中，决定树木生态位的一个主要因素是土壤的含水量。例如，白桦在干燥的土壤中能良好地生长，香樟在水源充足的地方能良好地生长，而北方白雪松在沼泽中能良好地生长。另一个决定树木生态位的因素是它对阴凉的耐受性。有些树木，如桦树和樱桃树，只能生长在开阔地区的明媚阳光下，因此只在空地上出现，被称为“不耐阴”；而如糖槭、山毛榉等，则能生长在深阴处，被称为“耐阴”。从群落演替的角度来看，有些树木适应于生态演替的早期阶段，那里的场地开阔，有明亮的阳光；另一些树木则适应于生态演替后期，即树木密度高的地方。如美国西部的大部分树木都需要开阔、明亮的条件和某些种类的干扰，才能发芽并在生命的早期阶段存活，例如沿海红木，它们只有在偶尔同时发生火灾和洪水的情况下，它才能在与其他树种的竞争中取胜；又比如巨水杉，它的种子只有在裸露的矿物质土壤上才能发芽，而在任何有一层厚厚的有机物覆盖的地方，水杉的种子都无法顺利长到地表，其在发芽之前就会死亡。了解各个树种的生态位和生长环境有助于人们确定哪些地方适宜种植商业作物，哪些地方种树能对保护生物或美化景观做出最大贡献。

8.2.3.3 森林管理

（1）林务管理

在对林地进行评估时，林务人员会对森林进行观察、测量、描述，绘制地图，并将其划分为较小的区域或管理单位，称为“林分”。这样一来，一片森林就成为不同林分的集合，每个林分中的树木都具有某些共性，并与周边的其他的林分相区别。一个林分中的树木通常属于同一物种或同一组物种，且往往处于演替的同一阶段，在组成、结构、年龄、大小、等级、分布、空间安排、场地质量、条件或位置等方面足够统一。

树木年龄相同的森林称为同龄林。在同龄林中，所有活树都是在同一年从种子和根部发芽开始生长的，树木的高度大致相同，但周长和活力不同，多见于人工培育的森林。

从未被砍伐过的森林称为原始森林，又称原生林；被砍伐后重新生长的森林被称为次生林。两次砍伐之间间隔的时间被称为轮伐时间。

林务人员和森林生态学家将森林中的树木分为优势树种（最高、最常见和最有活力的树种）、共优势树种（相当常见，共享树冠或森林顶部的部分）、中间树种（在优势树种下面形成生长层）和抑制树种（生长在林下）。

森林的生产力因土壤肥力、水源和当地气候而异。林业人员根据林地质量对林地进行分类，林地质量是指林地在一定时间内能生产的最大木材作物。林地质量会因管理不善而下降。虽然森林复杂且难以管理，但与其他许多生态系统相比，森林更便于监测和管理，因为人们可以很容易地从树木身上获得有用的信息。如在温带和北方森林中，树木每年产生一个年轮，而树木的年龄和生长速度就可以通过树的年轮来测量。

（2）林木采伐

林务人员还需管理那些将被用作商业采伐的森林，可能需要移除形态不佳和不具生产力的树木，以使大树生长得更快。此外，还可能涉及种植转基因的树苗、控制病虫害和给土壤施肥。林木采伐可以采取“皆伐”（全部砍伐）、“择伐”（选择性砍伐）、“带伐”（带状砍伐）、“渐伐”（分次砍伐）和“留母树伐”（保留母树）等方式。

皆伐是指将伐区内的成熟林木短时间内（一般不超过 1 年）全部伐光或者几乎全部伐光的主伐方式。皆伐迹地一般采用人工更新，在保留母树和侧方林墙能够提供充足的种源情况下，也可以采用天然更新。皆伐是在欧洲工业革命兴起，大量需要木材时盛行起来的。

择伐是指个别树木会被标记并砍掉。有时，较小的、形态不佳的树木会被有选择地移除，这是择伐的一种方式，称为疏伐。疏伐可以通过调整立木密度，改善林分结构，增加保留木的营养空间来调节树种个体之间的矛盾。有时，特定品种和大小的树木被移除，如哥斯达黎加的一些林业公司只砍伐一些最大的桃花心木树，留下价值较低的树木，以帮助维持生态系统，并允许一些大桃花心木树继续为后代提供种子。

带伐是指森林被成行地砍掉，留下狭长排列的树木来为后代提供种子。带伐的好处在于可以防止水土流失。

渐伐是指先砍掉枯树和不理想的树木，然后再砍掉成熟的树木。这样做，森林中总会留下一些幼树。

留母树伐是指砍掉除了少数籽树（遗传特性好、产籽量大的成熟树）外其他的树。这样，保留下来的籽树可以促进森林的再生。

其中，皆伐最具争议性。皆伐可能改变森林中的化学循环，使土壤失去生命所需的化学元素。没有了树阴的遮蔽，阳光照射下的地面变得更加温暖，这加速了土壤衰退的过程：氮、磷等化学元素更迅速地转化为水溶性的形式，并在雨水冲刷形成的地表径流中流失。美国的一项研究曾将新罕布什尔州的哈伯德布鲁克实验森林全部砍伐，并使用除草剂防止再生 2 年，结果使暴露的土壤衰退得更快，同时土壤侵蚀加剧，水的流向模式也发生了很大改变，且溪水中硝酸盐的浓度超过了公共卫生标准。

在另一项实验中，美国俄勒冈州的安德鲁斯实验森林（H. J. Andrews Experimental

Forest）被完全砍伐，由于当地降雨量很大（每年约240mm），皆伐大大增加了滑坡的频率。该实验表明，在降水丰沛地区的陡峭山坡上，皆伐是一种极具危害性的做法。然而，在地势平坦或稍有坡度、降雨量适中、理想树种需要开阔地生长的地方，在适当的空间范围内进行皆伐是使理想树种再生的有效途径。因此，在使用皆伐前必须根据具体情况进行评估，需要同时考虑砍伐面积、环境和现有树种。

（3）林木种植

通常，林务人员会以种植园的形式种植树木，也就是在一个单一树种的林分内以直排种植。种植园会进行施肥，有时会用到直升机和无人机这样的现代化工具。种植园林业类似于现代农业，这样的集约化管理在欧洲和美国西北部的部分地区很常见，为缓解天然林的数量压力提供了一个重要的替代方案。

如果在森林产量高的地方种植人工林，那么只需要世界上小部分的林地就可以提供所有需要的木材。例如，高产林地的产量为一年15～20m^3/hm^2，根据一项估计，如果在每年至少能生产10m^3/hm^2的林地上种植人工高产林，那么仅用世界上10%的林地就能为世界木材贸易提供足够的木材，同时还可以减少对原生林、重要生物保护林和娱乐用林地的压力。

第 9 章　生态学技术创新与发展

本章通过探讨分子生物学技术、3S 技术以及数字化技术在生态学中的应用，展望生态学在未来的发展方向和潜在突破点。

9.1　分子生物学技术在生态学中的应用

9.1.1　分子生物学技术应用于野生动物保护及扩散

9.1.1.1　粪便分子生物学在濒危物种保护中的应用

粪便分子生物学是一门结合了分子生物学技术和粪便样本分析的科学。它允许研究人员在不干扰野生动物正常生活的情况下，通过收集和分析动物的粪便样本，获取关于物种遗传、性别、数量、行为生态学、食性、疾病以及分布范围等多方面的信息。这种方法特别适用于濒危物种的研究，因为它既能够减少对动物的干扰，又能提供有价值的数据，有助于制定更有效的保护措施。

（1）物种识别与遗传多样性分析

利用粪便分子生物学技术可以准确识别不同物种的粪便，进而了解濒危物种的分布和种群数量。同时，对粪便中的 DNA 进行分析，还可以揭示物种的遗传多样性。这对于评估濒危物种的遗传健康状况、制定保护策略具有重要意义。例如，研究人员曾利用粪便分子生物学技术对大熊猫的粪便进行遗传多样性分析。他们成功地从粪便样本中提取了大熊猫的 DNA，并通过分析得出了大熊猫种群的遗传结构和多样性水平，这些数据为大熊猫的保护工作提供了重要依据。

（2）性别鉴定与数量调查

粪便分子生物学还可用于濒危物种的性别鉴定和数量调查。通过特异性引物的设计，可以准确地从粪便样本中鉴定出动物的性别；结合野外调查和粪便样本的收集，可以估算出濒危物种的种群数量和密度。以雪豹为例，研究人员利用粪便分子生物学技术对其进行了性别鉴定和数量调查。他们通过分析雪豹粪便中的DNA，成功鉴定了雪豹的性别，并结合野外数据估算了雪豹的种群数量和分布情况，这些信息对于制定雪豹的保护策略至关重要。

（3）行为生态学与食性研究

粪便分子生物学还可以揭示濒危物种的行为生态学和食性特征。通过分析粪便中的DNA、蛋白质和其他生物标记物，可以了解动物的食物来源、摄食习惯以及与其他物种的相互关系等。例如，研究人员曾对北极熊的粪便进行分子生物学分析，以了解其食性和摄食行为，研究结果显示，北极熊的食物来源主要包括鱼类和海豹，这一发现为北极熊的生态保护和栖息地管理提供了重要参考。

（4）疾病监测与防控

粪便分子生物学在濒危物种的疾病监测和防控方面也发挥着重要作用。通过分析粪便中的病毒、细菌等病原微生物的DNA或RNA，可以及时发现潜在的疾病威胁，并采取相应的防控措施。以黑猩猩为例，研究人员利用粪便分子生物学技术对其进行了疾病监测，进而发现某些黑猩猩种群中存在潜在的病原体感染风险，这一发现为及时采取防控措施、保护黑猩猩种群健康提供了有力支持。

9.1.1.2　微卫星DNA技术在野生动物保护及扩散中的应用

（1）微卫星DNA位点的获得

微卫星DNA又称简单重复序列，是由几个核苷酸（通常为1～6个）为重复单位的串联重复DNA序列。微卫星DNA广泛分布于真核生物的基因组中，具有高度的遗传多态性，这使得它们可以作为分子标记，用于遗传图谱的构建、图位克隆、指纹图的绘制等，成为遗传学和生态学研究的热点。微卫星DNA的研究对于理解生物的遗传多样性、进化以及疾病研究等方面具有重要意义。获得微卫星DNA位点的方法主要有以下几个步骤。

①文库构建：需要从目标物种中提取DNA，并构建一个富含微卫星的文库。这通常涉及到使用特定的引物来扩增含有微卫星序列的DNA片段。

②克隆与测序：扩增后的DNA片段被克隆到载体中，再转化到细菌中以扩增这些片段。随后，对这些克隆进行测序，以确定微卫星序列及其侧翼序列。

③引物设计：根据测序得到的微卫星序列设计特异性引物，用于后续的聚合酶链反应（PCR）扩增和基因分型。

④验证与优化：在获得微卫星位点后，对其多态性和特异性进行验证（这通常

涉及对多个个体进行 PCR 扩增），并检查扩增效果。

（2）微卫星 DNA 位点在野生动物保护中的应用

①个体识别与亲缘关系分析：微卫星 DNA 位点因其高度多态性，能够用于区分不同的个体，并确定个体间的亲缘关系。这对于研究野生动物的家族结构、繁殖策略以及社会行为具有重要意义。例如，在穿山甲的研究中，利用微卫星 DNA 位点成功地进行了个体识别，并揭示了穿山甲种群内的亲缘关系和遗传结构，为制定更有效的保护策略提供了依据。

②遗传多样性评估：通过分析多个微卫星位点的等位基因频率和分布，可以评估野生动物的遗传多样性水平，这对于预测种群对环境变化的适应能力以及制定保护策略至关重要。例如，对甘肃马鹿的遗传多样性进行研究时，使用了微卫星 DNA 位点进行分析，结果显示，甘肃马鹿具有较高的遗传多样性，这表明该物种在过去的演化过程中经历了一定的遗传流动，有助于维持种群的健康。

③种群遗传结构分析：微卫星 DNA 位点还可以用于揭示野生动物的种群遗传结构，包括种群内的遗传变异和种群间的遗传分化。这对于理解物种的进化历史、迁移模式以及生态适应具有重要意义。例如，在对猕猴的研究中，利用微卫星 DNA 位点分析了北京地区恒河猴种群的遗传结构，发现该种群具有较高的遗传多样性，且存在一定的种群亚结构。

④非法贸易与野生动物追踪：微卫星 DNA 位点也可用于追踪非法贸易中的野生动物来源，以及监测野生动物的迁移和扩散模式。例如，在打击野生动物非法贸易方面，通过分析查获的野生动物制品中的 DNA，可以利用微卫星位点追踪其地理来源，从而为执法部门提供线索。

（3）微卫星 DNA 位点在野生动物扩散中的应用

野生动物的扩散模式对于理解其生态学和进化生物学具有重要意义。微卫星 DNA 位点可以用于研究野生动物的迁移和扩散模式，从而揭示其生态适应机制和进化策略。例如，在研究某些鸟类或哺乳动物的迁移模式时，通过在不同地理区域收集样本并分析其微卫星 DNA，可以追踪个体的迁移路径和扩散模式。这对于理解物种的生态位、资源利用以及种群动态具有重要意义。

9.1.1.3　扩散生态学研究

扩散研究是生态学研究中的一个热点领域，而扩散生态学则是生物学领域一门新的分支学科，其研究内容广泛，涵盖了所有生物（从微生物到脊椎动物）的生态学和进化等理论问题，同时也涉及物种保护、生物多样性保育、有害生物（包括外来物种）的控制、流行病防疫、环境保护和人口管理等应用问题。扩散是指个体离开现有的种群或父母种群的行为，它对个体适合度、种群动态、种群遗传多样性和物种分布都有深远影响。研究生物的扩散行为对于理解自然现象、保护生物多样性以及应对环境变化等方面具有十分重要的理论和实践意义。

扩散生态学研究主要探讨生物个体的扩散行为及其对种群和生态系统的影响。例如，生物的扩散可以促使种群内和种群间的个体交换，防止长期近亲繁殖带来的不良后果，补充或维持种群数量，扩大种群的分布区。这种行为虽然伴随着风险与机会，例如可能遭遇天敌，导致繁殖成活率下降，但也可能获得新的资源、配偶，甚至产生杂交优势，形成优良个体。扩散生态学揭示了生物如何适应和影响其生存环境，为保护生物学多样性和可持续发展提供了重要的科学依据。

（1）研究内容及方法

扩散生态学研究的内容广泛，包括出生扩散和繁殖扩散等类型。这些研究不仅有助于理解种群密度的变化，还能揭示种群内个体对资源和配偶的竞争压力，以及如何通过扩散减小近亲繁殖的机会，避免近交衰退。此外，扩散还影响着社群结构、婚配系统以及种群的基因流动和遗传多样性。

在研究方法上，早期主要依赖环志法和无线电遥测等技术来研究鸟类或兽类的迁移扩散行为，这些技术对于了解动物的活动性、扩散模式以及种群结构等方面具有重要意义。例如，环志法通过在动物身上附加标识，以便追踪其迁移路径。无线电遥测法则通过在动物身上安装发射器，利用无线电信号来追踪动物的位置和移动轨迹。这些方法的应用使研究人员能够获得关于动物迁移扩散的宝贵数据，从而更好地理解动物的生态行为和适应环境变化的能力。然而，这些方法存在捕获动物困难、重捕率低等问题，且可能对动物造成伤害。近年来，随着粪便分子生物学的发展，非损伤性取样已成为研究扩散模式的主要方式，该分子生物学方法不仅能获得大量样本，还能探讨历史上的扩散活动对当代种群遗传结构的影响。

（2）偏性扩散

在扩散生态学中，偏性扩散是一个重要概念，是指在主动扩散的鸟类和兽类中，某一性别的个体相较于另一性别更倾向于扩散，了解偏性扩散的原因对进化生态学具有重要意义。在哺乳动物中，通常存在偏雄性扩散的趋势，而在鸟类中则多见偏雌性扩散。然而，也存在反例，如大熊猫和某些灵长类中观察到的是偏雌扩散。

偏性扩散的研究方法包括利用共显性遗传标记进行检测，而简单重复序列技术（SSR 技术）作为一种有效的分子印记技术，为这一研究提供了重要的工具和手段。共显性遗传标记是一种特殊的遗传标记，其特点是杂合子状态下，两个等位基因都能表达，从而可以在遗传研究中提供更多的信息。这种标记的优点在于它们能够揭示出更多的遗传信息，帮助研究者更准确地了解基因的分布和变异情况。在遗传多样性研究中，SSR 技术是一种重要的分子标记技术，它基于 DNA 中简单重复序列的变异来进行基因分型，研究人员可以分析群体中基因的频率和分布，进而探讨偏性扩散的现象和机制。

此外，种群内个体间的相互作用、近亲繁殖的避免、配偶和资源竞争以及空间异质性都是引导扩散进化的重要动力。栖息地的异质性、有限的资源和条件决定的扩散都表明同种个体间、同性成员间以及亲缘间的竞争在扩散的进化中扮演着重要角色。

9.1.2 现代分子生物学技术在昆虫生态学中的应用

9.1.2.1 同工酶方法在昆虫生态学中的应用

同工酶方法作为生物化学和分子生物学的重要手段之一，在昆虫生态学领域具有广泛的应用。同工酶是指具有相同或相似催化功能而分子结构不同的一类酶，其变化可作为鉴定物种、研究分类与进化以及遗传与变异的重要指标。自从 Hunter 和 Markert（1957）创立同工酶酶谱技术以来，该方法已成为昆虫生态学研究不可或缺的工具。

同工酶方法主要基于蛋白质电泳技术，通过电泳分离不同种类的同工酶，进而分析昆虫种群的遗传变异。这种方法是利用电场作用，使带电粒子在电场中移动，根据同工酶分子量和电荷的差异，实现同工酶的分离。分离后的同工酶可以通过特异性染色方法进行可视化，从而形成特定的同工酶酶谱。通过比较不同昆虫种群或个体的同工酶酶谱，可以揭示它们之间的遗传差异和亲缘关系。

同工酶方法在昆虫分类学中发挥着重要作用。由于同工酶具有高度的特异性，因此可以作为物种鉴定的有效手段。例如，在膜翅目、鳞翅目、双翅目等多个昆虫类群中，同工酶方法已被成功应用于种类识别和鉴定，通过比较不同种类的同工酶酶谱，可以准确地区分形态上相似的物种，为昆虫分类提供客观、可靠的依据。

同工酶方法的应用，使得研究人员能够更深入地了解昆虫的生理状态、种群动态以及环境适应性等方面的情况。具体来说，同工酶酶谱技术通过分析昆虫体内同工酶的种类、数量和活性，可以揭示昆虫的生长发育、遗传变异以及与环境因素的相互作用等关键信息，这些信息对于理解昆虫的生态行为、种群结构和进化过程具有重要意义。

此外，同工酶酶谱技术的应用还扩展到了昆虫保护和管理的领域。通过对昆虫同工酶表达模式的研究，科学家们能够更好地理解昆虫对环境的适应机制，从而为制定有效的保护和管理策略提供科学依据。例如，通过分析昆虫的同工酶表达模式，可以评估其对特定环境的适应性，进而预测其可能的生存状况，为制定针对性的保护措施提供科学依据。

另外，同工酶方法还可以用于研究昆虫的进化关系和分类地位。通过比较不同种群或物种的同工酶酶谱，可以揭示它们之间的亲缘关系和进化历程。这对于理解昆虫的演化、分布和适应性具有重要意义。

9.1.2.2 RFLP 技术在昆虫生态学中的应用

限制性片段长度多态性（restriction fragment length polymorphism，RFLP）技术是一种基于 DNA 多态性的分子标记技术，自其诞生以来，就因其在生物 DNA 遗传标记中的重要作用而备受青睐。

RFLP 技术的基本原理是利用限制性内切酶识别并切割特定 DNA 序列，形成不同长度的 DNA 片段，这些片段在电泳过程中会因其长度差异而分离，形成特定的 DNA 指纹图谱。当生物在长期进化过程中，由于突变、重组等原因导致 DNA 序列发生变化时，这些变化可能会影响到限制性内切酶的识别位点，从而产生不同的 RFLP 图谱。因此，通过分析这些图谱，我们可以了解生物的遗传差异和亲缘关系。

RFLP 技术在昆虫生态学中主要用于构建昆虫遗传图谱。昆虫作为地球上种类最丰富的生物群之一，其遗传多样性的研究对于理解昆虫的生态适应性和进化机制具有重要意义。RFLP 技术可以帮助研究者构建昆虫的遗传图谱，从而揭示不同昆虫种群或个体之间的遗传差异。例如，在果蝇的研究中，RFLP 技术被用于构建其遗传图谱，进而分析不同品系果蝇的遗传差异和亲缘关系。

通过分析不同昆虫种类的 RFLP 图谱，研究者可以推断出它们之间的系统发育关系，这对于理解昆虫的进化历史和分类地位具有重要意义。例如，在膜翅目昆虫的系统发育研究中，RFLP 技术被用于分析不同种类之间的亲缘关系和进化顺序。

昆虫在面对环境变化时，会通过调整其基因表达来适应新环境，RFLP 技术可以帮助研究者分析 DNA 水平上的适应性变化。例如，在某些昆虫对农药抗性的研究中，RFLP 技术被用于识别与抗性相关的基因变异。RFLP 技术可以帮助我们识别害虫的易感基因或抗性基因，从而为防治工作提供有力支持。如昆虫体内产生的抗菌多肽是其免疫系统的重要组成部分，RFLP 技术可以用于鉴定这些抗菌多肽的编码基因，从而了解不同昆虫种类的抗菌能力和免疫机制。

以蚊子为例，蚊子是许多疾病的重要传播媒介，如疟疾、登革热等。了解蚊子的遗传多样性和分布范围对于制定有效的防治策略至关重要。研究者们利用 RFLP 技术对不同地区的蚊子种群进行了遗传分析。他们发现：尽管蚊子在形态上相似，但不同地理区域的蚊子种群在遗传上存在显著差异，这些差异可能影响到蚊子的疾病传播能力和对环境的适应性。通过 RFLP 技术，研究者能够更准确地了解蚊子的遗传结构和分布模式，从而为防治工作提供更有针对性的建议。

总之，通过对昆虫遗传多样性的深入了解，我们可以开发更加精准的害虫防治策略。

9.1.2.3　RAPD 技术在昆虫生态学中的应用

随机扩增多态性 DNA（random amplified polymorphic DNA，RAPD）技术是一种基于 PCR（聚合酶链反应）的 DNA 分子标记技术。它通过随机引物对基因组 DNA 进行扩增，产生多态性的 DNA 片段，进而分析生物的遗传多样性。RAPD 技术因其简便、快速、高效的特点，在昆虫生态学研究中得到了广泛应用。

RAPD 技术利用一系列随机组设计的寡核苷酸作为引物，对基因组 DNA 进行 PCR 扩增，由于引物与模板 DNA 的结合位点是随机的，因此扩增产物会呈现出多态性。这些多态性 DNA 片段可以通过电泳等方法进行分离和检测，从而形成特定的 DNA 指纹图谱，通过对这些图谱的分析，可以了解生物的遗传差异和亲缘关系。

传统的昆虫分类主要依赖于形态学特征，但在许多情况下，形态学特征可能因环境、发育阶段或个体差异而难以准确区分。RAPD 技术提供了一种基于 DNA 的分子标记方法，能够更准确地鉴定昆虫种类。例如，在鉴定近缘种或隐存种时，RAPD 技术可以通过分析 DNA 多态性来区分形态上相似的物种。

与 RFLP 技术一样，RAPD 技术也可用于分析昆虫种群的遗传多样性和结构。通过比较不同地理区域或不同生态环境中昆虫种群的 RAPD 图谱，可以了解种群间的遗传差异和亲缘关系。此外，RAPD 技术还可以用于监测种群动态和评估生物多样性。

通过分析不同昆虫种类的 RAPD 图谱，同样可以推断它们的系统发育关系和进化历史，这对于构建昆虫的系统发育树和了解昆虫进化的分子机制非常重要。RAPD 技术能够提供大量的遗传信息，有助于揭示昆虫种群间的进化关系和分类地位。

RAPD 技术可以帮助识别与生态适应相关的基因变异，从而揭示昆虫的生态适应机制。例如，在研究昆虫对气候变化、食物来源变化或环境污染等环境压力的响应时，RAPD 技术可以提供有力的分子证据。

以蚜虫为例，蚜虫是一类重要的农业害虫，对农作物有严重危害。为了更有效地控制蚜虫，了解其遗传多样性和种群结构至关重要。研究者利用 RAPD 技术对不同地理区域的蚜虫种群进行了遗传分析。他们发现，不同地区的蚜虫种群在遗传上存在显著差异，这些差异可能与环境适应性、抗药性等相关。利用 RAPD 技术，研究者能更准确了解蚜虫的遗传背景和分布模式，从而为制定有针对性的防治策略提供有力支持。

9.1.2.4 AFLP 技术在昆虫生态学中的应用

扩增片段长度多态性（amplified fragment length polymorphism，AFLP）技术是一种高效的分子标记技术，被广泛应用于生物学研究的多个领域，包括昆虫生态学等。AFLP 技术结合了 RFLP（限制性片段长度多态性）和 PCR（聚合酶链反应）技术的优点，通过选择性扩增基因组 DNA 的限制性酶切片段，揭示出丰富的多态性信息。首先，基因组 DNA 被限制性内切酶切割成特定长度的片段，随后通过设计特定的引物对这些片段进行选择性扩增，扩增产物通过电泳分离，形成特定的 DNA 指纹图谱，用于后续分析。在昆虫生态学中，AFLP 技术主要应用于昆虫种群遗传多样性分析、亲缘关系鉴定、系统发育研究以及生态适应机制探讨等方面。

以松材线虫为例，作为对松树具有毁灭性危害的一种病原线虫，为了解其遗传多样性和种群结构，研究者采用了 AFLP 技术进行分析。通过 AFLP 图谱的对比，发现不同地理区域的松材线虫种群存在显著的遗传差异。这些差异可能与环境适应性、宿主选择以及传播方式等因素有关。此外，AFLP 技术还揭示了松材线虫种群间的基因流动情况，为制定有效的防治策略提供了重要依据。

9.1.2.5 SNP 在昆虫分子生物学中的应用

SNP 即单核苷酸多态性标记，是指 DNA 序列中因单个碱基差异而产生的遗传多态性。这种差异源于碱基对的不同排列方式，它们与特定的脱氧核苷酸结合，构成不同的密码子，这些密码子编码不同的蛋白质，从而塑造出生物界的多样性。在基因组中，SNP 可划分为两类：一类是基因编码区的功能性突变，也称为 cSNP，虽然数量较少，但其变异率仅占周边序列的 1/5，在遗传疾病研究中占据重要地位；另一类则是遍布于基因组的大量碱基变异。

现今，SNP 技术已广泛应用于昆虫分子生态学领域，用于昆虫种类鉴定、遗传图谱分析以及入侵害虫种群间亲缘关系区分等多个研究方向，这一技术的运用不仅推动了相关科学技术的发展，更对我们深入探索生态系统起到了举足轻重的作用。

9.1.3 分子生物学技术在石油污染环境中的应用

9.1.3.1 分子生物学技术

第二代高通量测序技术的不断进步显著提升了人们对环境微生物群落的认知能力。科学家们利用这一技术，能够以极高分辨率和深度实现对环境微生物的深度测序，从而更灵敏地探测出环境微生物群落结构随外界环境改变而发生的极其微弱的变化，分析和理解微生物在不同生态系统中的多样性和功能。这一技术的成熟和普及，不仅对研究微生物与环境的关系、环境治理和微生物资源的利用有着重要的理论和现实意义，而且在国内的应用已经扩展到农业、土壤、林业、海洋、矿井、人体医学等诸多领域。

第二代高通量测序技术的优势在于无须培养分离菌群，直接对环境样本中扩增核糖体 RNA 高变区进行测序，解决了大部分菌株不可培养的难题。此外，该技术还能充分发挥高通量测序的大数据量优势，能检测出丰度低至万分之一的痕量菌。这种技术利用大规模并行测序方法，能迅速产生庞大的序列数据，不仅大幅提高了测序速度，还有效地降低了成本。

这一技术在生物学研究中的应用日益广泛，为全面、高效地探索生态系统的构成和功能提供了有力工具。国外如美国、欧洲等地区早在十多年前就已开始利用分子生物学技术探究石油污染土壤中的微生物群落，国内的相关研究虽然起步较晚，却呈现出迅速发展的趋势。特别是高通量分子生物技术在降解途径分析中的应用，为石油污染土壤的修复工作带来了新的突破。

（1）扩增子测序技术

扩增子测序技术是一种基于 PCR 扩增的方法，通过扩增并测序特定片段的基因序列来评估微生物的多样性。在微生物多样性研究中，扩增子测序技术主要聚焦于编码核糖体 RNA 的基因序列，如细菌的 16S rRNA 基因、古菌的 16S rRNA 基因、真核生物的 18S rRNA 基因以及真菌的 ITS（internal transcribed spacer）序列。这些序列具有保守区和可变区，保守区反映了生物物种间的亲缘关系，而可变区则能体现物种间的差异，因此非常适合用于微生物多样性的研究。

扩增子测序技术的基本流程包括 DNA 提取、目标基因扩增、文库构建、高通量测序和数据分析等步骤。首先，从样本中提取总DNA，然后使用特定的引物扩增目标基因片段。扩增后的产物经过纯化、连接、质控等步骤后，构建成测序文库。其次，利用高通量测序技术对文库进行测序，得到大量的序列数据。最后，通过生物信息学分析，对测序数据进行拼接、过滤、去噪、OTU聚类、物种注释和多样性分析，从而揭示微生物群落的组成、相对丰度和群落结构。

扩增子测序技术在生态系统中的应用主要体现在以下几方面。

①微生物群落结构分析：扩增子测序技术能够快速获得一个环境中微生物组成的总体图谱。以16S rRNA基因为例，通过PCR扩增并测序样本中的16S rRNA基因，可以得到一个微生物群落的结构和组成。这种方法可以准确地鉴定出样本中存在的不同菌株或物种，并量化它们的丰度。通过对扩增子测序结果的分析，可以了解微生物群落的物种组成、相对丰度以及群落结构，揭示微生物多样性的空间和时间分布规律。

例如，在土壤微生物多样性研究中，扩增子测序技术被广泛应用于分析不同土壤类型、土地利用方式、施肥处理等因素对土壤微生物群落结构的影响。研究表明，土壤类型、土地利用方式和施肥处理等因素对土壤微生物群落的组成和多样性具有显著影响。此外，扩增子测序技术还可以用于分析水体、空气、动植物体内等环境中的微生物群落结构，揭示微生物在不同生态系统中的分布和演替规律。

②微生物多样性分析：通过对扩增子测序结果进行多样性分析，可以评估微生物群落的多样性和相似性。常用的多样性指数包括α多样性（alpha diversity）和β多样性（beta diversity）。α多样性指数反映了单个样本内物种的丰富度和均匀度，而β多样性指数则反映了不同样本间物种组成的差异。这些指标可以帮助我们了解微生物群落的复杂度、稳定性以及相互作用。

例如，在海洋微生物多样性研究中，扩增子测序技术被用于分析不同海域、不同深度、不同季节等因素对海洋微生物群落多样性的影响。研究结果表明，海洋微生物群落的多样性和组成受到多种环境因素的共同影响，包括温度、盐度、营养物质浓度等。此外，扩增子测序技术还可以用于比较不同生态系统或不同处理条件下微生物群落的多样性，揭示微生物群落的适应性和稳定性。

③微生物与宿主健康状态的关系：近年来，越来越多的研究证明扩增子测序技术可以揭示微生物群落与宿主健康状态之间的关系。例如，肠道菌群失调与多种疾病（如肠道疾病、自身免疫性疾病等）的发生和进展有关。通过对扩增子测序结果的分析，可以发现与疾病相关的微生物群落变化，并为疾病的预防和治疗提供新的

思路。

再比如，在肠道微生物与代谢性疾病的研究中，扩增子测序技术被用于分析肥胖患者与正常体重者肠道微生物群落的差异。研究结果表明，肥胖患者肠道微生物群落的组成和多样性与正常体重者存在显著差异，某些特定菌种与肥胖的发生和发展密切相关。此外，扩增子测序技术还可以用于研究肠道微生物与心血管疾病、糖尿病、癌症等其他代谢性疾病的关系，为这些疾病的预防和治疗提供新的靶点和策略。

④微生物群落的功能研究：扩增子测序技术不仅可以用于微生物群落的组成和多样性研究，还可以用于微生物群落的功能研究。通过对先进的分析方法和数据库的应用，可以预测微生物群落中的潜在功能，如代谢途径、基因转录调控等。这种方法可以揭示微生物群落在生态系统中的角色和功能，对于生物资源的开发与利用具有重要意义。

例如，在环境污染物降解研究中，扩增子测序技术被用于分析不同微生物群落对特定污染物的降解能力。通过扩增并测序参与污染物质降解的关键基因（如降解酶基因），可以揭示微生物群落的降解途径和效率。此外，扩增子测序技术还可以用于研究微生物群落在生物地球化学循环（如碳循环、氮循环、硫循环等）中的作用，揭示微生物在维持生态系统功能和稳定性方面的重要性。

（2）组学方法

①宏基因组学（metagenomics）：这一概念最早由威斯康辛大学植物病理学部门的 Jo Handelsman 等人在 1998 年提出。宏基因组学又称微生物环境基因组学或元基因组学，它研究的是环境中所有微生物遗传物质的总和。宏基因组学通过直接从环境样品中提取全部微生物的 DNA，构建宏基因组文库，利用基因组学的研究策略研究环境样品所包含的全部微生物的遗传组成及其群落功能。

宏基因组学技术主要包括以下几个步骤：环境样品采集、DNA 提取、高通量测序、序列拼接与组装、功能基因组注释和微生物群落分析。首先，从特定环境中采集样品，如土壤、水体、空气或生物体内部等。其次，提取样品中的总 DNA，这包括可培养和不可培养的微生物 DNA。再次，利用高通量测序技术对提取的 DNA 进行测序，得到大量的序列数据。通过生物信息学方法对这些序列进行拼接与组装，得到宏基因组文库。最后，对宏基因组文库中的序列进行功能基因组注释和微生物群落分析，揭示微生物的多样性、功能及其与环境的相互作用。

宏基因组学在生态系统中的应用主要体现在以下几个方面。

微生物群落研究：通过对微生物群落进行测序和分析，可以了解微生物物种组成、丰度分布规律、代谢性能及其在生态系统中的作用等。例如，科学家们研究了不同水深采样点的江豚口腔微生物群落，发现不同水深的江豚口腔菌群组成和代谢特征存在显著差异，这为江豚适应不同水深环境提供了合理的微生物资源，为江豚的保护提供了科学依据。

生态系统服务评估：生态系统服务指的是生态系统为人类提供的各种直接或间接的物质、能量和信息等。例如，农作物和材料生产、水源保障等。宏基因组学可以用于评估不同生态系统服务价值的质量和数量。例如，研究人员通过分析农田和自然林的土壤样本，发现自然林具有更高的生物多样性和碳储量，表明自然林有更高的生态系统服务价值。这些数据对政府制定自然保护政策等方面具有重要的参考价值。

生物多样性保护：宏基因组学通过对生物多样性指标的监测和分析，可以提供过去未曾了解的信息，为保护珍贵物种做决策提供数据。例如，通过对扈鞭蛤的微生物流动性研究，发现环境污染对扈鞭蛤生存环境及其与其他物种的相互作用产生了影响。研究结果为保护扈鞭蛤提供了数据基础。

环境污染治理：宏基因组学在环境污染治理方面也有很大的潜力。例如，科学家们使用基于宏基因组学的方法，研究微生物降解有机氯农药残留在水体中复杂的杂质群落中的情况，获得了一些极具活力的微生物，为水体环境治理提供了新思路。此外，宏基因组学还可以用于研究重金属污染、塑料污染等环境问题的治理。

气候变化与碳排放研究：宏基因组学通过分析微生物群落对碳排放的贡献，可以深入了解气候变化对微生物群落的影响，为减缓气候变化提供新的思路。例如，研究微生物在碳循环中的作用，可以揭示微生物如何影响碳的固定、转化和释放过程，为制定应对气候变化的策略提供科学依据。

生态恢复与生态系统管理：宏基因组学可以帮助我们了解生态恢复过程中微生物群落的变化规律，为生态恢复提供科学依据。例如，通过监测生态恢复过程中的微生物群落变化，可以评估生态恢复的效果，指导生态恢复项目的选择和实施。此外，宏基因组学还可以用于研究生态系统管理策略对微生物群落的影响，为制定科学合理的生态系统管理策略提供支持。

②宏转录组学：是在宏基因组学基础上发展起来的一种新兴技术，它侧重于研究特定环境、特定时期群体生物在特定功能状态下的全部 RNA 转录情况。宏转录组学的研究对象包括 mRNA 和非编码 RNA，如 tRNA、rRNA 和 microRNA 等。通过宏转录组学分析，可以揭示微生物群落在特定环境条件下的基因表达模式、转录调

控机制以及与环境因素的相互作用。

宏转录组学与宏基因组学在研究对象和研究目的上存在显著差异。宏基因组学主要关注环境样品中所有微生物的遗传物质总和，旨在揭示微生物群落的物种组成、丰度分布和潜在功能。而宏转录组学则更侧重于研究微生物群落在特定环境条件下的基因表达模式和转录调控机制，以揭示微生物群落的动态演化和对环境因素的响应。

宏转录组学在石油污染环境中的应用主要体现在以下几方面。

石油污染环境中微生物群落动态的研究：宏转录组学技术可以揭示石油污染环境中微生物群落的动态变化。通过对比不同时间点的样品，研究人员可以观察到微生物群落对石油污染的响应和适应过程。这种研究有助于理解微生物群落在石油污染环境中的演替规律，为石油污染的生物修复提供理论依据。

石油降解相关基因的表达分析：石油污染环境中存在大量能够降解石油烃类化合物的微生物。宏转录组学技术可以揭示这些微生物在降解石油过程中相关基因的表达情况。通过分析，研究人员可以了解微生物降解石油烃类化合物的机制和途径，为石油污染的生物修复提供关键信息。

石油污染环境中微生物代谢途径的解析：通过分析微生物群落中转录本的种类和丰度，可以推断出微生物群落中的主要代谢途径和代谢产物。这种研究有助于理解微生物群落在石油污染环境中的代谢活动，为石油污染的生物修复提供新的思路和方法。

石油污染环境中微生物与环境的相互作用研究：通过分析微生物群落对环境因素的响应和适应过程，研究人员可以了解微生物群落在石油污染环境中的作用和地位。这种研究有助于揭示石油污染环境中微生物与环境的相互作用机制，为石油污染的生物修复提供科学依据。

有研究表明，针对石油烃污染的厌氧环境，利用宏转录组学技术可以揭示微生物将石油烃转化为甲烷的甲基营养型产甲烷途径。通过长期培养和宏组学分析，研究人员发现正构烷烃主要通过脱硫叠球菌科（Desulfosarcinaceae）、厚壁菌门（Firmicutes）和互养菌门（Synergistetes）利用富马酸加成的方式进行起始活化，然后在嗜温菌（Tepidiphilus）的协同作用下进一步降解。同时，体系中含量较多的厌氧绳菌（Anaerolineaceae）主要负责死细胞生物质的回收。根据宏转录组学分析结果，甲烷主要通过 H_2 依赖的甲基营养型产甲烷途径产生。这些发现表明，依赖 H_2 的甲基营养产甲烷菌以及甲基营养产甲烷菌可能在含石油烃的地下生态系统的碳循环过程中发挥着重要的作用。

③宏蛋白组学（metaproteomics）：是宏基因组学的一个延伸，它侧重于研究环境中微生物群落所表达的全部蛋白质。这些蛋白质是微生物生命活动的直接执行者，反映了微生物群落的功能状态。宏蛋白组学的研究对象广泛，包括土壤、水体、沉积物等环境中的微生物群落。宏蛋白组学分析可以揭示微生物群落的蛋白质组成、表达模式和功能特性，为理解微生物与环境之间的相互作用提供重要信息。

宏蛋白组学在石油污染环境中的应用主要体现在以下几方面。

微生物群落对石油污染的响应：例如，通过比较受石油污染和未受污染环境中的微生物群落蛋白质表达谱，揭示哪些蛋白质在石油污染环境中被诱导或抑制表达。这些蛋白质可能与石油降解、耐受性、营养竞争等过程相关，从而揭示微生物群落对石油污染的适应机制。

石油降解微生物的鉴定与功能分析：石油污染环境中存在大量能够降解石油烃类化合物的微生物。宏蛋白组学技术可以帮助科学家们鉴定这些微生物，并分析它们的功能特性。例如，通过鉴定与石油降解相关的关键酶和蛋白质，可以确定哪些微生物在石油降解过程中发挥着重要作用。同时，通过分析这些蛋白质的表达模式和功能特性，可以揭示微生物降解石油烃类化合物的机制和途径。

石油降解过程中的蛋白质组学变化：石油降解是一个复杂的过程，涉及多种微生物和酶类的协同作用。宏蛋白组学技术可以帮助科学家们了解石油降解过程中的蛋白质组学变化。例如，通过比较不同降解阶段微生物群落的蛋白质表达谱，可以揭示出哪些蛋白质在石油降解过程中发挥着关键作用。这些蛋白质可能与石油烃类化合物的初始攻击、中间代谢产物的转化和最终产物的生成等过程相关。通过深入分析这些蛋白质的功能特性和相互作用关系，可以揭示石油降解过程中的关键步骤和调控机制。

微生物群落间的相互作用与石油降解效率：石油污染环境中的微生物群落之间存在着复杂的相互作用关系，这些关系对石油降解效率具有重要影响。例如，通过比较不同微生物群落间的蛋白质表达谱，明确在微生物群落间的相互作用中发挥着关键作用的蛋白质。它们可能与微生物间的信号传递、物质交换和协作降解等过程相关。通过深入分析这些蛋白质的功能特性和相互作用关系，揭示微生物群落间的相互作用机制以及它们对石油降解效率的影响。

（3）基因芯片技术

也叫 DNA 芯片或 DNA 微阵列技术，是生物芯片技术中应用最广泛、技术最成熟的分支。它集成了分子生物学、半导体微电子、激光、化学染料、生物信息学等多学科的技术，能够在一块微小的基片（如硅片、玻璃片、塑料片等）上，高密度地排列成千上万种基因探针，通过与标记的样品进行杂交，实现对大量基因的快速、准确的检测和分析。

基因芯片技术的工作原理主要基于核酸的分子杂交。在芯片制作过程中，将已知序列的核酸探针（如寡核苷酸或 cDNA）固定在基片上，形成二维阵列。然后，将待测样品中的核酸分子进行标记（如荧光标记），并与芯片上的探针进行杂交。通过检测杂交信号的强度，可以判断样品中是否存在与探针互补的核酸序列，进而实现对基因表达水平、突变、多态性等方面的检测和分析。

基因芯片技术具有高通量、高灵敏度、高特异性、高效率、自动化程度高等优点。它能够在一次实验中同时对数千到数万个基因进行检测和分析，大大提高了研究效率和准确性。此外，基因芯片技术还具有广泛的应用前景，在基因表达谱分析、基因诊断、药物筛选、农业育种、环境监测等领域都发挥着重要作用。

9.1.3.2　基于分子生物学技术的降解微生物挖掘

近年来，借助分子生物学技术，越来越多的研究成功地鉴定出与石油降解紧密相关的核心微生物和基因。例如，研究者们（Tiralerdpanich P，2018）从受石油烃污染的红树林沉积物中成功分离出能够降解柴油、十六烷和菲等烃类物质的微生物，并通过条件优化，提高了这些烃类物质的降解率，在 1 个月内，这些沉积物中的原生微生物对十六烷（250mg/kg）和菲（150mg/kg）的降解率超过了 99%，对柴油（500mg/kg）的降解率也高达 88%，显示出卓越的石油烃降解能力。通过 16SrRNA 基因的扩增子测序，这些降解菌被鉴定为芽孢杆菌属、假单胞菌属、不动杆菌属和葡萄球菌属。

此外，还有研究利用基因工程和代谢工程等手段，对野生型石油烃降解菌进行改造，以进一步提高其降解效率和适应性。这些研究不仅展示了微生物在石油烃污染治理中的应用潜力，也为开发新的生物修复技术提供了理论基础和实践经验。如 Atashgahi 等（2018）和 Cabral 等（2018）采用宏转录组技术分别从受污染的土壤和红树林沉积物中挖掘出了高效降解石油烃的基因。此外，对于土壤和沉积物的污染环境，有学者利用蛋白质组学方法评估了堆肥改良剂在增强土壤微生物修复能力方面的潜力（Bastida F，2016）。研究结果显示，堆肥辅助的微生物修复效果主要由鞘氨醇单胞菌和一些未培养的细菌所驱动，这些细菌富含分解代谢酶，例如邻苯二酚 2，3- 双加氧酶等。正是由于这些降解菌的代谢活性增强，土壤中多环芳烃和烷烃（2% 质量分数）在 50 天后的降解率达到了 88%。

在海洋污染环境中，最新的研究通过宏基因组学揭示了漏油事件后，海洋微生物群落中石油烃代谢途径和基因丰度的变化。研究发现，解环菌属、海命菌属和亚硫酸盐杆菌属的相对丰度有所增加，同时特定功能基因如 *bphAa* 等的显著富集，表明这些细菌属和功能基因对海洋石油污染环境具有高度的适应性，它们通过特定的代谢途径和协同作用，有效地降解石油污染物，对减轻海洋污染具有重要意义。

对于地下水污染环境，运用宏转录组学研究发现，在受苯系物污染的地下水中，某些特定基因在污染源附近高度表达，这证实了含水层中苯系物存在持续的生物降解过程；还有研究利用宏蛋白组学结合稳定性同位素分析，鉴定出特定的微生物种类是驱动地下水污染物降解的关键。

9.1.4　环境 DNA 技术在水体生态领域的应用

9.1.4.1　eDNA 技术简介

eDNA 技术是环境 DNA（environmental DNA）的缩写，是一种新兴的生物多样性监测工具，它是一种通过分析环境样品中的 DNA 片段来探测和监测生物物种存在与分布的非侵入性、高效技术。这项技术的核心在于其非侵入性和高灵敏度，能够检测到极低浓度的生物标记物，从而为生物多样性研究和保护工作提供了一种有效的手段。

DNA 存在于生物的每一个细胞中，而生物细胞数以万亿计，很容易散落入环境中，如植物花粉、动物掉落的皮肤细胞、鳞片、排泄物、尸体碎屑等。这些散落的细胞都带有 DNA 信息，收集这些环境样品中的 DNA 片段，比对分析出存在的生物物种。eDNA 技术是指从环境样品（如空气、土壤、水体、沉积物、古代沉积物或冻土岩心等）中提取 DNA，不对任何目标生物进行分离而发现的所有不同生物的 DNA。

eDNA 技术不仅在水环境中易于采集样品，还能够检测入侵物种或濒危物种，并能远程收集样品。它还能从单个环境样品中检测广泛的物种多样性，涵盖从微生物到哺乳动物的生物体。这种技术的应用领域非常广泛，包括监测有害藻类和其他微生物、评估环境影响和修复成效、渔业评估、生物多样性监测、海洋探索等。

eDNA 技术通过分析环境中的 DNA 残留物，无须直接观察物种就能检测它们的存在，从而了解生物多样性和生态系统的健康状况，为生物多样性研究和保护工作提供了新的视角和方法。

eDNA 技术优势主要表现在以下几个方面。

①非侵入性：无须直接接触目标生物，减少了对生物体的干扰和伤害，也避免了在采集和处理样本过程中可能带来的安全风险。

②高效性：高通量测序技术允许同时分析大量样本，提高了监测效率，同时减少了对生物样本的时间性需求，降低了成本。

③高灵敏度：能够检测到极低浓度的 DNA 片段，适用于稀有物种和难以直接观察的物种。

④低成本：与传统的生物调查方法相比，eDNA 技术减少了样本采集和处理的人力、物力投入，降低了总成本。随着生物技术的发展，eDNA 检测机构不断涌现，专业门槛和成本逐渐降低。

⑤广泛适用性：适用于各种环境样品，包括难以到达的区域如山顶、海洋等。

拥有当前和过去几个世纪甚至几千年之前生物多样性模式的连续数据，eDNA 技术为研究生态系统的动态变化和人类活动对生态系统的影响提供了新的视角和方法。

eDNA 技术主要应用在以下几方面。

①生物多样性研究：通过检测环境样品中的 DNA 片段，可以了解某一区域的生物多样性状况，尤其适用于湖泊生态等环境的保护和研究。

②物种检测与监测：eDNA 技术可以检测环境中微量残留的 DNA，从而探知濒危物种的存在与否及数量；eDNA 技术还可以用于早期发现入侵物种，通过检测外来物种的 DNA，可以及时发现并采取措施防止其过度繁殖和扩散，为物种保护和管理提供依据。例如，科学家通过采集珠穆朗玛峰海拔 4500 ～ 5500m 处水体的 eDNA 样本，发现了 187 种分类目生物，包括西藏雪鸡、家犬、家鸡等物种的 eDNA。利用 eDNA 技术开展珊瑚礁生物多样性检测，在深圳大鹏湾通过收集“网红鲸”出没海域的 eDNA 样本，证实了“网红鲸”为国家一级保护动物布氏鲸。安徽省生态环境监测中心在长江干流（安徽段）和巢湖开展长江流域鱼类环境 DNA 监测，为长江流域水生态考核提供有力支撑。

③生态系统健康评估：通过监测特定生物物种的 DNA 变化，评估生态系统的健康状况和稳定性；亦可分析环境样品中的污染物对生物 DNA 的影响，评估环境污染程度。通过分析环境样品中的 DNA，eDNA 技术能够评估水环境的生态多样性，这对了解水生生态系统的健康状况非常有用。在淡水生态系统中，eDNA 技术被用于研究鱼类多样性。通过收集水样并分析其中的 DNA，可以快速识别大量的鱼类分

类群，这对于研究禁捕区域的鱼类多样性非常有效。

④科学研究：eDNA 技术在科学研究领域有着广泛的应用，包括但不限于对鱼类、两栖类、爬行类、水生无脊椎动物乃至水生哺乳动物的研究。通过分析环境样品中的 DNA，可以了解这些物种的分布情况，这对于保护生物学和生态学研究具有重要意义。

9.1.4.2 eDNA 技术的发展历程

由于自然界中众多微生物难以培养或丰度极低，且基于培养的方法会严重扭曲自然环境中的微生物组成，环境 DNA（即直接从环境样本中获取微生物 DNA）的概念开始受到关注。1987 年，环境 DNA 这一术语首次被研究者在讨论沉降物 DNA 提取技术中提出，并报道了从沉积物中提取 eDNA 的操作规程。这一研究标志着 eDNA 技术进入了探索阶段。在 1987 年，研究者首次提出了环境 DNA 的概念。1990 年，eDNA 技术首次在海洋微生物 DNA 研究中崭露头角。Giovannoni 等（1990）首次基于 16S 核糖体 DNA（16S rDNA）研究了细菌多样性。他们利用聚合酶链反应（PCR）从马尾藻海洋小浮游生物的自然种群中扩增 16S rDNA 基因克隆文库，并进行系统发育分析，揭示了新的微生物群 SAR11 及与富氧光合生物有关的谱系。随后，1998 年首次提出了宏基因组方法，这种方法允许直接获取未培养的土壤生物的基因组。

2003 年，由 Paul Hebert 教授提出的 DNA 条形码概念代表着 eDNA 技术正式兴起。通过文献计量分析，发现关于“environmental DNA”的出版物数目在 2003 年后出现大幅度增长。DNA 条形码，即利用一段较短的 DNA 序列作为物种快速鉴定的标记，并希望以此建立 DNA 序列和生物物种之间一一对应的关系。这一技术的提出，不仅在动物学领域得到了广泛应用，而且随着技术的不断发展，也逐渐扩展到细菌、病毒等其他生物类群。例如，线粒体细胞色素 C 氧化酶亚基 Ⅰ（COI）基因区域能够区分动物界近亲物种；16S rDNA 也常用于细菌鉴定；核糖体 DNA 的内部转录间隔区（ITS）被用于真菌的研究。

还有许多其他标记基因也已被用于不同生物类群和系统发育水平的生物多样性分析，包括 18S rDNA、MiFish 和 rbcL 等。测序技术为 eDNA 技术提供了强大的工具。在早期，传统 Sanger 测序技术为开发大型 DNA 条形码参考文库提供了最有效的方法。然而，传统的 DNA 测序技术受限于测序通量低、速度相对较慢且成本较高，因此在处理大规模样本和复杂 DNA 混合物时存在困难。直到 2005 年，高通量测序技术（二代测序技术）出现，尤其是 Illumina 等高通量测序平台和技术的发展，使得开展大规模 eDNA 测序得以实现。高通量测序平台具有更快的测序速度、更长的读取长度、更低的成本及更高的数据产出能力。高通量测序技术与 eDNA 技术的结合，推动了 eDNA 技术从探索阶段向验证阶段的迅速发展。通过使用高通量测序技术，研究人员陆续开展了在海洋、淡水、土壤和肠道微生物群等各种生态系统的环境样本中的研究。例如，Ficetola 等（2008）通过水体 eDNA 监测了淡水样本中牛蛙的存在。利用 COI DNA 条形码的短片段，可以从底栖动物样本中提供淡水大型无脊椎动物的物种水平鉴定；有研究利用对 16S rDNA 条形码测序研究饮食对小鼠肠道微生物组成的影响等。近年来，第三代测序技术在测序长度和测序精度上的提升，又为基于 eDNA 的水生生物多样性研究提供了助力。

高通量测序技术的不断进步使得 eDNA 技术变得更加精确和可靠，成为生物多样性研究和环境管理的重要工具。2023 年，华大智造基于 ATOPLex 多重 PCR 技术和 DNBSEQ 测序平台，正在开发一套环境 DNA 宏条形码测序组合产品，这套产品搭配自主研发的自动化样本制备系统与分析软件，能够覆盖从样本到分析结果的全流程，实现环境 DNA 一站式监测，能为 eDNA 的生信分析提供高质量的测序数据，这对于提高 eDNA 研究的准确性和效率具有重要意义。目前，eDNA 技术已经进入技术标准化阶段。在已进行的 eDNA 技术验证研究中，逐渐认识到 eDNA 监测结果受各种因素影响。因此，当前的研究焦点集中在制定和规范化 eDNA 监测技术标准，这被视为进入技术常态化应用阶段的必要前提。近年来，国内外陆续发布了关于 eDNA 监测技术标准化的文件和规范，囊括了采样点选择（河流、湖泊、库塘等）、样品采集与处理（水、沉积物、生物膜、混合生物样等）、eDNA 提取、eDNA 分析（扩增、测序、注释、统计）等方面的规范化实施内容。这些努力推动了 eDNA 监测技术的标准化，但在其所囊括的内容中还依然存在不少问题有待解决，并且还有一部分问题未受到充分的关注。

综合来看，eDNA 监测技术目前正积极朝着标准化的方向发展，未来 5 ～ 10 年或将是 eDNA 监测技术标准化急速发展的时期，到 2030 年前后，预期将基本完成采样方案、样品处理方法、分子实验方案、监测结果和评估方法的标准化。届时，热点区域特定研究对象 eDNA 监测的样品重复检出度、eDNA 降解时间周期、eDNA 空间转移的有效距离、eDNA 存在形态等 eDNA 生态学过程的关键参数将完成相应积累，进而推动 eDNA 技术的广泛应用。

9.1.4.3 水生生物 eDNA 的监测技术

基于 eDNA 的水生生物调查方法主要包括特异性引物扩增测序、通用引物扩增测序和全部 DNA 测序。

①特异性引物扩增测序：是一种利用特定于目标物种的引物来扩增环境中存在的目标生物物种 DNA 的方法，这种方法通常用于已知目标物种的鉴定，通过设计特定的引物来识别和放大目标物种的 DNA 片段，从而进行物种鉴定或数量估计。PCR、实时荧光定量 PCR（qPCR）和微滴式数字 PCR（ddPCR）是环境 DNA 中进行物种特异性分析的主要手段，这些引物和探针的设计基于目标生物物种已知的 DNA 序列，通过引物扩增得到目标物种特异性 DNA 片段，添加探针能提高扩增的特异性，并获得 eDNA 浓度等关键信息。许多研究采用 qPCR 和 ddPCR 来量化鱼类种群的丰度。通过特异性引物扩增测序对自然环境中的 eDNA 进行分析，可以高效、敏感地揭示目标生物，尤其对于稀有、濒危、保护和旗舰物种，以及最新出现的入侵物种等，对于已知物种的监测具有特异性和准确性。

②通用引物扩增测序：是一种更为广泛的应用，它使用一组通用的引物来扩增和测序环境样本中的 DNA，主要方法是宏条形码测序技术。这种方法不依赖于预先知道目标物种的信息，而是通过扩增和测序环境样本中的 DNA，分析所得序列信息来推断存在的生物种类和数量，这是一种用于鉴定环境样本中多个物种的 eDNA 监测技术，在生物多样性研究和生态监测中是非常有用的。它通过通用引物扩增和测序获得环境中多种生物的特定 DNA 区域（如原生动物和藻类推荐使用核糖体来源的基因；鱼类、底栖动物和枝角类等浮游动物推荐使用线粒体来源的基因；水生植物推荐使用叶绿体来源的基因）来实现，可以用于更广泛的生物多样性调查。宏条形码技术的优点之一为高度特异性，通过通用引物选择性地扩增目标类群的 DNA 片段，针对特定的生物类群进行研究，从而提高监测特异性。此外，PCR 扩增过程相对迅速和经济，适用于大批量样品的快速筛查和比较分析。然而，它也存在一些缺点：首先，具有引物依赖性，可能无法有效扩增未知物种或未充分描述的物种；其次，扩增过程可能引入偏差，使结果与实际物种组成偏离。最后，基因进化速率差异可能会导致物种实际分化和进化速率不一致，加上物种分化的时间尺度差异，使物种间的分辨率不尽相同。因此，仅通过单一的基因、较短的序列难以得到物种水平的准确注释。

③全部 DNA 测序：也叫宏基因组测序技术，是对环境样品中的所有 DNA 进行测序，而不仅仅是特定引物扩增的部分。这种方法可以同时监测和识别环境中存在的多个物种的 DNA，与宏条形码技术相比，宏基因组方法提供了更广泛的物种信息。宏基因组技术的优势包括无须特异引物，它对所有 eDNA 进行测序，能够获得来自

不同类群多个物种的DNA序列信息。高通量测序技术可以同时产生大量的DNA序列数据，提供更详细和全面的物种组成信息，还可以获得功能基因信息。它有潜力识别新物种或未经充分描述的物种的DNA序列，具有更高的灵敏度。它也可以识别和研究微生物中的新基因和新功能，揭示微生物群落的功能潜力和代谢能力，对于研究微生物在生态系统中的功能和相互作用具有重要意义。然而，宏基因组测序费用高、数据量庞大、分析和处理复杂度高，需要较强的计算资源和专业的分析方法，并且生物基因组的组装和注释存在挑战，尤其是对于未知物种和新功能的解析。

在宏基因组技术的基础上，进一步衍生出了线粒体宏基因组技术，它是直接应用宏基因组技术测序得到的reads与建立的目标生物完整线粒体基因组数据库进行比对，从而识别研究样品中存在的真核生物线粒体序列，进而获得目标生物群落的物种组成和丰度信息。这种方法的优势在于能够准确识别混合样品中的物种，即使在存在同类物种的情况下，物种注释也能保持高度准确，这可能是替代宏条形码技术解决物种注释准确性的有效方法。线粒体宏基因组技术的应用可以帮助我们更好地理解线粒体基因组的多样性，线粒体在生物体内的功能及其与宿主细胞的相互作用。通过分析线粒体DNA，科学家们可以探究线粒体基因组的遗传多样性，这对于理解生物进化、疾病发生机制以及开发新的治疗方法等具有重要意义。

此外，线粒体宏基因组技术还可以用于监测环境中线粒体的变化，对于生态学研究和环境保护也具有一定的价值。然而，线粒体宏基因组技术也存在两个缺点：一是线粒体序列在宏基因组中所占比例较低，因此需要增加测序量；二是不同物种细胞中线粒体的拷贝数存在差异，因此直接使用比对结果来估算物种相对丰度可能不够准确。

综上所述，eDNA技术方法提供了多种有力的工具，在水生生物的研究中都具有重要的应用价值，可根据研究目标、样品特性、预算和研究资源等因素选择合适的方法。未来，这些eDNA技术方法将继续在生态学、环境监测和物种保护等领域发挥关键作用。随着技术的进一步发展，我们可以期待更精确、更高通量和更经济的eDNA分析方法的出现，从而更好地理解和保护我们周围的自然世界。

9.1.4.4 水生生物eDNA监测技术的应用

（1）保护生物学与入侵生物学

①濒危和稀有物种保护与管理：濒危和稀有物种一直是生物调查的难点。由于其生物量少、密度低，使用传统方法很难进行有效监测。同时，传统的调查方法，

如围网、拖网、电鱼等，对调查对象及其所在生境具有较大的破坏性。这些方法不仅可能无法起到物种调查的作用，甚至可能导致一些物种受到干扰而死亡，从而进一步加速物种的衰退。作为一种非入侵性的调查方法，eDNA 技术能够弥补传统监测方法的不足。研究人员可以利用 eDNA 技术来确定濒危和稀有物种的分布范围和丰度，进而制定有效的保护策略。近年来，eDNA 技术已经成功应用于监测多种稀有或濒危动物，如美洲大鲵、欧洲泥鳅、澳洲麦氏鲈等，并且还能够发现数量极少的物种，如被认为已经消失多年的巴基斯坦彩蛙。eDNA 技术被认为是一种有价值的工具，它是对目前用于珍稀鱼类监测的传统方法的有效补充。通过应用 eDNA 技术，我们可以更加准确地了解濒危和稀有物种的分布和丰度，为制定和实施保护策略提供科学依据。

②入侵物种监测：外来入侵物种的监测具有极其重要的意义。这些物种不仅对本地生物多样性构成潜在威胁，而且可能导致生态系统结构和功能的变化。及时有效的监测可以提供预警机制，使我们能够更早地识别和干预入侵事件。及时采取适当的控制措施，可以尽早遏制入侵物种的扩散，从而最大限度地减少其对当地生态系统和经济的影响。近年来，eDNA 技术在监测水生生态系统中的外来入侵物种方面已经取得了显著的成效。多个成功案例证明了 eDNA 技术在这一领域的可行性，如已成功监测到入侵法国的北美牛蛙、入侵美国的亚洲鲤、入侵欧洲的麦穗鱼，以及入侵我国的眼斑拟石首鱼等。这些实例都充分展示了 eDNA 技术在外来入侵物种监测方面的强大潜力和应用价值。

（2）群落生态学

eDNA 技术为水环境中物种的监测提供了高效手段，包括鱼类、底栖动物、浮游动物、浮游植物和微生物等，有助于确定它们的存在与分布范围。

在鱼类研究中，eDNA 技术得到了广泛应用。科研人员通过分析水样中的鱼类 eDNA，可以精确地监测水体中存在的不同鱼类物种及其分布和相对丰度。例如，Zhang 等（2020）利用 eDNA 宏条形码方法评估了不同大小水体的鱼类群落，并比较了海岸线和内陆样本中鱼类物种的丰富度，研究结果支持了基于 eDNA 的海岸线取样策略在鱼类群落调查中的有效性，并表明空间综合取样设计可以揭示单个物种更精细的分布模式。Wang 等（2020）则利用 eDNA 方法研究了东海小黄鱼和大黄鱼的分布和丰度，证明了 eDNA 方法在调查和监测重要海洋鱼类自然资源方面的可行性和稳定性。

eDNA 技术在水生底栖动物生物多样性研究中也具有重要价值。底栖动物包括各种昆虫、蠕虫、甲壳类动物和软体动物。通过分析底栖动物的eDNA，可以确定特定水体底栖环境中的各种物种，为生物多样性监测提供了高效手段，有助于了解生态系统的健康状况和环境变化的迹象。有研究者应用eDNA宏条形码技术对全部底栖生物进行了测序，并评估了宏条形码技术作为监测石油开采影响技术的准确性。此外，他们还利用eDNA数据开发了新的生物指标，用于评估其在预测环境影响方面的性能。

浮游生物在水生态系统中扮演着重要角色，eDNA技术可用于监测和研究它们的多样性和数量。通过分析浮游动物的eDNA，可以更深入地了解它们的季节性分布、食物链关系、生态功能以及对环境变化的响应。分析浮游植物的eDNA有助于监测富营养化、藻类水华问题以及水体的整体健康状况。以白洋淀为例，陈家琪等（2021）采用eDNA宏条形码测序技术开展了微型生物群落监测，全面揭示了白洋淀微型生物群落的组成、序列数、多样性等的时空分布，印证了该技术的高效性和灵敏度。

除了大型生物，eDNA技术还可用于微生物群落的监测，通过分析水中微生物的eDNA有助于研究微生物多样性、污染物降解和水体生态系统的稳定性等。通过结合eDNA技术与传统的暴露评估方法，研究人员可以更全面地了解持久性有毒物质对生态系统的影响，包括生物多样性的变化、物种的敏感性以及生态系统功能的改变，为评估受持久性有毒物质影响的生态系统提供了新的视角和方法。

此外，eDNA技术与机器学习、遥感技术等结合的方法，不仅提高了对环境污染的监测能力，可以更好地理解生物之间的相互关系，预测生态变化，并评估环境管理策略的效果，进一步增强其在评价水生态系统健康方面的能力，从而为保护生物多样性和维护生态平衡提供重要的科学支持，也为制定有效的环境管理策略提供了科学依据，故而成为生态学的研究热点之一。

（3）应用生物学

eDNA技术在生物多样性评估中发挥着重要作用。通过对水样中的eDNA进行测序和分析，可以获得更全面的物种清单，并了解物种的相对丰度和分布格局。该方法已广泛应用于各大水体的物种多样性监测，包括海洋、湖泊、河流、池塘、沼泽和湿地等不同类型的水体。这有助于我们更好地了解生物多样性的分布和变化，为生态系统保护和管理提供重要的信息支持。

在早期水生生物疾病监测方面，eDNA技术也展现出其独特的优势：通过分析水体中的eDNA，可以监测对水生生物造成威胁的病原体及其可能宿主。例如，腮腺炎病毒、寄生虫和细菌等病原体会释放出DNA片段，通过监测这些病原体的存在和丰度变化，可以及早发现疾病暴发迹象并采取适当的防控措施，以减轻对水生生物的影响。此外，eDNA 技术还可用于研究水生生物与病原体之间的相互作用和物种—病原体关系，为保护和管理水生生物提供科学依据。

eDNA 技术在生态系统功能与生态健康评价中的应用同样广泛。首先，它可用于环境健康评估，通过监测特定污染物、疾病或其他环境压力的影响，及早发现生态系统问题以便采取纠正措施；其次，eDNA 技术也支持食物网研究，帮助我们理解生态系统内部的食物链和食物网络，揭示出食物网的复杂性；同时，它还在生态系统服务研究中发挥关键作用，用于评估生态系统提供的服务，如水质净化、土壤肥力和自然控制害虫等，从而推动可持续资源管理；最后，eDNA 技术在生态系统恢复方面也有重要应用，用于监测植被和野生动物的重新引入效果，确保受损生态系统的快速和有效恢复，为生态环境的保护和重建提供了有力工具。

9.1.4.5　eDNA 技术的未来发展趋势

eDNA 技术在生物多样性研究和环境监测领域展现出广阔的应用前景。它为生物多样性评估、物种监测与保护、早期疾病监测与生态健康评估，以及水质监测等方面提供了一种高效、准确且非侵入性的新方法。随着技术的不断进步和应用领域的拓展，eDNA 技术在水生生态系统保护中的潜力日益凸显。

在未来的研究中，eDNA 技术的发展应聚焦于以下几方面。

（1）技术革新与标准化

未来的研究将致力于提升 eDNA 技术的灵敏度、分辨率和高通量性能。这包括研发更先进的 DNA 提取、测序和分析方法，以提高数据的准确性和可靠性，从而能够更快速、更准确地分析大量的环境样本。同时，需要推动 eDNA 样品采集、处理和分析流程的标准化和统一，以确保结果的可比性和重复性。另外，通过技术创新和优化实验流程，降低 eDNA 技术的成本，使其更加适用于大规模的环境监测项目，提高其在实践中的应用价值。

（2）多样性评估与功能研究深化

随着 eDNA 技术产生的数据量不断增加，除了物种鉴定和监测，未来的研究将更加注重对 eDNA 数据的深入分析，加强数据分析的能力，开发新的生物信息学工具和方法，以更有效地处理和分析这些数据，以揭示生物多样性的动态变化和功能。这可能涉及通过分析 eDNA 数据中的基因组和功能元素，来探究物种之间的相互作用和生态功能，这将有助于更深入地理解生物多样性的维持机制和生态系统的功能，并为生态恢复和可持续发展提供科学支持。

（3）大数据与生物信息学的发展

随着 eDNA 数据的迅速积累，未来的研究将涉及对大规模 eDNA 数据的处理、管理和分析，这需要发展高效的生物信息学工具和算法，以应对海量数据的挖掘和解读；建立数据共享和协作平台，促进多学科间的合作与交流，也是未来的重要方向。

（4）应用领域的拓展与融合

未来的研究将进一步扩展 eDNA 技术在各个领域的应用范围，除了目前主要应用于水生生态系统外，应探索将 eDNA 技术应用于更广泛的生态系统，如陆地生态系统，以实现对更多生物多样性的全面监测。此外，还可以将 eDNA 技术与其他监测方法和技术相结合，如遥感、传感器网络和人工智能等，以实现更全面、精确和多尺度的环境监测。这将为环境保护和管理提供更强大的技术支持。

9.2　3S 技术在生态学中的应用

9.2.1　3S 技术概述

3S 技术是现代信息技术的重要组成部分，集成了空间技术、传感器技术、卫星定位与导航技术和计算机技术、通信技术等多学科的高度集成技术。它主要包括遥感技术、全球定位系统和地理信息系统。

9.2.1.1　遥感技术

遥感技术（remote sensing，RS）是通过卫星、飞机等遥感平台上的传感器，从远距离对地球表面进行观测，获取目标物的几何信息和物理属性的技术。遥感技术具有探测范围大、资料新颖、成图速度快、收集资料方便等特点，广泛应用于军事、地质矿产勘探、自然资源调查、地图测绘、环境监测以及城市建设和管理等领域。

遥感技术在生态学研究中的应用主要体现在以下几方面。

①动态变化的生态环境监测：通过长期的遥感监测，获取不同时间尺度上的生态环境数据，如植被覆盖度、土地利用类型、水资源情况等，帮助研究者了解不同地区、不同时间段的生态环境状况及其变化趋势。

②自然灾害监测：对自然灾害如地震、火灾、洪水等进行监测，通过影像数据的分析和比对，确定自然灾害的范围、严重程度等信息，以便及时采取应对措施，

保护生态环境和人类安全。

③捕捉光学信号：捕捉红外、紫外等光学信号，识别不同区域和不同物质，如植被、水体、大气等，帮助理解生态系统中不同成分的分布情况。

9.2.1.2 北斗卫星导航系统

北斗卫星导航系统（BDS）是中国自行研制的全球卫星导航系统，是继 GPS、GLONASS 之后的第三个成熟的卫星导航系统。北斗系统由空间段、地面段和用户段三部分组成，能够在全球范围内提供高精度、高可靠的定位、导航和授时服务，并具备短报文通信能力。

9.2.1.3 地理信息系统

地理信息系统（geographic information system，GIS）是在计算机软件和硬件支持下，对地理数据进行采集、存储、管理、运算、分析、显示和描述的技术系统。GIS 是 3S 技术的“大脑”，利用计算机技术和软件，将各种地理数据整合到一个统一的空间数据库中，并进行有效的管理和分析。通过 GIS，可以创建地图、模拟自然灾害、规划城市和资源管理等，为决策者提供重要的决策支持工具。

地理信息系统（GIS）在生态学研究中的应用主要包括以下内容。

①生态环境调查和分析：帮助研究者快速获取与生态环境相关的数据，并进行全方位的分析，如居民分布、土地利用类型、植被覆盖、气候情况等，为生态环境调查、状况评估和规划设计提供基础数据。

②生态系统模拟：利用居民、土地利用、植被分布等数据集，对不同生态系统进行模拟，如湿地、森林、草原等，有助于研究生态系统的演变过程，揭示其内部结构和相互关系，提出有效的保护措施。

③空间分析和优化：GIS 具有空间数据分析和优化的功能，支持空间决策支持系统，为资源管理、城市规划等提供科学依据。

综上所述，3S 技术在生态学中的应用涵盖了从基础数据收集到高级分析的多个方面，为生态系统的研究、监测和保护提供了强大的技术支持。

9.2.2 3S 技术在生态环境监测中的应用

9.2.2.1 监测城市生态环境

城市生态环境监测是 3S 技术应用的重要领域之一。随着城市化进程的加速，城市生态环境面临着诸多挑战，如绿地减少、热岛效应加剧、空气污染等，3S技术的应用，为城市生态环境的监测和管理提供了新的手段。

遥感技术可以通过高分辨率的卫星或航空影像，获取城市地表的详细信息，包括绿地分布、建筑密度、道路网络等，这些信息对于评估城市的生态环境状况至关重要，例如，通过遥感影像可以分析城市的绿地覆盖率，进而评估城市的生态宜居性。GIS技术则可以将遥感数据与其他空间数据（如地形、气候、人口等）进行集成和分析，帮助全面了解城市生态环境的空间分布和动态变化。例如，GIS可以用于模拟城市扩张对生态环境的影响，为城市规划提供决策支持。而GPS技术则主要用于地面定位和实地验证，确保遥感数据的准确性和可靠性。

9.2.2.2 监测空气和水土质量

空气和水土质量是生态环境的重要组成部分，也是3S技术应用的重要领域。遥感技术可以通过监测大气中的颗粒物、有害气体等污染物来评估空气质量。它还可以监测水体的颜色、温度、浊度等指标来评估水质状况。而土壤质量则可以通过遥感监测植被覆盖、土壤侵蚀等指标来间接评估。

GIS技术在空气和水土质量监测中同样发挥着数据整合和分析的作用。它可以将遥感数据与其他环境数据（如气象、地形、污染源等）进行集成，建立环境污染模型，预测污染趋势和分布，这对于制定环境保护政策和措施具有重要意义。GPS技术除了通过定位和地面验证确保遥感数据的准确性和可靠性，还可以辅助进行实地采样和污染源调查，为环境污染治理提供科学依据。

红外遥感技术在空气、水土监测尤其在水生态环境管理中发挥着重要作用。常用的遥感技术多种多样，每种技术都有其独特的优势和适用范围，下面介绍常见的一些遥感技术。

（1）红外遥感技术

利用红外感应器探测远距离植被等地物所反射或辐射的红外特征差异信息，以确定地面物体的性质、状态和变化规律。在空气监测方面，红外遥感技术能够监测大气污染源的分布、污染源周围的扩散条件、污染物的扩散影响范围等，通过卫星影像可以清晰地看到固定污染源信息，以及利用气象卫星数据监测全国的秸秆焚烧点等；可以追踪由森林大火、工业排放和城市排放产生的大气污染情况，快速获取大范围内痕量气体的定量信息，如臭氧、一氧化碳、二氧化硫、甲烷等；监测气溶胶，即悬浮在大气中的各种液态或固态微粒，这些微粒是影响区域大气环境质量的主要因素；还能进行灾害性天气监测，如沙尘暴，通过卫星图像的红外通道确定沙尘暴的位置，同时利用其高时间分辨率有利于大尺度监测沙尘暴的运动轨迹。

在水土监测方面，红外遥感技术可以快速监测出水体的分布、泥沙、有机质、化学污染等状况和水深、水温等要素的信息，通过红外辐射的差异，可以识别出水体中的热异常区域，为环境、水利、交通、航运等部门提供决策支持；通过分析遥感影像还可以获得水体的污染源类型、位置分布以及水体污染的分布范围等信息；红外遥感技术在水环境监测中的应用还包括水体富营养化监测，通过监测水体的光谱特性，识别出污染源、污染范围、面积和浓度等，为环境保护和管理提供重要依据。

（2）微波遥感技术

该技术利用微波设备探测和接收被测物体在微波波段的电磁辐射和散射特征，以观测和识别远距离的事物，具有全天时、全气候工作的能力，不受云雾等气象条件的影响。微波遥感技术在空气、水土监测中发挥着重要作用。微波遥感技术利用微波辐射的特性，实现对大气、地表和海洋等自然环境中的各种参数进行高精度、远距离的监测和测量。微波遥感技术在空气、水土监测中的应用包括以下几方面。

①空气监测：微波遥感技术能够监测大气中的温度、湿度、风速和风向等参数，进而计算出降雨量、蒸发量等数据，为气象预报提供依据。微波遥感还可以用于监测水体的污染情况，如水体的浊度、叶绿素含量等参数，这对于评估空气质量及预测天气变化具有重要意义。

②水土监测：微波遥感技术具有穿透云层、植被和地表覆盖层的能力，能够获取丰富的地表信息。通过微波遥感技术，可以监测污染物排放、森林覆盖率变化、湿地退化等环境问题，为环境保护政策的制定和执行提供科学依据；另外，这种技术能够快速获取灾区的影像数据，帮助评估灾害损失，指导应急救援行动，特别是在洪水、森林火灾、地震等自然灾害中发挥了不可替代的作用。

在水生态环境监测中，微波遥感技术常用于监测水体表面粗糙度、水体成分以及海洋溢油等。通过微波散射特性的分析，可以获取水体表面的详细信息，为水质评估和水资源管理提供重要依据。

综上所述，微波遥感技术通过其独特的优势，在空气、水土监测中提供了重要的数据支持，对于提升环境监测的准确性和效率，以及及时应对环境变化和自然灾害具有重要意义。

（3）无人机遥感技术

该技术结合了先进的无人驾驶飞行器技术、遥感传感器技术、遥测遥控技术、通讯技术与 GPS 定位系统，实现了对国土资源、自然环境等空间遥感信息的自动化、智能化、专业化获取。该技术在空气、水土监测中的应用主要体现在以下几方面。

①空气质量监测：无人机搭载各类传感器，能够在不同高度、不同地点进行空气质量监测，为城市规划和环境改善提供精准数据支持。

②水域监测：通过高清摄像头和水质传感器，无人机巡航时能够监测河流、湖泊和海洋的水质情况，被广泛应用于河湖岸线监测、水体污染巡查、湿地生态调查等领域。无人机搭载的多光谱成像仪、红外传感器等设备，可以获取水体及其环境的详细影像信息，实时掌握水环境的变化，及时预警水污染事件，为水生态环境管理提供有力支持。

③水土保持监测：无人机技术可以高效、精确地提取空间地物信息，快速测量工程占地面积、扰动地表面积等，大大减少了水土保持监测的人工成本与工作量。

④灾害响应：无人机能够在自然灾害后快速部署，用于寻找被困人员、评估灾害影响范围，并提供实时图像，协助灾害救援。

（4）地基遥感技术

该技术是在地面或高处、低处安装传感器，对地面进行勘测的一种遥感技术。地基遥感技术在空气质量监测中也发挥着重要作用，能够提供有关各种空气污染物（如颗粒物、氮氧化物和臭氧）的精确和高分辨率数据，这些数据有助于识别和评估空气污染的来源和分布，从而制定有效的空气污染控制措施。在水环境检测中，地基遥感技术的应用可以满足长期监测要求，对环境的变化情况进行追踪分析，迅速捕捉影响环境的主要因素，确定污染位置和污染源，为环保工作的开展提供数据支持，避免环境污染问题恶化，特别是在水土保持监测方面，地基遥感技术的应用具体体现在区域水土流失动态监测与消长评价、水土保持治理成效评估、水土保持治理措施提取、建设项目“天地一体化”监测、水土保持重点工程监管等方面，为水资源管理和水生态保护提供科学依据。

地基遥感技术具有监测精度高、数据连续性好等优点，随着人工智能、大数据和遥感云技术的发展，地基遥感技术在水土保持监测任务中越来越受到认可和重视，是环境监测中不可或缺的重要手段，已经成为科研机构、水利行业部门和各级政府必备的技术手段。

（5）高光谱遥感技术

该技术是一种新兴的遥感监测技术，它结合了精密光学设计、自动控制、微弱信号检测、数据遥传与信息处理、地理信息提取等技术，通过大量窄且连续的光谱通道，对地物持续遥感成像，从而收集所要观测的信息。该技术在生态环境监测上具有广泛应用，特别是在空气、水土监测中，其作用主要体现在以下几方面。

①空气质量监测：高光谱遥感技术能够提供有关各种空气污染物（如颗粒物、氮氧化物和臭氧）的精确和高分辨率数据，这有助于识别和评估空气污染的来源和分布，从而制定有效的空气污染控制措施。

②水环境监测：高光谱遥感技术通过检测水体中的反射和吸收特征，可以获得水体中悬浮物、叶绿素、溶解性有机物、氮磷等物质的精细光谱信息，实时监控水体的动态演变过程、评估水质状况，并在短时间内实现对水环境的动态响应。

③土壤和泥沙含量监测：高光谱遥感技术以其特有的高光谱分辨率，能有效识别水体泥沙含量和污染浓度。例如，通过高光谱图像数据可以反映水体的特征，包括悬浮物含量、叶绿素富集度、水体深度等。

综上所述，高光谱遥感技术在空气、水土监测中的应用，不仅提高了监测的精确度和效率，还为环境保护和治理提供了科学依据，对于推动和改善生态环境具有重要意义。

（6）多光谱遥感技术

通过利用不同波段的电磁波对地物进行探测，获取地物的光谱信息，每个波段对应不同的地表特征，进而分析地物的性质和状态。多光谱遥感技术可以用于监测大气污染源的分布、污染物的扩散影响范围等，通过分析污染物的光谱特性，可以快速获取大范围内污染物的定量信息，为环境管理和污染控制提供科学依据。多光谱遥感技术还可以用于灾害性大气监测，如沙尘暴、大雾、霾等的监测，通过卫星图像的高时间分辨率和红外通道，确定灾害的位置和运动轨迹，有助于及时采取应对措施。在水土监测方面，通过分析遥感影像，可以获得水体的分布、泥沙、有机质、化学污染等状况和水深、水温等要素的信息，对地区的水资源和水环境做出评价。多光谱遥感技术还可以用于动态监测项目区的实施建设情况，通过光学遥感系统和激光雷达系统的结合使用，可以计算土方量开挖情况、植物覆盖度等，监控植被长势和动态发展，这对于水土保持监测和决策支持具有重要意义。

（7）高空间分辨率遥感技术

该技术能够提供地表物体的详细空间信息，有助于精确监测水体边界、岸线变化以及水体中的微小特征。高空间分辨率遥感技术主要应用在水环境监测中，主要包括高光谱遥感数据和新型卫星遥感数据两个方面。

①高光谱遥感数据：利用光谱信息对水环境进行监测，通过检测水体中的反射和吸收特征，可以获得水体中悬浮物、有机质、氮磷等数据，能够实时监控水体的动态演变过程，对水环境进行快速、高效的监测。

②新型卫星遥感数据：新一代的卫星遥感资料能够提供更详尽的水域状况，包括水体的形态、纹理、色彩等细节，从而对水体进行深入研究。高时空分辨率的卫星遥感数据能够快速获取海量的观测资料，提升水体环境质量监控的效果，这对于评估水生态系统的健康状况、监测湿地变化以及发现潜在的污染源具有重要意义。

（8）热红外遥感技术

该技术通过探测目标反射或辐射的红外能量来获取目标的相关信息，实现对地面物体性质、状态和变化规律的识别。该技术在环境监测领域的应用，尤其是在空水土监测方面，具有显著的优势和效果。

①在水污染监测中的应用：热红外遥感技术能够有效地监测水污染，尤其是热污染、油污染以及水体富营养化过程中的热效应变化。通过分析热红外扫描图像，可以清晰地识别出热水排放口的位置、排放热水的分布范围和扩散状态，以及水温的差异，从而探测到水污染的排放源。此外，利用多时相的热红外图像结合地面观测，可以分析研究水体的热污染状况，如海河全线的热污染状况，并划分出不同级别的热污染河段。

②在空气监测中的应用：主要通过分析大气中的云层、降水和风向等气象条件在红外图像中的特征，帮助预测天气状况，如台风、暴雨等，从而在灾害监测和环境保护方面发挥重要作用。

③在土壤监测中的应用：热红外遥感技术也能应用于土壤监测，通过分析土壤表面发射的红外辐射信息，可以获取土壤的温度分布和变化情况。这对于研究土壤的水分含量、有机质含量等土壤特性具有重要意义，为农业生产、土地利用规划等提供科学依据。

（9）激光雷达（LiDAR）技术

该技术通过向目标发射激光脉冲并接收其回波，获取目标的高程、速度、距离等三维结构物理信息，具有高精度、高分辨率和非接触测量的特点。

①在空气监测方面，激光雷达可以用于大气颗粒物监测和空气质量监测，通过实时高精度监控颗粒物及臭氧的时空分布，了解 200 ～ 10000m 高空的气溶胶、沙尘、

水汽、云团分布情况，以及污染物的传输情况。此外，激光雷达还可以用于雾霾监测，通过获取气溶胶的垂直分布信息，结合大气相对湿度廓线分布数据，准确判识雾霾的空间分布。

②在水土监测方面，激光雷达技术可以用于测量水深、地形地貌以及水体中的悬浮物分布等，亦可以通过使用脉冲激光的方法评估和记录地球、海底或河床上的三维信息，获取涨落数据，用以评估洪水灾害和风险。

（10）孔径雷达技术

孔径雷达（SAR）技术是一种主动式微波遥感技术，能够在全天时、全天候条件下获取地表信息。SAR 技术由于不受天气和光照条件的限制，可以在白天和夜晚、晴天和阴天进行成像，这使得它在空气质量监测、水土资源管理等方面具有极高的应用价值。通过对雷达信号的整合和处理，SAR 技术能够达到亚米级高分辨率的地表成像，能够清晰地显示地表物体的细节，这对于空气质量监测中的颗粒物分布分析、水土监测中的地形地貌分析等至关重要。

由于 SAR 技术可以穿透一定的深度，因此在地质灾害监测、资源勘查等领域具有独特优势。例如，在洪水预警中，SAR 技术能够探测地表形变和地貌变化，识别潜在的地质灾害隐患区域，为及时采取应对措施提供支持。

在水利行业中，SAR 图像中的特定纹理和强度信息可以帮助识别水体中的不同特征和目标，为水资源管理、洪水预警、地质灾害监测等方面提供了有力支持。SAR 通过观测地表植被覆盖、土壤湿度和地形等信息，可以协助评估水资源的分布和变化；通过时序 SAR 图像的比较分析，可以监测水库水位变化、地下水埋深以及湖泊、河流的水体变化，为水资源规划和管理提供科学依据。

（11）极化 SAR 技术

是 SAR 技术的一种高级形式，通过发射和接收不同极化方向的微波信号来获取地表目标的极化特性，从而实现对环境的精细监测。极化 SAR 技术通过不同的极化特征，如 HH 极化对二面角散射更为敏感、VV 极化对粗糙表面散射更为敏感、交叉极化则对体散射更为敏感，这些特性使得极化 SAR 技术在环境监测中具有独特的优势。

①在空气监测方面，极化 SAR 技术可以通过分析大气中的散射特性，监测空气中的颗粒物浓度、有害气体的分布等，提供关于空气质量和污染情况的宝贵信息，为空气质量评估和污染控制提供科学依据。

②在水土监测方面，极化 SAR 技术通常通过分析土壤和水的散射特性，来监测

土地利用变化、土地覆盖状况和土地演变过程，这对于城市规划和土地管理具有重要意义。极化 SAR 技术还可以用于监测土地沙漠化、水土流失和土壤侵蚀等环境问题，有助于保护和恢复土地生态环境。

③在水生态环境监测方面，极化 SAR 技术可以用于区分水体中的不同类型目标（如植被、土壤和水体），以及监测水体表面的微小变化（如波浪、油膜等）。

9.2.2.3 监测森林生态环境

森林是地球生态系统的重要组成部分，对于维护生态平衡、保护生物多样性具有重要意义。3S 技术在森林生态环境监测中发挥着举足轻重的作用。

遥感技术可以通过高分辨率的卫星或航空影像获取森林地表的详细信息，包括植被类型、分布、生长状况等。这些信息对于评估森林的生态状况至关重要。例如，通过遥感影像可以分析森林的植被覆盖度、生物量等指标，进而评估森林的生态功能和价值。GIS 技术则可以将遥感数据与其他空间数据（如地形、气候、土壤等）进行集成和分析，从而更全面地了解森林生态环境的空间分布和动态变化。例如，GIS 可以用于模拟森林火灾的传播路径和影响范围，为森林火灾预防和扑救提供决策支持；而 GPS 技术则主要用于森林定位和地面验证，确保遥感数据的准确性和可靠性，它还可以辅助进行森林样地调查和生态监测，为森林生态保护和管理提供科学依据。

我国的森林资源监测工作主要包括国家森林资源连续清查、地方森林资源规划设计调查，以及造林作业与伐区调查设计。在这一系列监测过程中，北斗卫星导航系统发挥着重要作用，尤其体现在野外调查和采伐设计与验收等环节。作为当前至关重要的空间定位应用技术和作业工具，北斗卫星在森林资源野外调查导航定位及相关数据采集应用中展现出巨大潜力，尤其对于地图测绘等工作，它能显著提升监测的精度和效率。就北斗卫星导航技术在林业生产中的应用现状而言，它不仅有效支持了巡护通信，还为实现森林资源的有效监测提供了有力支撑。

森林防火监控与应急指挥体系主要聚焦于林火监测及火灾应急指挥两大核心领域，该体系不仅涵盖野外调查导航定位、扑火队伍与车辆的跟踪监控以及数据采集等关键应用模式，还基于地图的基础数据信息，实现火灾的精确定位与火情深入分析。基于这些数据，体系能够制定出科学、合理的扑救指挥方案和路径规划，同时整合资源管理、火险预警、火情推演、应急指挥以及灾后评估等一系列功能应用。

在林业生产中，森林防火监控与应急指挥是北斗卫星导航系统的一项重要应用。目前，该技术系统已逐步实现能低成本、高效率及高精度地获取森林内部资源的目标。

北斗卫星导航系统的通信能力在林业生产中的应用已获得广泛认可，充分满足当前森林防火调度的迫切需求，展现出高稳定性和高利用率，成为卫星定位技术的佼佼者。

9.2.2.4 监测农业生态环境

随着农业生产的不断发展和人口的增长，农业生态环境面临着诸多挑战，如土壤退化、水资源短缺、农药污染等。3S 技术的应用，为农业生态环境的监测和管理提供了新的手段。

遥感技术可以通过监测农田的植被覆盖、土壤水分、作物生长等指标来评估农业生态环境状况。例如，通过遥感影像可以分析农田的植被覆盖度和作物生长状况，进而评估农田的生产力和生态功能。GIS 技术则可以将遥感数据与其他农业数据（如土壤类型、气候条件、农作物种类等）进行集成和分析，从而更全面地了解农业生态环境的空间分布和动态变化。例如，GIS 可以用于模拟农田水分平衡和作物生长过程，为农业水资源管理和作物种植提供决策支持。而 GPS 技术则主要用于农田定位和精准农业操作，如精准施肥、灌溉等，提高农业生产的效率和可持续性。

9.2.2.5 监测草原生态环境

草原是地球生态系统的重要组成部分，对于维护生态平衡、保护生物多样性具有重要意义。但草原生态环境也面临着诸多威胁，如过度放牧、气候变化等。3S 技术在草原生态环境监测中发挥着重要作用。

遥感技术可以通过监测草原的植被覆盖、生物量、火灾等指标来评估草原生态环境状况。例如，通过遥感影像可以分析草原的植被覆盖度和生物量等指标，进而评估草原的生产力和生态功能。GIS 技术则可以将遥感数据与其他空间数据（如地形、气候、动物分布等）进行集成和分析，从而更全面地了解草原生态环境的空间分布和动态变化。例如，GIS 可以用于模拟草原火灾的传播路径和影响范围，为草原火灾预防和扑救提供决策支持。而 GPS 技术则主要用于草原定位和地面验证，确保遥感数据的准确性和可靠性；它还可以辅助进行草原样地调查和生态监测，为草原生态保护和管理提供科学依据。

9.2.2.6 监测矿山生态环境

矿山开采过程中往往会对周边环境造成破坏和污染，如植被破坏、水土流失、地质灾害等。3S 技术的应用，为矿山生态环境的监测和管理提供了新的手段。

在矿山开发与土地利用、植被覆盖监测、地质水文环境监测以及环境污染监测等方面，遥感技术都发挥着重要作用。

（1）矿山开发与土地利用

矿山开发不可避免地会导致土地利用方式的改变，为了准确监测这一过程，遥感技术成了一种高效手段。利用遥感技术，我们可以有效地获取到土地利用类型、土地覆盖度、森林覆盖度和土地景观类型等信息。具体来说，高分辨率遥感影像数据被广泛应用于土地利用类型的分类和变化检测。这些影像数据能够清晰反映出矿山开发对土地的具体影响，包括开矿面积、矿山工程、大型建筑群以及废弃物堆积等。基于这些信息，相关部门可以更好地指导矿山开发管理，确保土地利用的合理性和可持续性。

（2）矿山植被覆盖监测

植被覆盖情况是反映矿山生态环境质量的重要指标之一。传统的植被监测方式受限于人力资源、时间成本以及空间范围等因素，而遥感技术以其覆盖范围大、多光谱数据多样性等优点，为矿山植被监测提供了高效解决方案。通过对遥感影像数据的分类和分析，我们可以获取植被覆盖度、植被生长情况、植被造林面积等详细信息。还可以利用植被指数反演模型，进一步获取与植被生长密切相关的参数，如植被叶面积指数、光合有效辐射等，从而更准确地推断出植被的生长状况和生态环境的变化情况。

（3）矿山地质水文环境监测

矿山地质水文环境监测涉及地下水、地表水及土壤水分等多方面。利用遥感技术，我们可以获取到矿山区域的水体信息、地表覆盖类型以及土壤水分含量等关键参数。这些参数对于评估矿山区域的水资源状况、监测水文系统变化以及制定水资源管理和保护策略具有重要意义。还可以利用遥感技术反演模型，推算矿山内部水文系统的具体变化过程，包括水资源的利用情况、水文循环变化以及水分输送与蒸发的过程等，为矿山区域的水资源管理提供科学依据。

（4）矿山环境污染监测

矿山生态环境中常有大气污染、水体污染等问题，这些污染问题对生态环境和人类健康构成了严重威胁。利用遥感技术，可以获取矿山区域的大气污染信息和水体污染信息等关键环境数据，经过反演模型处理后，能够为环境治理部门提供有效的污染监测结果。此外，还可以将遥感技术与大气环流模型相结合，对矿山大气污染的传输规律进行深入研究，从而制订出更加科学合理的污染治理措施。

遥感技术可以通过监测矿山的植被覆盖、地质灾害、环境污染等指标来评估矿山生态环境状况。GIS技术则可以将遥感数据与其他空间数据（如地形、地质、气象等）进行集成和分析，更全面反映矿山生态环境的空间分布和动态变化。例如，GIS可以用于模拟矿山开采过程中的环境污染传播路径和影响范围，为环境污染治理提供决策支持；而GPS技术则主要用于矿山定位和地面验证，确保遥感数据的准确性和可靠性。它还可以辅助进行矿山环境调查和灾害预警，为矿山生态保护和管理提供科学依据。

9.2.2.7 监测湖泊生态环境

湖泊是地球上重要的淡水资源之一，也是众多水生生物的栖息地。但随着人类活动的不断增加和环境污染的加剧，湖泊生态环境面临着严峻的挑战。3S技术在湖泊生态环境监测中发挥着重要作用。

遥感技术可以通过监测湖泊的水质、水生生物、湖泊变化等指标来评估湖泊生态环境状况。例如，通过遥感影像可以分析湖泊的水质状况、水生生物分布和湖泊面积变化等指标，进而评估湖泊的生态功能和价值。GIS技术在湖泊生态环境监测中扮演着数据整合与空间分析的关键角色：它能够将遥感技术获取的水质、水生生物分布等湖泊生态环境数据与地形、气候、人类活动等其他空间数据进行叠加分析，从而更全面地揭示湖泊生态环境的空间特征和动态变化趋势。

例如，利用GIS技术可以分析湖泊水质污染物的来源和传播路径，评估不同区域的水质状况，为湖泊水污染治理提供科学依据；同时，GIS还可以模拟湖泊生态系统的变化过程，预测湖泊生态环境的未来发展趋势，为湖泊生态保护和管理提供决策支持。GPS技术则在湖泊生态环境监测中发挥着定位和地面验证的重要作用：通过GPS技术，可以准确获取湖泊及其周边环境的地理位置信息，为遥感数据的地理编码和定位提供基础；GPS还可以辅助进行湖泊生态环境的实地调查和采样，确保遥感数据的准确性和可靠性。例如，在研究湖泊水质时，可以利用GPS定位技术选择具有代表性的采样点进行实地采样，以验证遥感数据的准确性。

9.2.2.8 生物多样性监控

在生物多样性监控中，卫星遥感技术能够实现对大范围的生态系统进行实时、动态的监测，从而全面了解生物多样性。

（1）物种分布与数量的监测

卫星遥感技术通过获取高分辨率的卫星图像，分析生态系统中的物种分布和数量。例如，在非洲大草原的保护区监测中，该技术被广泛应用于野生动物种群分布和迁移的监测，比如通过卫星图像的分析，可以确定野生动物的数量、种群分布和迁移路径等信息，为保护区的规划和保护措施的制定提供重要的决策支持。

（2）植物群落监测

卫星遥感技术能够分析植物群落的分布、生长和演替规律。通过分析卫星遥感数据中的植被指数（如 NDVI），可以评估不同植被类型的覆盖度和健康状况，进而了解植物群落的动态变化。

在湿地保护区的监测中，卫星遥感技术能够获取湿地的植被覆盖信息，包括植被类型、覆盖度和生长状况等，为评估湿地的生态功能和健康状况提供重要依据。

（3）微生物群落监测

虽然卫星遥感技术直接监测微生物群落的能力有限，但它可以通过监测水体质量、土壤湿度等环境因子间接反映微生物群落的状况。

（4）生态系统健康状况的评估

卫星遥感技术能够获取生态系统中的多种环境参数，如植被覆盖、土壤湿度、水质状况等，这些参数与生态系统的健康状况密切相关。通过综合分析这些参数，可以评估生态系统的整体健康状况。例如，在湿地保护区的监测中，可以利用卫星遥感技术获取湿地的植被覆盖、水域面积、水质状况等信息，进而评估湿地的健康状况和生态功能。

9.2.3　在野生动物保护中的应用

在野生动物保护领域，北斗卫星导航系统主要用于野外调查导航定位、野生动物数据采集以及动态跟踪监测等。例如，基于北斗卫星导航技术的野生动物定位项圈，能够动态、实时地获取野生动物的相关数据资料，为野生动物保护提供有力支持。这一技术的优势在于，它能在不影响野生动物生活习性及活动范围的情况下，实现对野生动物的实时动态监测。通过收集到的数据，研究人员可以对野生动物的迁徙、产仔等相关活动进行深入研究，从而加快对应用数据的获取速度。该技术还充分保证了野生动物监测数据的安全性，为野生动物保护工作提供了更加可靠、高效的技术手段。

9.3 数字化技术在生态环境保护中的作用

近年来，数字化技术迅猛发展，它通过提供科技支撑，为生态环境治理提供了新的路径和方法。也给生态学研究提供了新的途径和方法。

首先，数字化技术具有高创新性、强渗透性、广覆盖性等特征，成为世界科技革命和产业变革的先导力量。云计算、大数据、人工智能（AI）、物联网（IOT）以及机器学习等前沿技术的不断突破，为数据分析、决策制定和自动化领域开辟了新的可能性和广阔机遇。在生态环境治理领域，数字技术的应用有助于准确识别、实时追踪环境数据，为及时研判、科学解决生态环境问题提供参考。例如，通过运用大数据、云计算、人工智能等数字技术手段，可以有效提升生态环境保护的系统性、协同性、精准性，推动“山水林田湖草沙”一体化保护和系统治理。

其次，数字化技术促进了经济社会发展全面绿色转型。通过科技创新开辟发展新领域新赛道，实现发展动力变革和动能转换，数字化技术成为推动经济社会发展的新动能。通过数字化促进绿色化，在数字化、绿色化协同转型中建立健全绿色低碳循环发展经济体系，推动经济社会发展全面绿色转型。

最后，数字化技术加速了数智化转型，通过充分应用人工智能、区块链、物联网等新技术，基本完成环境质量监测网络智能化改造，建立与数字化相适应的新一代监测技术体系，实现监测数据采集、传输、处理、分析及应用支撑的全链条流程化、智能化。

数字化技术在生态环境保护中发挥着至关重要的作用，通过提供科技支撑、促进经济社会发展全面绿色转型、以及加速推进数智化转型等方面，为美丽中国建设和人与自然和谐共生的现代化提供了有力支持。

9.3.1 数字化技术在生态环境保护决策中的作用

数字化技术已深度融入生态环境保护决策的各个环节，其应用范围广泛，涵盖了灾害风险评估、早期预警系统的智能化、环境影响评价、资源的优化与管理，以及环保政策的制定与执行等多个关键领域。

9.3.1.1 灾害风险评估的革新

借助计算机算法、模型构建、历史气候模式分析以及地质活动记录数据等数字化手段，有关部门能够迅速识别生态灾害风险并提前做好预案。例如精确预测特定地区洪水、旱灾或风暴的发生概率及其潜在影响。这种分析不仅基于历史数据，还充分考虑了当前环境变化，如全球气温上升或极端天气事件的增多，为决策者提供了预判环境风险的重要工具。

9.3.1.2 早期预警系统的智能化

通过对实时监测数据（如卫星图像、地震监测站数据）的深入分析，可以实现实时预警，从而有效减少自然灾害带来的损失。例如，利用预测模型根据当前环境变化趋势提前发出极端天气事件的警报，帮助民众和政府做好充分准备。

9.3.1.3 环境影响分析的精准化

借助数据分析技术，我们能够准确评估人类活动（如工业废物排放、城市化进程以及农业活动）对自然生态系统的影响。例如，在工业区附近持续进行空气和水质监测，可以揭示特定工业活动对环境的具体影响，从而指导我们制定有效的减排策略。

9.3.1.4 资源管理和优化的高效化

数据分析技术使我们能够高效地管理和优化自然资源。这包括分析资源（水、能源和土地）使用模式，识别资源过度消耗的区域，并制定更高效的资源利用方案。以能源为例，通过分析能源使用数据，我们可以改善能源利用效率，避免资源的过度消耗和对环境造成的负面影响。

9.3.1.5 环保政策的制定与执行的科学化

（1）数据驱动的决策支持

数据分析为政策制定者提供了坚实的科学基础，助力他们做出更加明智的决策。例如，政策制定者可以通过评估历史上不同环保政策的成效，来确定哪些策略最有效及哪些策略需要改进或调整。

（2）政策的监测与评估的实时化

数据分析可以用于监控和评估现行政策的实施效果。例如，对于新实施的环保法规，可以通过持续收集和分析相关数据（如排放量、环境质量指标等）来评估其效果，并及时做出调整，确保其有效性和适应性。

9.3.2 数字化技术在增强公众环保意识中的作用

数字化技术，尤其是社交媒体和在线教育平台，在提升公众环保意识方面发挥着至关重要的作用。这些平台通过视频、图像等形式，快速发布有关气候变化、生物多样性保护和可持续生活方式等内容，已成为宣传环保信息的有效途径，吸引了大量受众，在提高信息传播效率的同时，也极大地增强了信息的传播力和影响力。

社交媒体在推广环保理念和倡导环保行动方面展现出了独特优势。通过社交媒体平台，能够动员广大群体积极参与和支持环保活动，如发动公众人物利用自身影响力推广环保理念，吸引更多人的关注和参与，共同为环保事业贡献力量。社交媒体还促进了环保社区的形成，人们在这些平台上分享经验、交流想法，并共同参与线上线下的环保活动，形成了良好的环保氛围。

与此同时，通过在线教育平台提升人们的环保意识也逐渐成为一种趋势。这些平台提供丰富的环保课程和培训机会，普及环保知识，帮助公众深入了解环境问题的根源、影响及解决方案。在教育平台，从基础知识到专业技能，各级教育资源应有尽有，可满足不同层次学习者的需求。在教学方法上，通过互动和参与式教学，如在线研讨会、模拟游戏和项目作业等，增加了学习的趣味性和实践性，使公众更加深入地认识环保问题，并了解个人行为对环境健康可能产生的影响。

9.3.3 数字化技术在环保领域的挑战与发展前景

数字化技术在环保领域展现出了巨大的潜力和机遇，但同时也面临着诸多挑战。其中，数据安全是首要关注点，因为环保领域涉及大量敏感的环境信息，必须确保这些数据不受黑客攻击和非法获取的威胁；保护隐私也同样重要，尤其是在收集和分析可能包含个人或企业隐私的环境数据时，必须严格遵守相关法律法规，确保数据使用的合法性和正当性。

除了数据安全和隐私保护外，技术层面的挑战也不容忽视。有效处理和分析庞杂的环境数据需要高效的数据处理系统和准确的分析模型。这要求我们在技术不断创新的同时，也要注重技术的实用性和可行性，确保数字化技术能够在环保领域发挥最大的作用。

从未来发展的视角来看，数字化技术在环保领域的应用前景广阔。物联网（IOT）在环境监测方面展示了极大的发展潜力，尤其是在对空气质量和水质进行实时监控的应用上。通过物联网技术，我们可以实现环境数据的实时采集和传输，为环境保护提供更加精准和及时的数据支持。

同时，大数据和人工智能在预测环境变化趋势以及提升自然灾害预警系统的精准度方面也展现出了广阔的前景。通过对历史数据的分析和挖掘，我们可以发现环境变化的规律和趋势，为制定更加科学的环保政策提供有力支持。而人工智能技术的应用，则可以进一步提高预警系统的精准度和响应速度，有效减少自然灾害带来的损失。

可持续能源技术的发展也将成为环保领域的一个重要发展方向。太阳能、风能等可再生能源的利用，不仅可以减少对传统能源的依赖，还可以有效降低环境污染和碳排放，推动经济的可持续发展。

在生态恢复方面，利用先进生物技术修复受污染地区的土壤和水体也尤为关键。通过生物技术的应用，我们可以更加有效地治理环境污染，恢复生态系统的健康和稳定。

最后，强化环境教育也是推动环保事业发展的重要途径。通过提高公众对环境保护的理解和认识，可以增强其参与落实相关政策的积极性，形成全社会共同关注和支持环保事业的良好氛围。

参考文献

[1] 邬建国．景观生态学：格局、过程、尺度与等级［M］．北京：高等教育出版社，2007.

[2] 梁士楚，李铭红．生态学［M］．武汉：华中科技大学出版社，2015.

[3] 刘慧，武帆，谢诗．环境生态学［M］．北京：北京理工大学出版社，2024.

[4] 陈雪初．水域修复生态学：基础与应用［M］．北京：科学出版社，2024.

[5] 程香菊，田甜，朱丹彤．生态水利学［M］．北京：科学出版社，2024.

[6] 胡荣桂，刘康．环境生态学［M］．武汉：华中科技大学出版社，2022.

[7] 葛长字，郑凤英，曲春风．海洋恢复生态学［M］．济南：山东大学出版社，2022.

[8] 李海东，马伟波，胡国长．矿区修复生态学理论与实践［M］．北京：中国环境出版集团，2022.

[9] 刘雪婷．现代生态环境保护与环境法研究［M］．北京：北京工业大学出版社，2023.

[10] 张甘霖，杨金玲．城市土壤演变及其生态环境效应［M］．上海：上海科学技术出版社，2023.

[11] 张坤，张颖，李永峰．基础生态学［M］．哈尔滨：哈尔滨工业大学出版社，2018.

[12] 董兴旭，蒙继华．遥感技术在水生态环境管理中的应用分析［J］．信息技术时代，2023（7）：95–97.

[13] 刘敏，吴铁明，刘菡，等．3 种水生植物的不同组合对富营养水体的净化效果研究［J］．中国农业科技导报，2019，21（7）：155–160.

[14] 王兴利，吴晓晨，王晨野，等．水生植物生态修复重金属污染水体研究进展［J］．环境污染与防治，2020，42（1）：107–112.

[15] 陈颖，郭萍．无人机遥感技术在生态环境影响评价中的应用分析［J］．环境与发展，2020，32（5）：97，99.

[16] 刘志标．无人机遥感技术在生态环境影响评价中的应用研究［J］．当代化工研究，

2020（15）：72–73.
[17] 倪见 . 遥感技术在水生态环境管理的应用与前景 [J]. 绿色环保建材，2020（11）：42–43.
[18] 褚淑祎，景创新，张夏颖，等 . 水生植物修复铁污染水体的效果及作用机制 [J]. 应用生态学报，2020，31（2）：608–614.
[19] 施小涛，徐康立 . 环保、生态、景观三位一体的生态湿地营造——以长潭水库小坑溪与象吞溪入库溪流生态湿地建设为例 [J]. 中国园林，2020，36（S2）：67–72.
[20] 管泽永 . 探析湿地公园水生植物的配置及种植 [J]. 现代园艺，2021，44（12）：156–157.
[21] 李娟霞，何靖，孙一梅，等 .10 种园林植物功能性状对大气污染的生理生态响应 [J]. 生态环境学报，2020，29（6）：1205–1214.
[22] 樊杰 . 资源环境承载力和国土空间开发适宜性评价方法指南 [M]. 北京：科学出版社，2018.
[23] 吴次芳，叶艳妹，吴宇哲 . 国土空间规划 [M]. 北京：地质出版社，2019.
[24] 潘海霞，赵民 . 国土空间规划体系构建历程、基本内涵及主要特点 [J]. 城乡规划，2019（5）：4–10.
[25] 黄安，许月卿，卢龙辉，等 ."生产—生活—生态" 空间识别与优化研究进展 [J]. 地理科学进展，2020，39（3）：503–518.
[26] 韩冰清 . 遥感技术在水生态环境管理中的应用分析 [J]. 城市情报，2020（3）：67–68.
[27] 曾子悦，许继军，王永强 . 基于遥感空间信息的洪水风险识别与动态 模拟研究进展 [J]. 水科学进展，2020，31（3）：463–472.
[28] 张云 . 大数据技术在水生态环境工程分析中的应用 [J]. 城市建设理论研究（电子版），2023（23）：223–225.
[29] 张娟，朱美琪 .3S 技术在生态环境监测中的应用 [J]. 黑龙江环境通报，2022，35（1）：86–87.
[30] 李迎双，李恒凯，徐丰. 矿山环境污染高光谱遥感监测研究进展 [J]. 有色金属科学与工程，2022，13（1）：108–114.
[31] 汤姚楠，孙江宁，周伟奇，等. 我国生态城市实践的若干思考与探索 [J]. 城市，2019（8）：62–74.

[32] 黄经南，敖宁谦，谢雨航，等 . 基于 DPSIR 框架的生态城市建设指标体系构建研究 [J]. 城市与区域规划研究，2021（1）：156–167.

[33] 刘旭 . 基于分子生物学的岩羊个体迁移扩散研究 [D]. 上海：华东师范大学，2014.

[34] 吴金明 . 激光雷达测绘技术应用 [J]. 中国科技信息，2023，35（7）：78–79.

[35] 白宇，郑志忠，修连存，等 . 无人机高光谱遥感技术在自然资源调查中的应用进展 [J]. 华东地质，2022，43（4）：527–538.

[36] 陈凯，何世武，冯晓敏 . 基于资源三号卫星立体像对生产数字表面模型和数字高程模型的技术探讨 [J]. 经纬天地，2019，34（6）：34–37.

[37] 李松，李明 . 低空机载 LiDAR 遥感技术在交通困难矿区地形测量中的应用 [J]. 测绘技术装备，2022，24（4）：95–99.

[38] 巩杰，燕玲玲，徐彩仙，等 . 近 30 年来中美生态系统服务研究热点对比分析——基于文献计量研究 [J]. 生态学报，2020，40（10）：3537–3547.

[39] 邬建国 . 景观生态学——概念与理论 [J]. 生态学杂志，2000（1）：42–52.

[40] 唐碧云 . 株洲市绿地系统景观生态格局优化研究 [D]. 长沙：中南林业科技大学，2007.

[41] 古琳，陈俊华，张海鸥，等 . 成都市林地景观格局动态变化 [J]. 东北林业大学学报，2010，38（3）：11–13.

[42] 罗紫薇，胡希军，韦宝婧，等 . 基于多准则 CA-Markov 模型的城市景观格局演变与预测——以上杭县城区为例 [J]. 经济地理，2020，40（10）：58–66.

[43] 李凯，侯鹰，Hans Skov-Petersen，Peter S.Andersen. 景观规划导向的绿色基础设施研究进展——基于“格局—过程—服务—可持续性”研究范式 [J]. 自然资源学报，2021，36（2）：435–448.

[44] 杨婉清，杨鹏，孙晓，等 . 北京市景观格局演变及其对多种生态系统服务的影响分析 [J]. 生态学报，2022（16）：1–13.

[45] 王飞，陶芹，程宪波，等 . 快速城镇化地区景观格局变化对水生态系统服务的影响 [J]. 水土保持学报，2023，37（1）：159–167.

[46] 刘春芳，王韦婷，刘立程，李鹏杰 . 西北地区县域生态系统服务的供需匹配——以甘肃古浪县为例 [J]. 自然资源学报，2020，35（9）：2177–2190.

[47] 李嘉玉 . 自然资本在生态文明建设中的作用 [J]. 西南林业大学学报（社会科学），2017，1（6）：12–14.

[48] 邹学勇，张春来，程宏，等 . 土壤风蚀模型中的影响因子分类与表达 [J]. 地球科学进展，2014，29（8）：875–889.

[49] 叶振城，苏亦凡，杨云锋 . 基于分子生物学的微生物修复技术在石油污染环境中的应用 [J]. 生物工程学报，2024，40（3）：739–757.

[50] Tiralerdpanich P, Sonthiphand P, Luepromchai E, et al.Potential microbial consortium involved in the biodegradation of diesel, hexadecane and phenanthrene in mangrove sediment explored by metagenomics analysis[J]. Marine Pollution Bulletin, 2018, 133: 595–605.

[51] Bastida F, Jehmlich N, Lima K, et al.The ecological and physiological responses of the microbial community from a semiarid soil to hydrocarbon contamination and its bioremediation using compost amendment[J]. Journal of Proteomics, 2016, 135: 162–169.

[52] Atashgahi S, Hornung B, van der Waals MJ, et al. A benzene-degrading nitrate-reducing microbial consortium displays aerobic and anaerobic benzene degradation pathways[J]. Scientific Reports, 2018, 8: 4490.

[53] Cabral L, Pereira de Sousa ST, Lacerda Júnior GV, et al.Microbial functional responses to long-term anthropogenic impact in mangrove soils[J]. Ecotoxicology and Environmental Safety, 2018, 160: 231–239.

[54] Ram H, Kumar Sahu A, Said MS, et al. A novel fatty alkene from marine bacteria: a thermo stable biosurfactant and its applications[J]. Journal of Hazardous Materials, 2019, 380: 120868.

[55] Balan SS, Kumar CG, Jayalakshmi S. Aneurinifactin, a new lipopeptide biosurfactant produced by a marine Aneurinibacillus aneurinilyticus SBP-11 isolated from Gulf of Mannar: purification, characterization and its biological evaluation[J]. Microbiological Research, 2017, 194: 1–9.

[56] Bezza FA, Chirwa EMN. Production and applications of lipopeptide biosurfactant for bioremediation and oil recovery by Bacillus subtilis CN_2[J]. Biochemical Engineering Journal, 2015, 101: 168–178.

[57] Zargar AN, Lymperatou A, SKIADAS I, et al. Structural and functional characterization of a novel biosurfactant from Bacillus sp. IITD106[J]. Journal of Hazardous Materials, 2022, 423: 127201.

[58] Christopher JM, Sridharan R, Somasundaram S, et al.Bioremediation of aromatic hydrocarbons contaminated soil from industrial site using surface modified amino acid enhanced biosurfactant[J]. Environmental Pollution, 2021, 289: 117917.

[59] 米彩燕 . 小陇山国家级自然保护区森林群落发育和动态规律研究 [D]. 兰州：西北师范大学，2013.

[60] 叶振城，苏亦凡，杨云锋 . 基于分子生物学的微生物修复技术在石油污染环境中的应用 [J]. 生物工程学报，2024，40（3）：739–757.

[61] 王根轩 . 探索生物间相互作用规律的生态场理论 [J]. 大自然探索，1992（3）：52–56.

[62] 景文东 . 小群落水生植物在受污染园林生态环境修复中的应用 [J]. 广西林业科学，2022，51（1）：122–127.

[63] 卜令苏 . 生态系统生态学与自然资源管理 [J]. 百科知识，2024（6）：59–61.

[64] 吴静 . 城市湿地公园的生态景观设计 [J]. 花卉，2017（18）：68–69.

[65] 曲蒙 . 基于景观生态学的中东铁路干线遗产地研究 [D]. 哈尔滨：哈尔滨工业大学，2019.

[66] 刘淼，史思雪，张廷爽，等 . 景观生态学在国土空间规划中的应用与展望 [J]. 应用生态学报，2024，35（9）：2372–2381.

[67] 吴兆平 . 城市中生态系统服务的能量效率研究 [D]. 杭州：浙江工业大学，2023.

[68] 赵立君，李海东，马伟波，等 . 生态城市建设观测指标：基于人与自然和谐共生的考察 [J]. 生态与农村环境学报，2024，38（8）：953–962.

[69] 王显海 . 重金属污染土壤化学萃取技术研究 [D]. 长沙：湖南大学，2006.

[70] 刘旭，丁由中 . 分子生物学技术应用于野生动物保护及扩散研究概况 [J]. 野生动物学报，2019，40（2）：497–501.